社会を変えた

強力磁石の発明・事業化物語

岡本篤樹

アグネ技術センター

はじめに

トヨタ自動車は「ハイブリッド車の世界累計販売台数が二〇一七年一月末で一千万台を突破した。」と発表している。

エンジンとモータ・発電機を組み合わせたハイブリッド車（ＨＶ、ＰＨＶ）は、ここ数年トヨタ自動車と本田技研工業だけでなく世界の多くの自動車会社での製造、販売が始まっている。今や、ハイブリッド車と電気自動車（ＥＶ）や燃料電池自動車（ＦＣＶ）の発展は地球全体の環境責任を象徴する車となっている。

これらの次世代自動車の鍵となるのは「モータ」、「発電機」と「蓄電池」である。電流と永久磁石の出す強い磁界で回転力が生じ、またその磁界を回転運動で導線が横切ることにより電気が生じる。あとは、この電流を制御するトランジスターと電気を貯める電池があればいい。

リッター二八キロメートルの燃費で走るプリウスが発売されたのは一九九七年十二月である。その十五年前、これまでになく強い磁力を持った永久磁石が日本で発明され、その三年後には量産が始まっていた。それがここで紹介するネオジム磁石（商品名：ＮＥＯＭＡＸ）である。

九〇年代には、エアコン（空調機）の低消費電力競争が行われていた。ダイキン工業が格段に消費電力を下げたルームエアコンを発売したのは、プリウス発売の一年半前であった。トヨタ自動車もダイキン工業も、このネオジム磁石を回転子に埋め込んだ新しい方式のモータ（ＩＰＭモータ）を実用化したのが省エネの鍵であった。

日本の電力使用量の半分以上はモータに使用されている。このモータの大半は永久磁石を使わない誘導モータであるが、これを永久磁石型モータに換えれば、消費電力が減り、発電所の新設が減らせると言われている。

九〇年代前半にはパソコンが爆発的に普及した。この情報記憶装置であるハードディスクドライブ（ＨＤＤ）もネオジム磁石により発展した製品である。パソコンの小型化やそのアクセス速度の向上はこの磁石の強い磁力のお陰で達成できた。

ネオジム磁石は、希土類元素の一つであるネオジム（Nd）と鉄（Fe）とホウ素（Ｂ）の三元素からなる化合物でできている。

企業の一研究者（佐川眞人）が、その新化合物の発想を持ちながら社内では認められず、関西の磁石会社（住友特殊金属）の経営者（岡田典重）と出会い、資金と活躍の場を提供してもらい、会社の仲間とともに「ブレークスルーの連鎖」を起こし、短期間で発明、特許化、事業化に成功した。二十年後、会社の売り上げは三倍になった。特許の権利は三十二年間維持された。

日本には五十万人の企業内研究者がいるが、このように大きな発明ができる研究者は稀である。また日本では多数の経営者が研究開発部門に投資しているが、そのようなイノベーションに遭遇できる経営者は稀である。

彼らは、研究者、経営者冥利に尽きるとも言えるが、未踏の地に踏み込み、予期せぬ爆発死亡事故、特許係争、製品クレームに苦労することになった。また同時に、今まで隠れていた「発明は誰のものか?」と言う問題にも直面することになった。

筆者は、この発明の現場にはいなかったが、二十年後の発明会社に所属していた。

今回ネオジム磁石の発明者である佐川氏を含む当時の関係者から話をうかがい、また資料を提供していただき、研究、特許、経営、生産、応用開発などさまざまな視点から、発明、事業化、そして社会を変えるまでの流れを再現してみた。土台には、「住友特殊金属三十年史」(1)、「当社の主要製品の技術史」(2)および佐川氏の著作(3-5)を参考にし、また図面も使わせていただいた。

この物語りが、これから研究者を目指す人々、研究部門を管理する人々、また経営者にとって、「発明とは何か」「発明を実現し、イノベーションを起こすにはどのようなプロセスと経営者のマネージメントが必要か」を問い直す良い機会になれば幸いである。

目　次

社会を変えた

強力磁石の発明・事業化物語

1 プロローグ

戦前の三つの磁石発明

特許庁は工業所有権制度創設百周年の一九八五年、日本の十大発明家を選定している。明治時代は豊田佐吉を除き、生化学的な発明が多いが、大正以降は理化学分野、特に本多光太郎以降は電磁気学関連の発明者が並んでいる（表1）。注目すべきは、この中に本多と三島の二名の永久磁石発明者が含まれていることである。

表1　日本の十大発明家(6)（特許庁：1985年）

	発明家	発明内容	特許取得
1	豊田佐吉	木製人力織機	1891年
2	御木本幸吉	養殖真珠	1896年
3	高峰譲吉	アドレナリン	1901年
4	池田菊苗	グルタミン酸ソーダ	1908年
5	鈴木梅太郎	ビタミンB1	1911年
6	杉本京太	邦文タイプライター	1915年
7	本多光太郎	KS（磁石）鋼	1918年
8	八木秀次	八木アンテナ	1926年
9	丹羽保次郎	写真電送方式	1929年
10	三島徳七	MK磁石鋼	1932年

東北帝国大学臨時理化学研究所（後の金属材料研究所）の本多光太郎（図1）は、一九一六年（大正五年）陸軍から航空機用の計器に使用する強力な永久磁石の開発を要請され、翌年、従来使われていたタングステン鋼に比べて四倍強力な磁石鋼を発明した。今から百年前、本多が四十七歳の時であった。

コバルト（Co）、タングステン（W）、クロム（Cr）と炭素（C）を含む鋼を高温から「焼き入れ」したもので、これにコイルを巻い

図1　本多光太郎[7]
（1870–1954、1926年ころ）

て電気を流して着磁すれば永久磁石になる。物理の基礎知識を下地に、多数の合金を組み合わせて実験を行った末に得た発明であった。

この磁石は「ＫＳ鋼」と名付けられた。この研究が住友財閥の寄付によって実施されたので、住友家当主である住友吉左衛門の頭文字Ｋ・Ｓを採ったものである。この磁石は一九一八年から住友鋳鋼所（住友金属工業の前身）で生産が始まった。

永久磁石は、少なくとも二千年以上前から中国で方位磁針（コンパス）として使われ、また十五世紀後半には欧州各国の大航海時代を支えた。この方位磁針は天然にある磁石石《じしゃくいし》を活用した弱い永久磁石であった。

その一方、約四百年前（一六〇〇年）には、方位磁針の仰角・俯角（上下方向の傾き）が緯度により違うことから「地球は大きな磁石」であること、また「電気と磁気は異質」であることが科学的に示された。さらに約二百年前（一八二〇年）には、電流により磁界（磁場）が発生すること、円形のコイル電流により一方向の磁界ができることがわかった（図2）。そして、その九年後には鉄心にコイルを巻いて電気を流すことで、Ｎ・Ｓ極を持つ電磁石（図3）が発明された。

これらと相前後して、ファラデーによりモータの原型が考案され、その五十年後の一八八〇年代

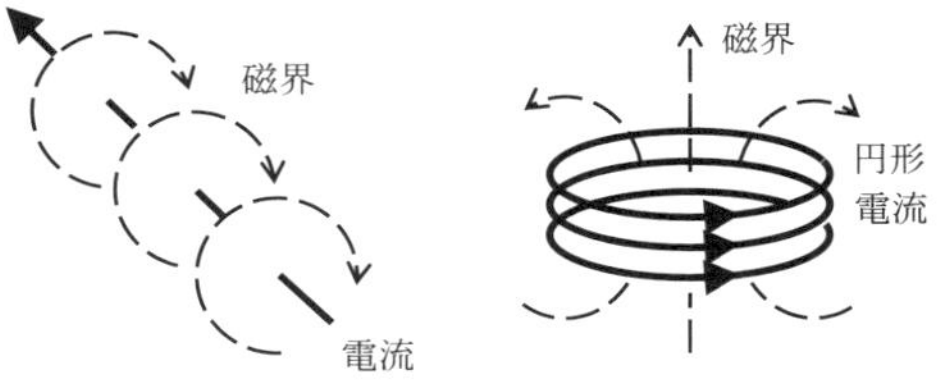

図２　電流による磁界の発生
電気を流すと、右ネジ方向の磁界が発生する。

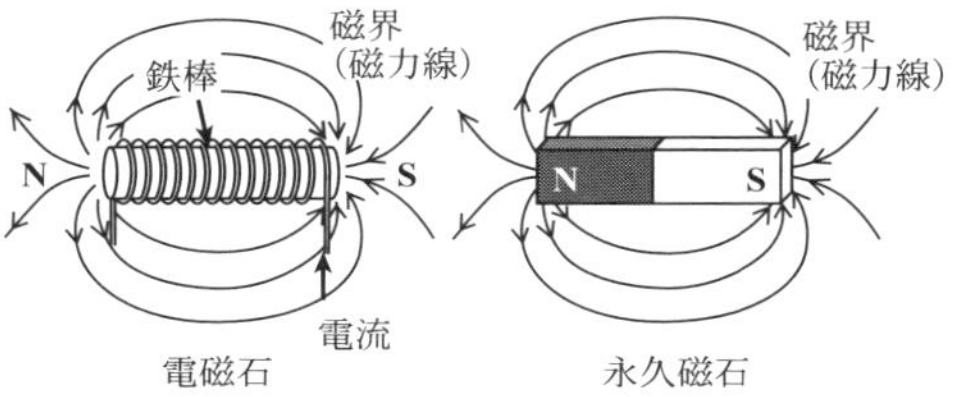

図３　電磁石と永久磁石
永久磁石では電気を流さなくても磁界が発生する。

にはエジソンによる「電気の時代」が始まっていたのであった。

電磁石でしか強い磁界を出せなかった世界はこのＫＳ鋼の強い磁力に驚き、住友鋳鋼所は日本での磁石販売だけでなく、米国のウエスタンエレクトリック社、ウエスチングハウス社をはじめ、欧米への特許実施権の販売で多額の特許料を得た。

本多光太郎は、その後金属材料研究所を中心に、磁石だけでなく鉄鋼分野全体での日本の科学技術を牽引していったため、「鉄の神様」とも呼ばれ、東洋初のノーベル賞候補と騒がれた時もあった。

ＫＳ鋼の発明から十四年後の一九三一年（昭和六年）、東京帝国大学冶金学教室の三島徳七《とくしち》は、ニッケル・鉄（Ni-Fe）合金の実験をしている際、磁性を示さないアルミニウム（Al）を添加すると高い磁力が出ることを偶然見つけた。三島が三十八歳の時であった。

この合金は高価なコバルトの添加が不要で、保磁力（磁力を持ちこたえる力）がＫＳ鋼の三倍あり、しかも焼き入れによる磁気劣化が起きない画期的な磁石であった。

この磁石は、三島の実家の名前（三島家と喜住《きずみ》家）から「MK合金」と名付けられ、一九三三年から東京鋼材（後の三菱鋼材）で生産され、スピーカー、電子機器、航空機に広く使用された。また海外では、特許の実施権が米国ではゼネラルエレクトリック社、欧州ではボッシュ社に販売された(8)。

本多光太郎は、このMK合金の発明に刺激を受け、一九三三年（昭和八年）にKS鋼を改良した「NKS鋼」（新KS鋼）を発明して巻き返した。これら二つの磁石をめぐっては三六年から住友＊–東北大学と三菱–東京大学のグループ間で特許権係争が起きたが、結局は両磁石の使用者であった海軍が仲介して終戦直前の四四年に和解となった(9)。

＊住友鋳鋼所は一九二〇年住友製鋼所と改称し、一九三五年に住友伸銅鋼管と合併し、住友金属工業が発足していた。

十大発明には含まれていないが、もう一つ重要な磁石の発明家二人がいる。東京工業大学電気化学科の武井武と加藤与五郎である。これは公益社団法人発明協会の「イノベーション百選」に選ばれている(10)。

この発明も偶然の産物で、武井が亜鉛の精錬過程で出る難溶性の酸化鉄を磁気分離する研究をしている際、磁気天秤の加熱炉電源を切り忘れたために見つかったと言われている。一九三〇年（昭和五年）、武井三十一歳の時である。東京工業大学（大岡山）の研究室で見つかった酸化物粉末（Oxide

Powder）よりなる永久（Permanent）磁石なので、「ＯＰ磁石」と命名された。一九三五年には三菱電機が工業化した。

ＮＫＳ鋼やＭＫ合金磁石は金属製の磁石で、溶解した後、型に鋳造して造られるが、この磁石は鉄酸化物とコバルト酸化物の粉末を焼き固める方法（焼結法）で作られるので、全く異質であった。鉄の磁性酸化物のことをフェライト（Ferrite）と言うので、「フェライト磁石」と呼ばれる。保磁力は高かったが、磁力が低いため、翌年発明されたＭＫ合金の陰に隠れて、戦前は用途は広がらなかった。

エレクトロニクス産業の発展

さて、このような戦前の三つの磁石発明を頭に入れて、戦後高度経済成長期の日本を見てみよう。

ＮＫＳ鋼やＭＫ合金は、戦中・戦後の混乱で国内の研究が滞っている間に、欧米で飛躍的に製造技術が向上し、磁石強さが二倍以上の「アルニコ（Alnico）磁石」に変身していた。「アルニコ」とは主成分であるアルミニウム（Al）、ニッケル（Ni）、コバルト（Co）の頭文字で、ゼネラルエレクトリック社（以降ＧＥ社）の商標である。この会社は発明家エジソンが興した会社であることは言うまでもない。

この磁石は、上記成分に鉄（Fe）と銅（Cu）を加えた合金で、これをいったん高温で均一な組織にした後、「磁界中冷却」という新しい方法により、方向の揃った針状の強磁性相を非磁性相の中に析出させることに特徴があった。この二相組織を制御する技術に住友の技術者たちは驚き、直ちにＮＫＳ鋼の生産に取り入れた。

またこの製造では、ケイ素（Si）を少量添加する必要があった。これには米国クルーシブル社の特許があったため、住友はその特許実施権を購入し、改良を加えて生産した(1)。

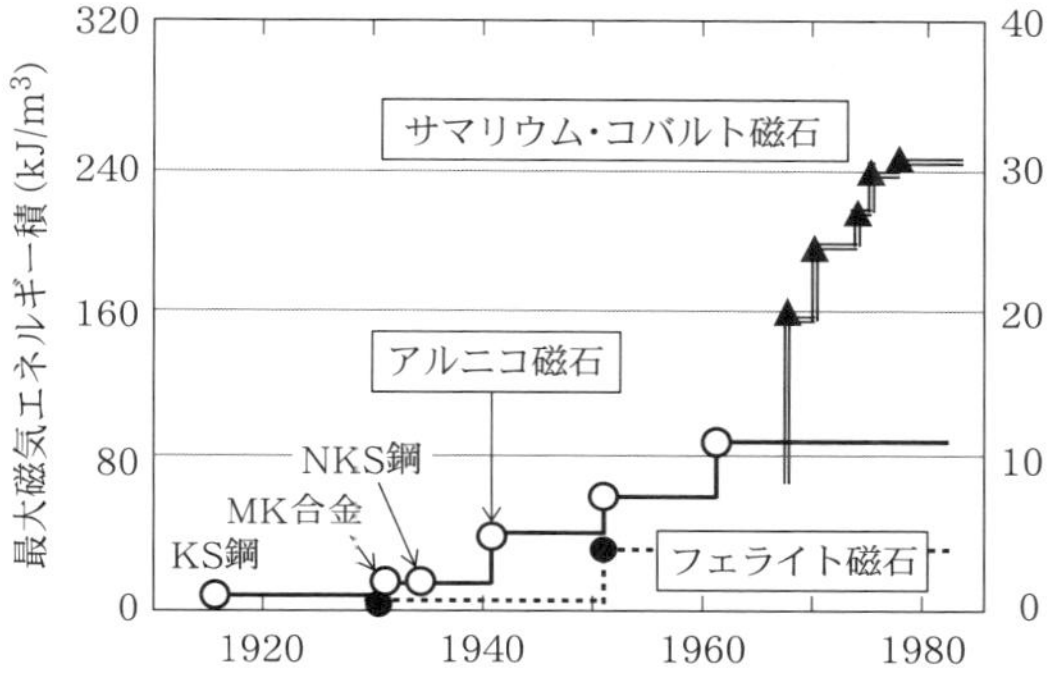

図４　KS 鋼以降の磁石強さの向上（～ 1982 年）
戦後アルニコ、フェライト磁石の強さは上がるが、1970 年にサマリウム磁石が登場して格段と上がる。

図４には、ＫＳ鋼の発明以降に磁石の強さが上昇していく様子が示されている。この磁石強さの指標となる最大磁気エネルギー積（(BH)max）は、磁力線の密度と磁界の積の最大値で、磁石から取り出せる最大の磁気エネルギー積のことである。当時使われていた単位はガウス・エルステッド（ＧＯe）、数値はメガ（百万倍）の桁であったので、本書では磁石強さの単位を単に「メガ」と呼ぶことにする。*

＊メガ（ＭＧＯe）と現在一般に使用されているSI単位（kJ/m³）との換算は巻末に記載している。

図より、アルニコ磁石の強さは終戦時約五メガで、その後一〇メガにまで向上すること、また一九七〇年に登場するサマリウム磁石ではアルニコ磁石の二～三倍の二〇～三〇メガが得られることがわかる。

一方、フェライト磁石もオリジナルは日本で発明しておきながら、オランダのフィリップス社が、より性能が良いバリウム（Ba）フェライトを開発していた。

一九五四年、当時の住友金属工業は、この磁石についてもその将来性を読み、いち早く技術導入して生産を始めた[2]。一方、武井武を支援していた東京電気化学工業（後のＴＤＫ）は、フィリップス社と二年間にわたる特許係争の後、「苦汁に満ちた決断の元に和解」して、五六年から生産することになった[11]。この磁石は、磁石の強さは約４メガと低いものの、その安さと使いやすさから用途が急速に拡大していった。

ちなみに、日頃よく目にするマグネットクリップの黒い磁石はこのフェライト磁石で、赤色の馬蹄形の磁石はアルニコ磁石である。

一九五〇年代後半の神武景気では、白黒テレビ、洗濯機、冷蔵庫が三種の神器としてもてはやされた。スピーカー用やモータ用に、これら磁石の需要は大きく伸びた。ＭＫ合金は一九五〇年、ＮＫＳ磁石は一九五四年に特許権が満了していたので、日本の磁石製造会社は二十社以上になっていた。

この状況は六〇年代においても、東京オリンピックを契機にますます拡大し、カラーテレビ、クーラー、自動車の３Ｃが新・三種の神器として宣伝され、アルニコ（金属）磁石とフェライト磁石の需要はさらに伸びて行った(図5)。

例えば、一九六三年に住友金属工業から分離独立して設立された住友特殊金属の六八年度の売上高は設立直後の二・五倍の約八〇億円になり、その半分の四〇億円はアルニコ磁石、一〇億円はフェライト磁石であった。なお、アルニコ磁石の国内シェアは五〇%あり、次が日立金属の二五%、三菱製鋼(前の三菱鋼材)の一五%と続いていた[12]。

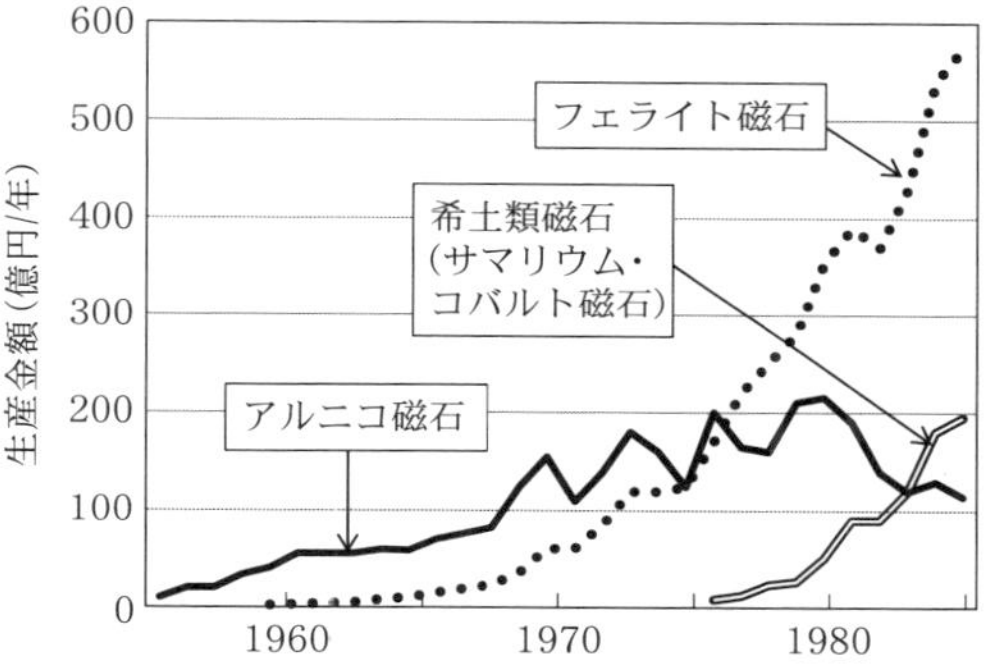

図5　永久磁石生産金額の推移(日本、～1985年)

1970年代アルニコ磁石の生産は頭を打ち、80年代はサマリウム磁石が新しく増えつつあった。

このように、日本は戦前、東北大学、東京大学、東京工業大学を中心に磁石の研究と発明で世界の先頭を走り、産業界もそれに呼応して生産していったが、戦後は一転して大戦中に進歩した欧米の技術を学び、特許を買う立場になった。しかし、その後の電子部品産業の発展で一九八〇年には、日本は世界の磁石の四〇%弱を生産する「磁石生産大国」になっていた。

ところが、一九七〇年に米国のGE社から、アルニコ磁石の約二倍の磁力を持つサマリウム・コバルト磁石が商品化され、国内でも八〇年にはこの希土類磁石の生産が急拡大していた。

2　経営者の思いと出会い

淀屋橋のビルの一室にて

一九八二年の四月のはじめ、大阪淀屋橋近くにある住友二号館の二階の一室では、社長の岡田典重《のりしげ》が、煙草を燻《くゆ》らせながら、何とか住友特殊金属を業績の安定した会社にしたいと思っていた（図6）。

「電子材料の業界は好不況の波が激しい。これまでいた鉄鋼業界にも景気の波はあるが、不況時に耐えていれば次の波に乗ることができた。しかしこの業界では、次の波は以前とは違った波となっている。不況時に何か手を打たなければ、新しい波に乗れないことは確かだ。」

「厳しい業界だが、画期的な新製品を開発できれば、会社を飛躍的に発展させる機会はいくらでもある。ここが鉄鋼業界と違うところだ。」

社長室の窓のすぐ北側には住友銀行（現三井住友銀行）の本店ビルがある（図7）。一九三〇年（昭和五年）に完成した黄土色の

図6　岡田典重
(1915–1989)

龍山岩の五階建ての建物で、その北側正面はイオニア式の柱と深く直線状の窓枠を持った威厳のある造りになって土佐堀川に面している。その対岸の中之島には日本銀行大阪支店がある。その新館はこの年完成したばかりであるが、一九〇三年（明治三十六年）辰野金吾《たつのきんご》の設計による正面のドーム部分は保存されていた。

岡田が目にする住友銀行本店ビルの南面は北面と違って、縦に長いアーチ状の窓と紋章のような彫刻で飾られ、その上に円形のレリーフがある優しい表情を見せていた。この本店ビルでは三歳年上の磯田一郎が、頭取として辣腕を奮い、住友銀行を関西の銀行から全国の収益力トップの銀行に引き上げていた。

「六年前には、副社長と副頭取という関係であったが。」と、一八〇センチと長身の岡田は深々と執務椅子に座り、住友マンとして歩んできた道を反芻した。

銀行本店ビルの東側には白く重厚な造りの新住友ビル（現住友ビル本館）がある。その七階から九階には、岡田が四年前までいた住友金属工業（現新日鐵住金）の本社が入っていた。

住友金属工業は元々日本製鐵などから銑鉄を購入し、平炉で鋼を精錬し、鋼管や車輪など鉄鋼製品を造る会社であったが、日向《ひゅうが》

図７　住友ビル本館（左）と旧住友銀行本店（右）
左のビルに住友金属工業が、右のビルの南側（裏側）に住友特殊金属本社があった。

方斎《ほうさい》の牽引力で一九五六年に和歌山に高炉建設計画を打ち出し、銑鋼一貫体制を確立する。その後鹿島製鉄所を立ち上げ、一九八〇年には住友金属工業は世界六位の鉄鋼メーカーになっていく。岡田にはこの発展の過程で、本社の管理部門として日向を支えてきた自負があった。

一九七四年に日向は社長を退任し、乾昇《いぬいのぼる》が社長になった。岡田は副社長になり、資金面で石油危機を乗り切り、七六年には鹿島三号高炉を稼働させた。「乾社長の次は私しかいない。」と思っていたが、七八年、七年前に通産省から来ていた副社長の熊谷典文《くまがいよしふみ》が社長になり、岡田は子会社の住友特殊金属の社長として転出してしまった。

「何故、日向さんは私を外したのだろう。官僚上がりに負けられるものか。ここ住友特殊金属は六三年の発足時から関わり、六八年から非常勤取締役として経営に参画してきたので、業容はよく知っている。この会社の業績を上げて財務基盤を強化したい。」と岡田は思い続けていた。

岡田が社長に就任する前の一九七七年度の住友特殊金属の売上高は二〇六億円。九年前の二倍以上になっていたが、経常利益はマイナス四億円で三年間無配が続いていた。これは対米貿易摩擦の激化からカラーテレビ輸出の自主規制が実施され、円高不況と重なり売上高が急激に減少したためであった。

しかし、岡田が就任した年から八億円の黒字になり五円の配当を復活させていた。その後も業績は好調で、四年後の八一年度には、売上高で一・五倍の三三〇億円、経常利益は八・六億円を出していた。

売上高の内訳は、磁石部門が五八％（一九一億円）で、他はリードフレーム用鉄ニッケル合金の板、線材など金属電子材部門が三六％（一一八億円）と磁気ヘッドなどセラミックス部門が六％（二一億円）であった（図8）。

また、主力の磁石部門のほとんどはフェライト磁石（九九億円）とアルニコなど金属磁石（八四億円）が占め、新しいサマリウム・コバルト（希土類）磁石は八億円に過ぎなかった。

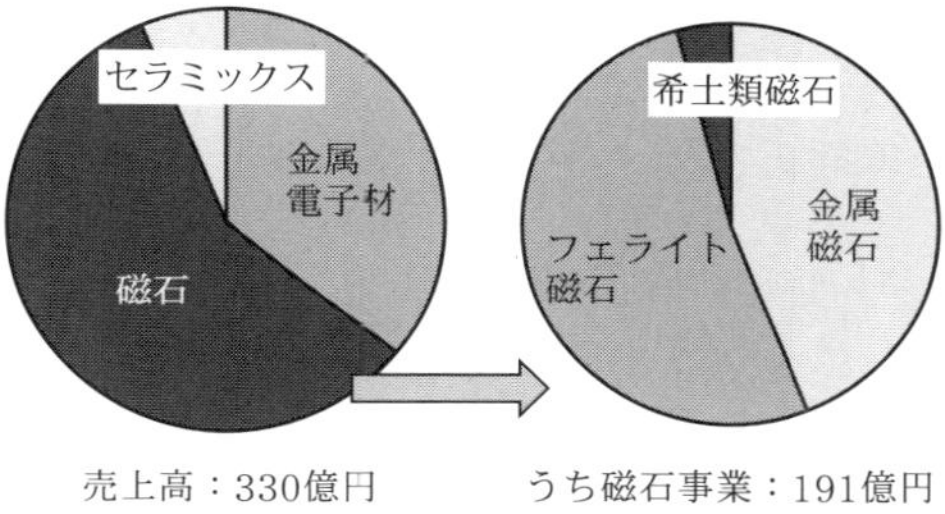

図8　住友特殊金属の年間売上高[1]（1981年度）
売上高の大半はフェライト磁石と金属磁石（アルニコ磁石など）であった。

電子部品産業は顧客の材料転換の速度が速く、また販売額は好不況に大きく左右される。この差が大きいので、業績がなかなか安定しない。ここのところスピーカー市場が悪く、磁石の販売額が落ちてきている。

「このスピーカー不況はまだまだ続くのであろう。しかし、電子材料業界は、好不況の波をかぶりながらも、確実に伸びるはずだ。」と岡田は信じ、昨年末には増資で二四億円を得て、攻めの設備投資をしてきた。「これからも市場から資金を調達して、積極経営をしていきたい。」と思いながらその時機を見ていた。

事業の柱になっている磁石部門を詳しく見てみよう。住友特殊金属は、ＮＫＳ磁石鋼の発展型であるアルニコ磁石では、世界一の品質と生産量を誇り、スピーカー用などに供給していたが、その国内

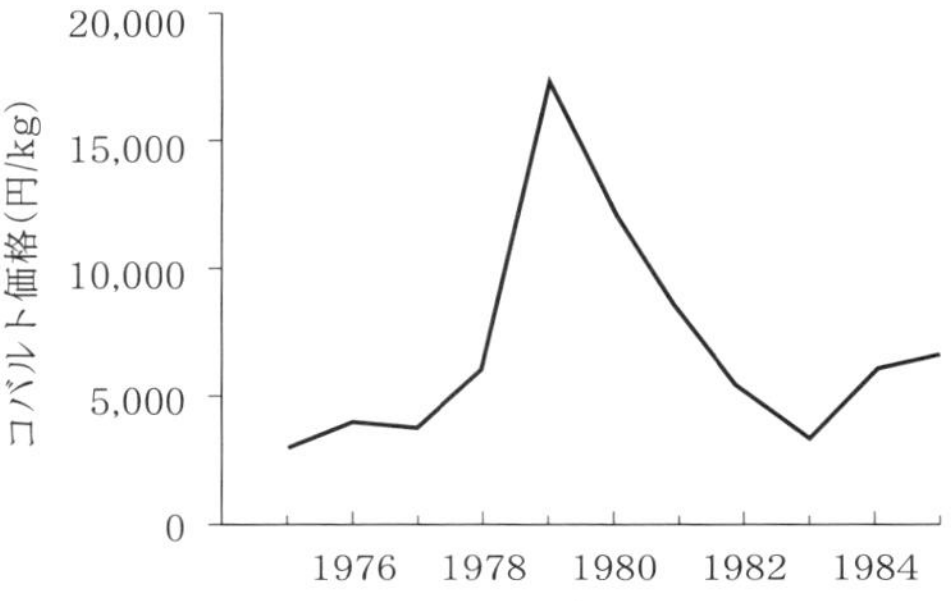

図9　コバルト価格の推移 (1)（円換算、年平均）
1978年ザイールで紛争が起き、価格が急騰した。

生産量は前出の図5のように、一九七三年の一万トン、生産金額一八〇億円でほぼ頭打ちになり、八〇年ころから下降線を辿っていた。

追い打ちをかけるようにコバルトの主要生産地であるザイール共和国（現在のコンゴ民主共和国）で紛争が勃発し、コバルト価格が暴騰した（図9）。一九七五年のキロ二、七〇〇円が七九年には一五、〇〇〇円と六倍になり、顧客はコバルトを多く含むアルニコ磁石から磁力は弱いが安価なフェライト磁石への転換を加速させていた。

一方そのフェライト磁石は、生産量では東京電気化学工業や日立金属の後塵を拝するところであったが、高性能品では健闘していた。七〇年代には従来の乾式から湿式成形法に変更し、佐賀県に専用工場を稼働させていた。

湿式成形法とは酸化鉄の微粉末を水でスラリー状にして型に入れ、プレス成形しながらフィルターを介して水を抜く方法で、乾式法より設備が大型になり、生産性は悪いが、磁界中成形での粉の配向*がよく、強い磁力の磁石を作ることができた。

*配向とは、磁化しやすい結晶の方向が一定方向に揃うこと。

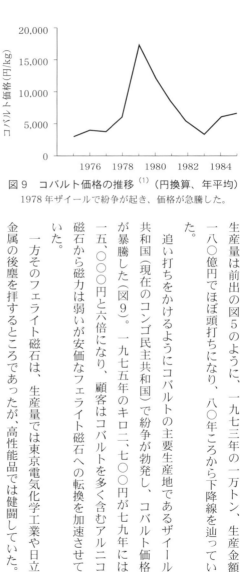

組成もバリウムフェライトから、より高性能なストロンチウム（Sr）フェライトに、いち早く転換し、業界では「WET（湿式）の住友」として高性能磁石品では評価が高かった。電子レンジのマグネトロン用やオートバイ発電機用では市場を独占していた。

問題なのは、サマリウム・コバルト磁石であった。これは六〇年代末に米国で発明され、七〇年代前半には日立金属、信越化学工業が生産を始めていたが、住友特殊金属は五年遅れで、七九年に兵庫県北部の養父《やぶ》町（現養父市）に専用の生産工場を建設し、量産を始めたところであった。

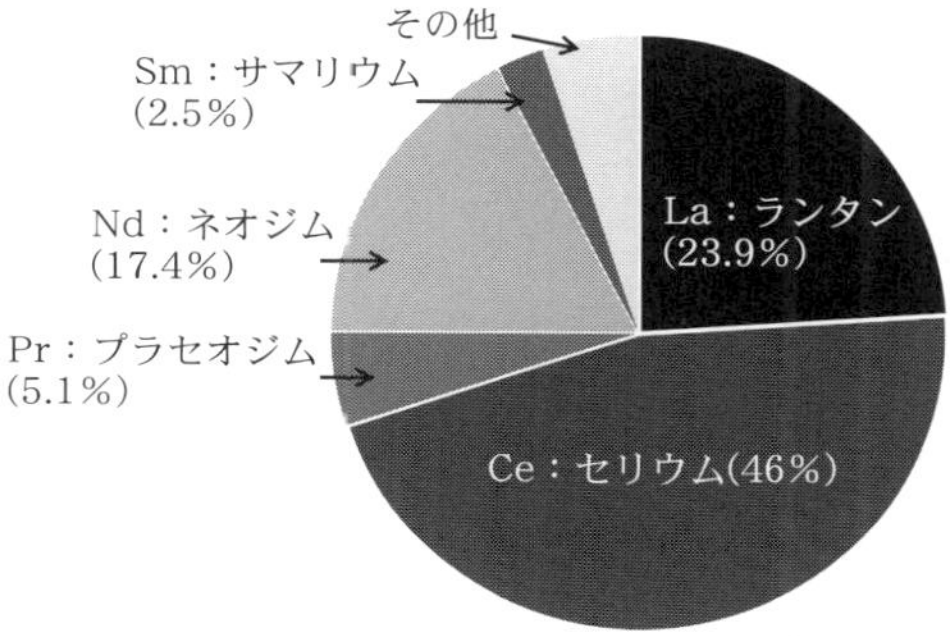

図 10　希土類鉱石中の希土類元素比率[1]
大半は Ce と La で、Nd と Pr は次に多いが、Sm は少ない。

磁石の強さは前出の図４のように年々向上し、最大磁気エネルギー積はアルニコ磁石の約三倍、またフェライト磁石の八倍になっていた。

ただこの新しい磁石は、サマリウムとコバルトの資源問題を抱えていた。希土類鉱石は中国、米国、豪州などで採掘されるが、その希土類鉱石の七〇％はセリウム（Ce）とランタン（La）で、一七％はネオジム（Nd）で、サマリウム（Sm）は二・五％しか含まれていない（図10）。またコバルトは前述のように資源はザイールに集中しており、八二年にはキロ五、〇〇〇円に落ち着いていたが、またいつ高騰するかわからなかった。

「それにしても、サマリウム磁石の強い磁力は魅力である。それだけ磁石を小さくできて、軽くなる。もうアルニコ磁石を使った大型のスピーカーの時代ではない。」

ソニーが七九年に発売したウォークマンは若者に大変な人気となっていた。このカセットテープを回すモータ部にはサマリウム磁石が使われ、圧倒的な小型・軽量化を実現していた。実際国内のサマリウム磁石の生産量は、毎年二〇～五〇％増加していた。

「しかし、うちのサマリウム磁石事業の腑甲斐無さはどうしたものだろう。養父工場での生産は不良の山を造っている。ウォークマン用も受注できていない。磁石のトップ会社なのに、先行他社に水をあけられ、シェアは一〇％にも達していない。」

「新磁石が出たころ、まだアルニコ磁石が伸びていたので、それに胡坐《あぐら》をかいてしまい、希土類と言う新しい金属の磁石への人と金の投入が遅れたのが今でも尾を引いている。これはやはり経営の問題だな。」

佐川からの電話

岡田はそう思いながら、机の上の決裁資料にひと通り目を通し、印鑑を押してそっと既決の箱に入れた。そしていつものように、応接の長椅子に座り直してテーブルに三種の新聞を広げた。

ジャパンタイムズの一面には、フォークランド諸島に侵攻したアルゼンチン軍を撃退するためイギリスの航空母艦二隻が出撃する様子とサッチャー首相の写真が掲載されている。「サッチャーも相変わらず強気で、軸がぶれないな。」と感心する。

一般紙では、二月に羽田沖日航機墜落事故を起こした機長の逆噴射や心身症がまだ話題になっている。日経新聞は朝の車中ですでに目を通している。為替レートは一ドル二四〇円台で、やや円安基調である。日経平均株価は七、三〇〇円、住友特殊金属は七〇〇円前後で、年初から下がり続けていた。

電波新聞には、エレクトロニクス業界の業績や新製品が所狭しと掲載されている。面白い記事は無いかと見ていると、ノックして女性秘書が入ってきた。

「社長、佐川様と言う方からお電話がかかっています。おつなぎしましょうか?」

「佐川さん? 知らんな。森本君は?」

「いま席を外しておられます。」

「先方は何の件だと言っている?」

「何か新しい磁石のアイディアをお持ちとか言っておられます。」

「よし、分かった。つないでくれ。」

岡田はピンときた。一ヵ月ほど前に佐川と言う人から手紙が来ていた。確か元富士通の社員と言うことだった。よくある磁石の売り込みの一つかと思い、あまり気も止めずに副社長の小倉に手紙を渡していた。

「社長の岡田ですが。」

「私は佐川眞人《まさと》と申します。実は一ヵ月ほど前に貴社宛てに新磁石についての手紙を出したのですが、ひと月余り、お返事がないものですから、どうなったかと電話を差し上げました。」

「ああ、どうも失礼いたしました。新磁石ですか?」

「そうです。強力な磁石がコバルトなしで造れるアイディアを見つけましたので、貴社で開発して商品にできないかとの手紙を差し上げました。」

「そうですか。そのような事情をあまり承知せず、大変失礼いたしました。コバルトを使わない新磁石に大変興味がありますね。」

「はい。コバルトはいずれ逼迫《ひっぱく》します。コバルトではなく、鉄で作れる強力な磁石です。」

「ほう、それは魅力的ですな。どのくらい強力なのでしょうか?」

「今のところ、最大磁気エネルギー積はアルニコ磁石の一・五倍くらいあります。もっと上がると思います。」

「そうですか。ところでそれはどこかで公表されているのでしょうか?」

「いいえ、まだどこにも話をしておりません。貴社にだけにお話ししております。」

「分かりました。ではお手紙を拝見させていただき、後日ご連絡いたします。」

と言って、電話を切った。

佐川からの手紙は副社長の小倉から戻って来ていて、総務課長の森本が預かっていた。岡田は森本が帰ってくるのを待って、手紙をじっくり読んだ。そして吹田製作所に出張していた小倉に電話した。

「小倉さん。この間渡した手紙の佐川と言う人から電話があったんだよ。コバルトを使わない鉄系新磁石だと言うのだが、どう思うかね。」

「いや岡田さん。私もよくわからんので、日口《ひぐち》取締役に聞いてみたのです。鉄系磁石は魅力的ですが、手紙を見る限り、あまり信用できるものではないのではと言っています。」

小倉は技術屋だが、住友金属工業から二年前に副社長として就任したばかりで、鉄鋼の製造には詳しいが、磁石の研究についてはさっぱり知識がなかった。一方、取締役技術開発部長の日口は長年アルニコ磁石を研究してきた磁石の専門家であった。

当時、松下電器からマンガン・アルミニウム・炭素磁石（一九七〇年）、また東北大学から鉄・クロム・コバルト磁石（一九七一年）など新しい磁石が発明され、またそれ以外の発明家からの売り込みがよくあった。

住友特殊金属では、このうち鉄・クロム・コバルト磁石については、コバルト含有量が少ない（約一〇％）わりに磁石特性が良好で、また圧延できる点に魅力があったので、すぐ東北大学金子秀夫教授から実施権を得てＣＫＳ磁石として、複雑形状の小物磁石用に工業生産を開始していた。しかし、この磁石も含め、新磁石にはそれなりの用途はあったが、アルニコ磁石の磁力を大きく超えるものではなかった。

図11　佐川眞人
(1943-)

さて、一方の佐川である(図11)。三月に富士通を退社することが決まると、自分のアイディア磁石をどの会社が実現してくれそうかと考えた。勇気を出して住友特殊金属に手紙を出したのが二月のことであった。住友特殊金属は磁石の老舗会社と言うだけでなく、自分の出身地の関西にあり、妻の実家にも近い。手紙の投函先として選んだ理由であった。

しかし、四月になっても何の応答もない。何もすることがなく、長津田(横浜市)の自宅の周りを散歩する日々であった。桜はすでに散り始めていた。一人娘はまだ小学生になったばかりなので将来の不安がよぎる。駄目なら他の磁石会社に手紙を出すつもりでいた。

散歩から自宅に帰り、妻の久子に「返事がないなあ。どうなのだろう。」とつぶやいた。久子は、あっけらかんと「一度会社に電話してみたら?」と言う。

そこで、電話したのが先ほどの電話であった。

たまたま取り次ぎの総務課長がおらず、岡田社長と直接話せたのが幸運であった。その日のうちに、総務課長の森本から電話があった。

「社長が、是非新磁石についてお話を伺いたいと申しております。来週の始めに弊社の山崎製作所に御足労願えないでしょうか?」

佐川は心躍った。妻も喜んでくれた。やっと道が開けると感じた。

山崎製作所にて

一九八二年四月十二日、佐川は新横浜から新幹線で京都に行き、そこで在来線に乗り換え、大阪方面に向かった。十五分ほどすると、右側に急に天王山の裾野がせり出してくる。そこに山崎駅があった。この狭隘な場所に桂川、宇治川、木津川が合流して淀川になり、大阪に流れている。言わば京都盆地の首元のような場所である。

山崎駅の改札口を出て、会社の用意してくれた車に乗り、離宮八幡宮の横を通って、阪急電車と新幹線の下をくぐると、淀川堤防沿いの国道一七一号線に出る。右にサントリーの山崎醸造所、左に対岸の男山八幡宮を見ながら下ると十分ほどで住友特殊金属山崎製作所に着いた。

正門脇の桜の大木はすでに盛りを過ぎ、新芽が出始めていた。左手奥には黒ずんだ工場建屋が並んでいたが、右手の本館は白い三階建てで、国道とはヒマラヤ杉とクスノキの植栽で仕切られていた。その玄関に車が横付けされると、受付嬢が関西人特有の優しさで出迎え、二階の社長応接室に通してくれた。

しばらくすると、小倉副社長、小田嶋専務、日口取締役技術開発部長の三名が入ってきて挨拶をし、着席を促した。大柄の小倉がにこやかに長旅を慰労する言葉をかけてくれた。佐川は一通りの自己紹介をして、自分と関西とのかかわりなどを話した。話をしているうちに、張り詰めた身体が徐々に楽になっていくのを感じた。

佐川は雑談をそこそこに切り上げ、本題に入ることにした。

「貴社では現在サマリウム・コバルト磁石を生産されておられるでしょうが、コバルト価格の変動に困られていると思います。」

小倉は「うんうん」とうなずく。

「実は私も富士通でサマリウム磁石の研究をしておりました。あの磁石は脆いものですから、スイッチなどには使っても欠けないようなサマリウム磁石を開発するのが私の研究テーマでした。その過程で、コバルトを使わない、鉄系の磁石のアイディアを得まして、実験しましたところ、結構いい性能の磁石ができることが分かりました。すなわち希土類としてはサマリウムに代わってネオジウム、またコバルトの代わりに鉄を使うのです。」

佐川はここで初めてネオジムという希土類元素名を出した。

「ネオジウムですか?」と小倉は聞いた。

「そうです。正しくはネオジムと言います。サマリウムより少し軽い希土類元素です。」

「それは希少元素ですか?」

「ネオジウムはサマリウムよりずっと豊富に地球の地殻に存在しています。むしろ使い道がないので、希土類メーカーでは余っているのではないでしょうか。」

佐川は続けた。

「実は、ネオジウムと鉄だけでは磁石になりませんので、第三の元素を入れます。これによりキュリー温度*は格段に上がり、常温でも使えるようになることを見つけたのです。」

＊キュリー温度とは強磁性でなくなる温度。これが常温よりかなり高くないと実用磁石にならない。

佐川は、あえて第三元素の「ホウ素（B：ボロン）」は口に出さなかった。小倉もそれをあえて聞こうとしなかった。

「ほう。興味がありますな。ところで磁石性能はどんなものですか？」

核心に迫ってきた。ここで佐川は一息ついて話を続けた。

「現在のところ最大磁気エネルギー積で一五メガくらいです。現在のサマリウム磁石は二〇から三〇メガですから、磁石の強さではサマリウム磁石には及びません。しかし、約一一メガのアルニコ磁石より強力です。サマリウム磁石も発明時は一五メガ以下でしたから、これから研究すればサマリウムを超える磁石性能が期待できると思います。この研究を貴社でやりたいと思って参りました。」

「なるほど、今のところサマリウム磁石まで強くはないが、コバルトを一切含まない鉄系の磁石。だから原料の心配なく安心して製造できる。そのネオジムも豊富にあるというわけですね。」

小倉は佐川の言葉を繰り返し、理解しようとした。佐川は、「その通りです」と返事しながら、おもむろに鞄からプラスチックケースを出した。そこには小指に乗るほどの二つの磁石サンプルが入っていた。これをケースから出し、小倉に見せた。

「これらは私が富士通に辞表を出してから作成した磁石サンプルです。長いのと短いのとがありますが、私の測定ではいずれも最大磁気エネルギー積で一五メガが出ています。」

小倉は渡された着磁済みの磁石サンプルをテーブルの金属部に近づけてみたりして、磁力を確かめた。何らかの拍子に二つの磁石がいったんくっつくとなかなか離れない。

小田嶋はサンプルを造った経緯や佐川が前にいた富士通研究所との関係などを、にこやかに質問した。佐川が富士通の技術を持ち出したのではないかと心配したが、問い詰める風ではない。

佐川は、富士通に辞表を提出してから正式に退社が認められるまで三ヵ月かかると言われたこと、休暇を申し出たが認められず、退社後のために実験することが認められたこと、この間に新磁石の見通しが得られサンプルができたことを説明し、

「この磁石は私の個人の発想と実験でできたものであり、富士通とは関係ありません。」ときっぱり言った。

佐川がそれらの質問に応じていると、それまで黙っていた日口が突然、磁石サンプルを持って部屋から出て行ってしまった。佐川は驚いて止めようとしたが、そういうわけにもいかず、不安を感じながら、小倉と小田嶋の質問に答え続けた。

三十分ほど経つと、日口が磁石サンプルと記録紙を持って部屋に戻ってきた。

「先程は失礼いたしました。ただいま社内の測定器でご持参の磁石サンプルの磁気特性を調べました。佐川さんがおっしゃる通り一五・〇と一五・六メガの最大磁気エネルギー積が出ています。コバルトなしでこの磁石特性なら素晴らしい性能だと思います。」と言った。佐川はサンプルが無事戻ってきたのと、性能が確認されたのでほっとした。

少ししてから、社長の岡田が部屋に入ってきた。大柄な小倉は真ん中の席を立ち、やはり背の高い岡田に席を譲った。

「いや、社長の岡田です。佐川さん、東京からわざわざ御足労いただきましたのに、遅れて申し訳ありません。」と言って、佐川の正面に座り、佐川から形通りの説明を聞いた。

佐川の説明が終わると、岡田は即座に言った。

「佐川さん。うちの会社でやってください。新しい磁石を商品として開発し、世の中に出しましょう。」

その場で佐川の採用が決まった。

岡田は部屋に入る前、日口から佐川の人柄と磁石性能を聞いていた。ただそれは確認の意味であり、その前に賭けに出ることを決めていた。

岡田は佐川からの手紙を見た後、住友金属工業会長の日向方斎《ほうさい》に相談していた。

「このような手紙が来ているのですが、どう思われますか?」

「コバルトを含まない鉄系の新しい永久磁石を発明したと言っているのですが、社内の磁石の専門家に聞いても、よくわからないと言っています。実現性もよくわかりません。社内の技術屋はタコつぼで、あまりあてになりません。」

日向の回答はあっさりしていた。

「岡田君、この技術の中身や実現性より、もし仮に彼が他社に行って新磁石を開発したら困るのではないのか？　もしそう思うなら、雇っておくのが良いだろう。安い買い物ではないか。」

「さすが日向さん。」と岡田は思った。

一九六五年通産省と対立して有名になった「喧嘩方斎」の事業感覚は年を取っても衰えていなかった。

岡田は住友特殊金属では何でもできる立場であったが、ややもすると心が揺れる一人の人間である。尊敬する人の助言は、その後もぶれそうな岡田の決意を強く支えたのであろう。後年、岡田はこの日向の言葉を周囲によく話していたと言う。

佐川は五月初めから山崎の開発部門に主任部員（管理職研究者）として勤務し始めた。六月初め、佐川は五〇種類ほどの合金組成リストを若い二人の研究者に渡し、「これらの組成の合金を溶解し、サマリウム磁石と同じような方法で焼結してください。」と依頼した。

その二ヵ月後の八二年七月下旬、サマリウム磁石を超える最大磁気エネルギー積三四メガの永久磁石ができる。早速、極秘裏に特許部門が集められ、八月二十一日に最初の特許が出願される。新聞発表は翌八三年の六月、営業生産は三年後の八五年十月であった。

3　岡田の経営者への道

終戦まで

岡田典重《のりしげ》は一九一五年（大正四年）岡田寿《ひさし》、禮子《れいこ》の間の双子兄弟として東京で生まれた。禮子の父親の岡田信太郎は、綾部九鬼藩から明石に出て金融業を営んでいたが、一九三六年（昭和一一年）その本家の長男が亡くなったためであろう、典重は祖父信太郎の養子になり、六年後にはその信太郎の死亡により、岡田本家を引き継いでいる。

双子の兄弟は学業が大変優秀であったらしい。二人が揃って東京帝国大学に入学したことが新聞に掲載されたと言う。兄の典一《のりかず》は一高、東京帝大医学部を卒業後、高等文官試験に通って内務省に勤務し、戦後は戦犯の公職追放解除に奔走したと言われているが、一九五二年三十七歳の若さで亡くなっている。

後藤田正晴回顧録(13)には、「僕の同期に岡田典一というのがいた。その岡典《おかてん》は英語とロシア語とドイツ語ができるんですよ。語学の天才なんです。夏休みに、ちょっとロシア語を勉強するなんて言っていたら、本当にロシア語ができるようになった。筋がいいんだ。」と記載されている。後述するように、この双子の兄弟の語学に対する才能は天分だったようである。

典重は十三歳で旧制東京高等学校（尋常科と高等科の官立七年生高校、中野区）へ進む。当時は、府立一中、一高（第一高等学校）、東京帝大がエリートコースであり、典重は府立一中にも一番で受かっていたので、府立一中の校長から「入試一番が入学しないとは前代未聞である。」と引き止められたが、断ったらしい。

当時、世間からは、一高のバンカラな校風に対し、東京高校はインテリだが少し軽いように見られていた。そのため創設者でもあった湯原元一校長は「諸君は武士道精神を持ったジェントルマンたれ。」としょっちゅう日本的精神を吹き込んでいたという。岡田典重はこの東京高校の英国紳士的雰囲気を終生持ち続けていたようである。

東京高等学校の一期生に朝比奈隆（指揮者）や日向方斎らがいた。日向は、岡田より九歳年上で、横須賀の造船所で働いた後、高検（高等学校入学資格試験）に合格し、高等科に入学し、その年十九歳で東京帝大法学部に入学していた(14)。

その後、日向は一九三一年（昭和六年）に住友合資会社（三七年住友本社に改称）に入社し、大阪の総務部文書課を経て、一九四四年には住友金属工業に移籍し、企画課長となり、戦後の四九年には四十三歳で取締役に昇進する。岡田はこの日向の後を追い、終生の師として尊敬することになる。

典重《のりしげ》の名前は少し読みにくい。高校時代は「オカマン」と呼ばれていたらしい。それは正門前に岡田屋饅頭店があったためである。会社に入ってからは「オカテン」と呼ばれることが多く、また後年経営トップに出世してからは、オカテンをもじって、「岡田天皇」、また貴族的風格と白髪と卯年生まれを合わせて「アンゴラうさぎ」とも呼ばれていた。

さて典重は東京帝大の法学部を卒業後、三九年（昭和一四年）に関西の財閥企業である住友金属工業に入社した。二十四歳の時であった。すでに二年前には日中戦争は始まっていた。

住友金属工業は一九三五年に住友伸銅鋼管と住友製鋼所が合併してできた会社で、岡田が入社したころは、大阪市西区（現在の此花区）の製鋼所で本多光太郎が発明したＫＳ磁石鋼を二十年近く生産し、さらに前年にはＮＫＳ（新ＫＳ）磁石鋼の試作に成功し、その増産で忙しくしていた。磁石は航空機用の重要な部品であったため、四三年には工場の疎開と増産を兼ねて東海道本線沿いに吹田支所（後の吹田製作所）が設置され、そこで生産されるようになった。

典重は製鋼所の一部門であった和歌山製作所の企画部門に配属された。住友金属工業は高炉二基をもつ銑鋼一貫製鉄所を建設するため、典重が入社した年末に和歌山市北西海岸部百三十万坪を買入れ、翌年十二月には建設工事に着手した。それまでは銑鉄とスクラップを購入して平炉で鋼を造っていたが、原料の入手が次第に困難になってきたので、鉄鉱石から銑鉄を年四二万トン自ら製造しようと言うのであった。

まずは和歌山に平炉および一・二万トン縦型水圧プレス機が建設され、その後ドイツの継ぎ目無し製管設備も新設された。しかし、戦争継続のためこの製鉄所計画は頓挫《とんざ》してしまった。典重は戦時中、出征することはなく、和歌山で終戦を迎えることになった。

戦後の住友金属工業で

終戦となり、全国に十八工場、十万人いた住友金属工業の従業員は四工場、五千人に合理化された。和歌山の鉄鋼設備は一九四七年、占領軍により賠償指定を受け、撤去されることになった。* 企画部門から経理部門の課長になっていた岡田はこの賠償設備の仕様など膨大な英文書類作りに勤しんだ。彼の語学力が生かされたわけである。そして、一年後の四八年四月に本店（一年後に本社と改称、大阪市東区）に異動した。

*講和条約の発効（一九五二）により、全面解除された。

岡田は、家庭面では遠い親戚の山村路子と結婚し、戦時中は和歌山社宅に住み、終戦前に一男一女をもうけた。本社異動後は甲子園の社宅を経て、神戸市東灘区住吉に居を構えた。

本社での主な仕事は、戦後の日本の産業復興に合わせて、住友金属工業の事業をどのように発展、成長させるかを立案、企画することであった。

たとえば、一九五二年には、電気炉製鋼用原料として低銅、低燐銑を購入していた大阪特殊製鉄が、銑鉄製造でできるスラグから金属チタンを生産する技術を開発したとの報に接するや、その会社に融資し「大阪チタニウム」として設立させることを企画室長として起案、上申し、日向の判断により実現させた(15)。この会社は神戸製鋼所の出資も仰ぎ、精錬技術としてクロール法を完成させ、その後のチタン事業、さらにはシリコン事業を発展させることになる。

この頃から岡田には先を見る目があったのであろう。日向の知恵袋として、次第に一目置かれる存在になっていった。

同年（一九五二年）、住友金属工業は朝鮮戦争による米軍向け砲弾特需で忙しかった大阪金属工業（一九六三年社名をダイキン工業に変更）に資本出資し、三〇％を保有する筆頭株主になったが、この提携にも岡田は企画室長として関与した。

この会社は、この年から業務用エアコンを発売するが、四十四年後の一九九六年、ネオジム磁石を圧縮機モータに使用した家庭用省エネ空調機（ルームエアコン）を発売し、その後業績を急激に伸ばし、エアコン業界一位にまで発展していくのである。

ネオジム磁石とエアコンとの関係は、岡田の住友金属工業、住友特殊金属時代の部下がダイキン工業に監査役として赴任していたため実現できたことであった。このことは後に記載するが、遠い先まで布石は打たれていたことになる。

住友金属工業は、その翌五三年に小倉製鋼を合併して高炉操業の技術を習得し、五六年には、総工事費四九四億円をかけた和歌山高炉建設計画を打ち出した。すなわち、悲願であった鉄鉱石から鉄鋼製品までの一貫製鉄所を六一年に和歌山に稼働させようと言うわけである。その資金として世界銀行から合計四、〇〇〇万ドル（一四四億円）を借り入れることに成功した(14)。

これを主導したのが前述の日向常務であり、岡田は管理部次長としてこれに関わった。岡田のすぐ上には二歳上の小川義男管理部長がいた。彼も東京帝大法学部卒業で、その後住友金属工業の副社長になる。岡田が尊敬する先輩で、後に小川が住友軽金属工業の社長に転出してから、ネオジム原料で世話になる。

さらに日向は、住友金属工業を鉄鋼事業専業として、鉄鋼以外の事業は製品の種類ごとに独立させ、各社が経営の自己責任を貫けるようにした。

一九五九年には伸銅、アルミ部門として住友軽金属工業㈱を、六一年には航空機器事業として住友精密工業㈱を、また六三年には電気・磁気部門を住友特殊金属㈱として分離独立させた。

これら分離三社は「住友金属御三家」と呼ばれ、その後も人事、経営面などで交流していくことになる。岡田はこの住友特殊金属の設立に対し立案を行ったので、岡田の磁石との関わりはこの頃からになる。翌六四年十一月、岡田は四十九歳で取締役に昇進した。

一九六五年の和歌山三号高炉稼働に際しては、折から不況であったため、通産省から粗鋼の生産調整（削減）が入り、「住金事件」*が起きた。しかし、四年後には和歌山五号高炉まで稼働させた(16)。

＊粗鋼のシェアを固定し「協調哲学」を打ち出す八幡製鉄の稲山嘉寛《よしひろ》や通産省に対し、日向が自由主義経済に基づいた「競争哲学」を旗印に、「生まれた子供にミルクを飲ませろ。」と新高炉に特別枠を設けて稼働できるように通産省相手に訴えた事件。

岡田ら企画・管理部門は、さらに次の銑鋼一貫製鉄所を鹿島（茨城県鹿嶋市）に建設する計画を進め、七六年に三号高炉まで稼働させ、住友金属工業を世界有数の鉄鋼会社に成長させた(16)。そして岡田は日向、小川の後を追って七六年に副社長まで登りつめるのである。

勉強家として

「岡田さんには超能力がある。神秘的な力がある。」と一時話題になったことがあった。

一九六〇年の初め、部下の担当者が

「製鋼所から八〇トン電気炉新設の起業申請書が参りましたので、起案書を作成いたしました。印鑑をお願いします。」と書類を持ってきた。起業とは、住友特有の言葉で、設備投資案件のことである。

岡田は「よし」と言って、おもむろに煙草を置き、企業課長印の横にまず押印する。起案書には、この設備投資の費用、工事期間と、設備稼働による効果、すなわち設備稼働時の便益、設備回収年限などがB５用紙、数枚にまとめられていた。

部下の説明を聞きながら、岡田は書類に目を通す。そしてふと眼を留めた。

「どうもおかしい。課長を呼べ。再審査してくれ。」

岡田は具体的にどこがおかしいとは言わない。担当者は慌てて課長を呼びに行った。

結局、便益の計算が間違っていた。何人かが目を通しているのに誰も気が付かなかったわけである。本起業案件は再計算をして承認されたが、「岡田さんには超能力がある。」と話題になった。

社内の会議に出席すると、討議資料が配布されるが、会議が終わると資料を自室に持ち帰り、ファイルに綴じておくのが普通である。しかし、岡田は資料を発表部門に返し、自分では一切持たない主義であった。すべて頭の中に入っているのである。

部下が「どのようにして数字を覚えているのですか?」と聞くと、「何かに関連付けて憶えるのだよ。予算も有効数字三桁で分かっていればいいのだ。取締役会の資料も有効数字三桁にすればいいんだが。」と言っていた。

岡田は会社が終わると、大阪南や北の雀荘で仕事仲間とよくマージャンを楽しんだ。ここでは岡田は理牌《リーハイ》しない。理牌とは最初に配られた牌を順番に整理して見やすく並べることである。普通の人は理牌しないと、どういう手であがればいいのか、何が待ち牌なのか分かりにくい。ただ理牌すれば、相手に手を読まれてしまう危険がある。岡田は牌を並べ直さず、自分の頭の中だけで牌の組み合わせを構築するのを楽しんだ。

趣味では、囲碁は四、五段の腕前があり、大阪新聞社(現産経新聞社)が主催した「財界人囲碁対決」に出場した経験もあるらしい。東京出張の折には、宿泊のパレスホテルに碁盤を持ちこみ、駐在員と囲碁を打って楽しんだ。

また岡田は大変な勉強家であり、また「教え魔」でもあった。絶えず英語の新聞とドイツ語の雑誌を読み、その日に学んだことを周りに教えるのである。会社で、また飲み屋で、突然「デタントとは何か知っているか?」「棚買いのことをドイツ語でどういうか知っているか?」「英単語で最も長い綴りを知っているか?」など聞かれ、解説を受けた人は多い。
彼は事務系でありながら、ドイツの技術誌であるシュタール・ウント・アイゼン(鉄と鋼)を読み、業界の動向を読み解くのが楽しみであった。

たとえば、七〇年代には、これからは海上コンテナやプレハブ建築用に軽量のH型鋼の需要が出てくると予見し、溶接によるH型鋼の生産を提案した。従来の熱間圧延によるH型鋼の製造法では圧延中に鋼材の温度が下がるので厚みを薄くすることはできず、鋼材は重たくなってしまう。したがって、三~五ミリメートル厚みの熱延鋼帯三枚を常温でH状に組み立て、溶接して作ろうと言うのであった。

このため技術部門が検討を始める前に、溶接機を米国から輸入し、鹿島製鉄所に設備を据え付けの手配をした。これは七三年に稼働して、ほぼ独占的に市場を確保し、現在でも小規模建材用途として生産を続けている。小粒であるがヒット商品になったのである。

一九六八年から七三年にかけて、「ブラジルの奇跡」と呼ばれる高度経済成長期があった。住友金属工業でも七二年ころからブラジルに溶接大径管事業を始めるとか地元メーカーに資本出資する話が浮上した。

早速、本社企画室の室員が集まってポルトガル語の勉強会が始まった。毎週土曜日の十時から十二時までポルトガル語の先生を呼んで勉強するのである。これにも岡田は常務でありながら参加し続けた。岡田は余程外国語が好きであったのであろう。退職後も亡くなるまで自宅の居間では、和服を着て、英字新聞を読み、ドイツ語講座のテープを聞いていたと言う。

もうひとつ、岡田の趣味は株式であった。学生時代から続けており、後輩社員に対して「君、株をやりなさい。経済がよく勉強できるよ。」と薦めた。

岡田が最も落ち着く場所は北新地の料亭「いか里」であった。そこでウイスキーの水割りを片手にたばこを吸いながら、シューベルトのドイツ歌曲を聞き、ゆっくりとした時間を過ごす。得意のドイツ語で歌うことも度々あったという。

近くにある小料理屋「葉月」も贔屓《ひいき》の店で、住友金属関係者との情報交流によく使っていた。岡田は必ずしも酒に強くはなかったが、その雰囲気が好きであった。午前様の帰宅はしょっちゅうで、運転手泣かせでもあった。

その一方、岡田は庶民の日常生活に疎《うと》かったようである。すべて秘書と運転手任せで、自ら自動販売機で鉄道の切符を買うことはなく、スーパーやコンビニでの買い物をしたこともなかった。

そのような岡田が、住友金属工業の社長レースに敗れて一九七八年に住友特殊金属の社長に赴任した。天下国家を論じるより、毎年のように市場と製品は目まぐるしく変化し、海千山千のオーナー・ワンマン社長がひしめく業界に登場したのであった。

岡田は毎月、製造所や子会社に出向き、月次の業績を丹念に見ていた。業績が悪くても、決して怒ることはなく、泰然と構えていた。

白髪、長身、カリスマ的で、会議では課題の要点をピリッと指摘した。積極的な投資をし、業績も向上していったので、自ずと社員は付いていった。自然に「オカテン」から「岡田天皇」と呼ばれるようになっていった。

住友特殊金属に来てまず岡田が手を打ったのは、財務体質の改善であった。日本の株式市場では一九七八年以降、外国からの投資資金が流入し、八〇年には株式ブームを引き起こしていた。

住友特殊金属は七〇年に株式を上場したものの、株価は一五〇~三〇〇円に(一時的には六〇〇円に)低迷していた。しかし、八一年初めに株式活況化とともに八〇〇円まで上昇した。岡田は直ちに住友特殊金属としては初めての増資を行うこととし、その年の十一月には三〇〇万株を一株八〇三円で増資し、二四億円の資金を得て、増産合理化や研究開発への設備投資をした(1)。

また岡田は、今後オフィス・オートメーション(OA)市場が拡大すると読み、米国ロサンゼルス事務所を設置するとともに、フロッピーディスクドライブ(FDD)の磁気ヘッドの組立事業を立ち上げ、高収益事業にした。内外から情報を集め、戦略的に手を打つことが好きだった。

原料面では、住友金属工業の鹿島製鉄所で薄板コイルのスケール除去が硫酸から塩酸酸洗に代わるやいなや、酸化鉄スラッジ(酸洗廃液)をフェライト磁石の原料として活用する方法を推進し、七九年には鹿島臨海工業地帯に鹿島電子材料(株)を設立している。北新地での情報収集が役に立っていた。そして、八二年の春、佐川との出会いが起きるのである。

4　佐川の材料研究者への道

青春時代

佐川眞人《まさと》は一九四三年（昭和一八年）八月、佐川豊春とイトエの長男として、徳島県徳島市の母親の実家で生まれた。父親は戦時中、現在の岐阜県各務原《かがみはら》市にあった川崎航空機工業の工場に勤めていた。仕事は事務職であったが、技術好きであったと言う。そこで一家は終戦を迎え、その後、母親の実家のある徳島市内町（当時）に移り、新しい生活が始まった。

父親は、現在のＪＲ徳島駅の真ん前の一等地に、今で言うコンビニのような店舗を構えた。父親は正直で、また男気のある性格のためか、店は結構繁盛したようである。眞人は徳島城址にある徳島市立内町小学校に通い、四つ下の妹が生まれ、生計は豊かで和やかな四人家族であった。

ところが、父親のお人好しな性格から、友人や親戚に金を貸したり振る舞ったりしているうちに、蓄えが底をつき、地主から立ち退きを言われてしまう。一九五四年に、一家は職を求めて、朝鮮戦争後の神武景気に沸く神戸市に移り住むことになった。父の新しい仕事として、親戚の経営する土木建築業の現場監督が見つかった。

眞人は中央区にある布引小学校の六年生に編入し、市立布引中学校の二年生のときに、尼崎市の明倫中学校（現市立中央中学校）に転校した。友達との交流など多感な時期での二度の転校は眞人に試練と独立心を与えたに違いない。得意技は短距離走。絶えずクラスのトップで、リレーの選手に選ばれるのが自慢であった。成績は転校するたびに上がっていった。正義の味方を自称し、クラスの委員長まで務めている。

このころ同時に科学・技術に対し関心を抱くようになる。一九四九年の湯川秀樹のノーベル賞受賞が国民に希望を与えたように、眞人にも「僕もノーベル賞を取ってやるんだ。」と言う気持ちを抱かせた。

数学や物理の授業も面白い。モータの回る仕組みに興味を持ったのもそのころであった。この気持ちは市立尼崎高校に進学しても変わらず、理系、それも基礎科学系の大学に進学するのは当たり前のように感じてきていた。

しかし、眞人の成績は神戸大学の理学部に一回で確実に入れるレベルではなかった。「君の成績では神戸大学の電気工学科を受けなさい。電気工学は将来性のある分野です。」との指導があった。眞人は電気には興味はなかったが、一九六二年電気工学科を受験し、無事合格した。

眞人は四年間、神戸大学近くの六甲の高羽に下宿して、山の上の大学に通った。しかし、結局電気工学という目に見えないものに興味を持てなかった。「科学者になりたい。物質そのものを学びたい。」という願望は捨てられなかった。

クラブ活動は陸上部に入り、谷を隔てた赤塚山の教育学部のグラウンドに行っては、子供のころから得意の短距離競走に精を出した。ちょうど大学二年生の時、東京オリンピックがあり、下の国道二号線を聖火リレーが走った。

勉学の方は、熱が入らず四年生を迎えた。四年生の夏休み前、就職担当の角田先生に大学院に行きたいと申し出たら、あっさり「君の学業成績では無理とちゃうか。」と言われてしまった。

これは眞人のプライドを大変傷つけた。それからは、別人のように勉強した。夏休み中は、一日十四～十五時間は勉強したであろう。その甲斐あってか、九月の大学院入学試験では、電気工学科の中、二、三番で合格した。

人生では何回か岐路がある。眞人はこの時、険しい研究者の坂道を登り始め、その登った先に、「物質の謎解き」という魅力的な世界を見つけた。

朝永振一郎のノーベル賞受賞が報じられたのは、その年の十月であった。

大学院進学先の研究室は、電気工学科ではなく卒業研究の時に世話になった応用物理学の研究室を希望し、認められた。指導教官は、永田三郎教授と塙《はなわ》輝雄助教授で、電子線回折などで薄膜、結晶成長を解明しようという研究グループであった。

修士論文のテーマは、「岩塩の上に蒸着した銀の初期結晶成長を低速電子線回折で解明する」と言うものであった。眞人は、この研究の過程で、実験装置を作るための電気回路の組み立てやガラス細工など色々な実験手法を学んだだけでなく、自己の研究スタイルを確立していった。

すなわち、実用材料の研究や開発ではなく、「固体表面での結晶成長の機構」を明らかにするのが天職と思うようになっていった。

この「謎解き」への関心は大学院の二年間でますます深まっていった。しかし、神戸大学工学部には博士課程がなかった。研究を続けるには外に出るしかなかった。東北大学金属材料研究所の下平《しもだいら》三郎研究室が助手を公募していたので応募した。残念ながら対抗馬がいて選外となったが、下平先生に「是非勉強させて欲しい。」と申し出たところ、試験を受けさせてもらい、六八年に博士課程に入ることになった。

図 12　東北大学金属材料研究所旧 1 号館
1921 年に住友家が寄付して落成した。1986 年に解体された。

ここ金属材料研究所は、本多光太郎が一九一七年にＫＳ鋼を発明した場所である。二年後には、本多を所長にした東北帝国大学附属鉄鋼研究所が発足し、二二年には金属材料研究所（金研）と名を変え、それ以降、戦後になっても「金属、磁性研究のメッカ」となっていた。二一年に住友家が寄付して落成した赤煉瓦造りで三階建ての旧一号館（図12）はまだ使われていた。

眞人の研究テーマは「金属表面反応生成物の構造、腐食抑制のメカニズム解明」と言うもので、神戸大学から引き続いて結晶成長の謎を明らかにしようとするのであった。ただ眞人は、迷路にはまり込んでしまい、皆に認められるような研究者にはなれなかった。

本人は「よたよたとした青春時代」と述懐している。ただこの間、赤煉瓦館にあった小川四郎研究室（電子回折）や他の研究室の輪講にも参加し、平林眞助教授、渡辺伝次郎講師などとも交流した。これらの交流を通して材料研究者としての感覚を身に付けられたのは大きかったようである(4)。

またたく間に四年間が過ぎ、眞人は二十八歳になっていた。まだ不完全燃焼であった。「まだ謎解きは終わっていない。解明すべきことはある。」

大学に残り研究を続けたかった。企業に就職して、俗なエンジニアになるつもりは全くなかった。しかし、大学には眞人を受け入れるポストはなかった。下平教授が複数の会社に紹介状を書いてくれた。東京芝浦電気（現東芝）からも話はあったが、最初に面接した富士通に採用してもらうことになった。

眞人は、自分の生活を奨学金で賄《まかな》いさえすれば、両親の家計を支える必要もなく、自分の思う道を歩めたのは幸せであった。

富士通の研究者として

一九七二年、佐川眞人は二十八歳で富士通㈱に入社した。一九三五年に富士電機製造（後の富士電機㈱から分離して設立された会社である。そこから出向という形で、富士通研究所に勤務することになった。ここは富士通グループの研究開発の中核として一九六二年に南武線武蔵中原駅近くの川崎工場に隣接して設置され、一九六八年に株式会社として分離された当時約五百名の会社であった。近くに等々力陸上競技場があり、多摩川が流れていた。

学部や修士課程卒業の一般の新入社員は、四月から入社研修、実習などがあるが、博士課程卒業者は即戦力ということで直ちに研究室に配属された。佐川は金属材料研究所での研究スタイルを引きずっていた。シリコン表面の結晶成長の研究ができるよう半導体部門への配属を強く希望したが、聞き入れられず、材料研究部への配属となった。

ここは六〇～七〇名の研究者の所属する大きな研究部であった。その中の第一研究室が所属部門となった。通信機器に使う金属材料の評価と開発を担当する研究室であった。通信機器において金属材料は接点材料、バネ材料、そして磁性材料として重要であり、その典型的な使用部品がリレーであった。佐川はリレーに使う磁性材料を開発する数名の研究チームに入れられた。

最初に与えられたテーマは「リードスイッチ用材料の開発」であった。これまで分析や解析しかしてこなかった佐川にとって、金属材料の開発、それも馴染みのない磁性材料の開発には全く自信がなかった。しかし「会社から言われたことだからするしかない。」と心に決めて、チーム員のサポートの下、磁性の基礎から勉強を始めた。

リードスイッチとは、バネの力で離れていた二つの電極（リード片）が磁石を近づけると、その

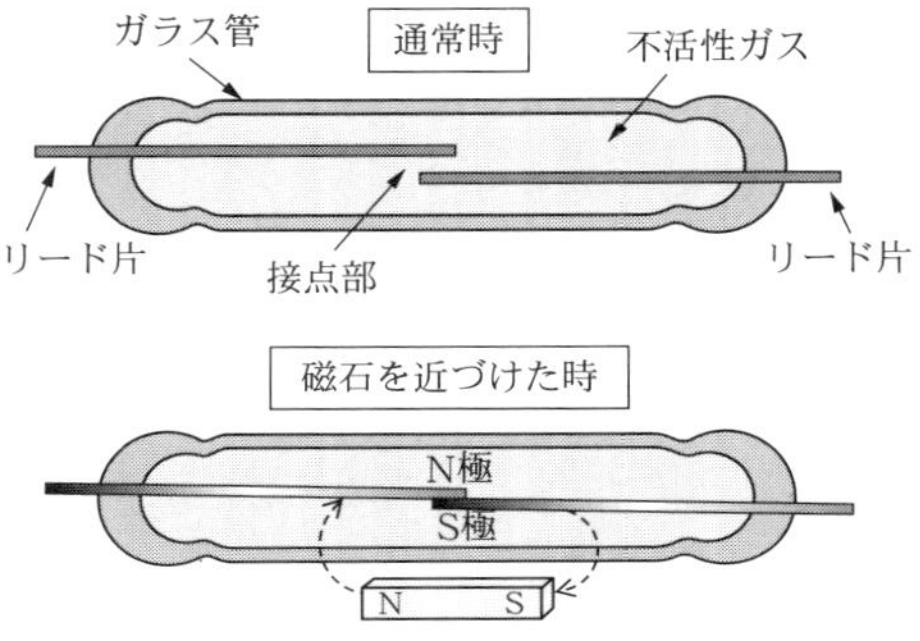

図13　リードスイッチ

磁界（磁場）を感じて磁化し、吸着して繋がり、また磁石を遠ざけるとバネの力で離れて切れるというスイッチである。このリード片用の強磁性材料を開発するのが研究目的であった（図13）。

鉄のようなソフト強磁性材料は、外部磁界が強くなると徐々に磁化されるが、このリードスイッチには、ある磁界までは変化なく、ある磁界を超えると急激に磁化が起きる材料が必要となる。

小さな炉で、コバルトに種々の組成比の鉄やニオブ（Nb）を添加した合金を溶解、鋳造し、これをスエージングマシーンで棒状にする。これに引き抜きを繰り返して、最後は一ミリメートル径の細線にする。これを熱処理して磁気特性を調べるのである。

実験を進めるうちに、熱処理をうまくすれば、ある磁界で材料の磁化が急激に起きることが分かった。この時、試料中の磁区壁*が動く様子が良くわかり、面白くなってきた。

＊磁区とは同じ磁化方向を持った領域で、壁はその境界。磁区壁が移動すると磁化が起きる。

これを三〜四年続けた結果、最適な磁性材料の組成を見つけ、論文を書いた。またその材料の実生産も東北金属工業（現ＮＥＣトーキン）で実現し、生産現場の立ち合いにも行った。自分が研究開発した材料が世の中に出て、それなりに達成感はあった。

「しかし、改良研究でしかないな。」

研究者としてはもう一歩満たされなかった。企業の研究者とはこんなものかと思いつつ、もっと物質の謎を明らかにする研究をしたかった。

このようなサラリーマン研究者を続けているうち、三十歳になり、お決まりのように見合いの話があった。神戸大学の永田三郎教授の紹介で、茨木市の女性と見合いし、すんなりと決まった。現在の妻久子である。七四年、結婚式は永田夫妻の仲人で、大阪の太閤園で行った。富士通の人は一人も呼ばなかった。佐川には当時から、会社に帰属しない独立独歩の気質があったようである。新居は川崎市多摩区に構えた。

永久磁石の世界へ

入社して四年たった頃（七六年）、佐川に独立した研究テーマが与えられた。「フライングスイッチ用サマリウム・コバルト永久磁石の開発」であった。

フライングスイッチというのは、直径が一～一・五ミリメートルの極めて細いガラスの中に小さな円柱状のサマリウム・コバルト磁石を封入したものである。このガラス管の外に巻いたコイルに瞬時の電流を流すとその磁界で磁石が鉄ニッケル合金のリード線に吸着して通電する。電流の方向を変えると磁石片が左右に飛び移り、スイッチできるのである（図14）。

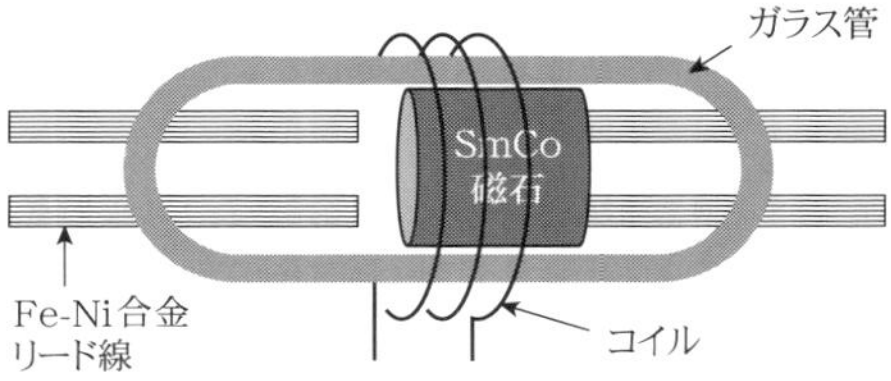

図14　フライングスイッチ

サマリウム・コバルト磁石が左右に動いてスイッチする。

富士通の事業部で考案された高速で大電流をON/OFFできる特殊なスイッチであるが、課題はサマリウム磁石が脆いため、使う回数が増えると磁石が欠けたりすることであった。すなわち、「10^6回ON/OFFしても欠けないようなサマリウム磁石を開発しろ。」と言うのが研究テーマであった。

まずサマリウム磁石を作らなければならない。しかし、佐川は永久磁石について何も知らなかった。富士通の研究所にも磁石の専門家はいなかった。論文や解説書を読みあさり、研究会、セミナー、関係する学会にも出席して勉強した。

研究室で使える設備は、一〇グラムの小さな高周波溶解炉、ボタンアーク溶解炉、すり鉢式の自動粉砕機、アルゴンを流す熱処理炉などがあったが、いずれも旧式で故障がちであった。粉末を磁界中でプレスする装置は、手動のプレス機を探してきて自分で組み立てた。

磁気の測定装置としては、通常より大きな磁界を与えて特性を見る必要がある。そのための電源と電磁石を社内の遊休設備から探し集めた。嬉しかったのは振動試料型磁力計*があったことであった。小さな試料をセットするだけで、大きな磁界中で低温から高温までの磁気測定ができた。大学院時代の基礎研究、基礎実験が役にたった。

＊VSM (Vibrating Sample Magnetometer) のこと。磁界中で試料を振動させ、磁化の状況を測定する。

サマリウム・コバルト磁石の原型は、佐川が研究を始める九年前の一九六七年に誕生していた。米国の空軍材料研究所にいたスツルナットとホッファーは、前年から希土類元素とコバルトの化合物が永久磁石として有望なことを提唱し(17)、その年にはサマリウムとコバルトの組成比が一対五の金属間化合物($SmCo_5$)の粉を固めた圧粉体で、磁力は低いものの永久磁石になることを国際会議で発表した。

希土類とは、周期表で下部欄外に記載される十七種の元素のことで、十九世紀にはその大部分が発見されていたが、それらを分離して生産することは困難であった。これを戦時中、米国のマンハッタン計画(原子爆弾製造計画)の一部として、アイオア州立大学エイムズ研究所のスペディングが希土類金属の分離抽出法を開発し、その技術を六一年に公開していた。それ以降、希土類金属の民間利用が急速に始まっていたのであった。

翌六八年には、フィリップス社のブショーが、イタリア・ミラノで開催された欧州磁石会議で、その$SmCo_5$粉末を静水圧*で強く押し固めて、最大磁気エネルギー積一八・五メガという、圧倒的に高い磁石特性を出し、会場は大フィーバーになった。この磁石は単に粉を固めただけであったので、時間の経過とともに磁石特性が劣化してしまい、実用にはならなかったが、「希土類元素を使って、とてつもなく強い磁石ができる。」とのニュースは世界中の研究者を奮い立たせた。

*静水圧とは、全方向に均一に圧力をかけること。

その欧州会議には、後で登場する住友特殊金属の宮本毅信《たけのぶ》が出席していた。彼はその会議で「一一メガの磁気エネルギー積を持った世界最高性能のアルニコ磁石を開発した。」と意気揚々と発表するつもりでいたが、このブショーの一八・五メガの興奮に掻き消されてしまい、大変悔しい思いをしたと語っている。

二年後の七〇年にはGE社から、液相焼結法で最大磁気エネルギー積が二〇メガの実用サマリウム・コバルト磁石が商品化された。液相焼結とは、合金粉末を押し固めて圧粉体にした後に温度を上げると、粉の表面が溶けて、収縮するとともに粉同士が融着し、強固なブロックになる焼結法である。

GE社は同時に、金属コバルトとサマリウム酸化物（Sm_2O_3）とカルシウム（Ca）粉末を混合させて、サマリウムとコバルトの合金粉末を直接作る「還元拡散法（R/D法）」も開発していた。このR/D法では金属サマリウムを作る工程を省略できるので大変便利であった。

当時、GE社は永久磁石の最大の使用者であり、また最大の生産者であったので、開発で先陣を切ったのである。しかし、三年後の七三年には、その先行技術を公開し、ミシガン州エドモアにあった生産工場や関連特許をすべて日立金属に売却し、磁石生産から手を引いてしまった。

ちなみに、GE社と言えば、後で登場するジャック・ウエルチが有名であるが、この時はまだ四十歳の新任副社長で、CEO（会長兼最高経営責任者）になるのは八年後のことである。

その後も世界の研究者の手でサマリウム磁石の研究は進み、最大磁気エネルギー積の記録更新は続いた。そして七五年には、松下電器産業の俵好夫《たわらよしお》と米国デイトン大学に移っていたスツルナットから、サマリウムとコバルトの組成比が二対十七のSm_2Co_{17}化合物主体の磁石が提案された。

新しい扉を開く人と、そこを通って先に進む人は別人である。

七七年には、東北大学で研究し、東京電気化学工業（現ＴＤＫ）に移っていた米山哲人《てつと》は、Sm_2Co_{17}化合物中のコバルトの一部を、銅、鉄、ジルコニウム（Zr）で置換すると、最大磁気エネルギー積三〇メガが得られることを発表した。これが、現在でも実用2–17系サマリウム・コバルト磁石の最高値となっている。*

＊実験室での最高値は八〇年に三三メガまで達する。

佐川が「何回スイッチしても欠けないようサマリウム・コバルト磁石を開発しろ」と命じられたのは、そのような開発競争の真っただ中の七六年であった。佐川も材料組成の研究に身を投じ、クロム（Cr）を添加すれば、機械的強度が向上することを見つけ、翌年国際会議で発表している。しかし、佐川には満足感はなかった。微量成分を調整して少しばかり磁気特性を上げても小さい。世の中を変えるもっと大きなことをしたいと思うようになっていた。

一九七八年当時の状況を紹介すると、日本のサマリウム磁石の生産会社は八社あり、総生産額の三分の二をＧＥの米国工場を買収した日立金属と希土類の分離精製から事業を始めた信越化学工業が占めていた。残りの三分の一を東京電気化学工業、住友特殊金属、東北金属工業の三社が分け、少量を並木精密宝石、東京芝浦電気、三菱製鋼が生産していた。海外ではクルーシブル、クルップなど、世界の生産会社は合計二十二社あった。

またサマリウム磁石の国内生産金額は、前記の図5に示すように、七七年の一二億円から七八年には二八億円まで倍増しており、七九年にはコバルト価格の暴騰があったにもかかわらず、八一年には九〇億円にまで伸びていくことになる。

ところで、2-17系サマリウム磁石（Sm_2Co_{17}）の扉を開いた俵好夫は、松下電器産業を退社し、七六年に福井県武生市（現越前市）にある信越化学工業の磁性材料研究所所長に就任していた。四十一歳の時であった。当時中学生であった娘の俵万智《たわらまち》は、十一年後の八七年に歌集「サラダ記念日」を発表する。これが歌集としては異例の二八〇万部のベストセラーになる。

後年、俵好夫はそこから次の二つの歌を選んでいる(18、19)。

「東北の博物館に刻まれし父の名前を見届けに行く」

「ひところは『世界で一番強かった』父の磁石がうずくまる棚」

一九八三年にネオジム磁石が発表されて、サマリウム磁石が持っていた強さの最高記録は塗り替えられることになる。夢を追って新天地に赴いた研究者とそれを支えた家族の誇りと情景を、右の二首から思い描くことができる。

5　新磁石の発想

コバルトレス磁石

サマリウム・コバルト磁石の根本的な欠点は何か。「資源が希少なサマリウムを使うこと」と「地球上に偏在する希少資源のコバルトを使うこと」である。

「希土類には、もっと豊富にあるランタンやセリウムは使えないだろうか。強磁性元素には、コバルトではなく鉄ではだめだろうか。」とは誰しもが感じていた。

しかし、磁石の専門家の間では、希土類（R）は代えられても、強磁性元素のコバルトだけは外せないとの固定観念があった。実際、一年半ごとに開催される希土類磁石の国際会議の名前は「希土類・コバルト磁石」で、鉄の名はなかった。

一九七八年一月三十一日、日本金属学会が主催するシンポジウム「希土類磁石の基礎から応用まで」が東京・目黒の金属材料技術研究所で開催された。佐川は、富士通研究所から南武線と東横線に乗り、三十分ほどかけてその講演会に参加した。

十件の講演すべてが希土類・コバルト（R－Co）系化合物に関するもので、最初に東北大学金属材

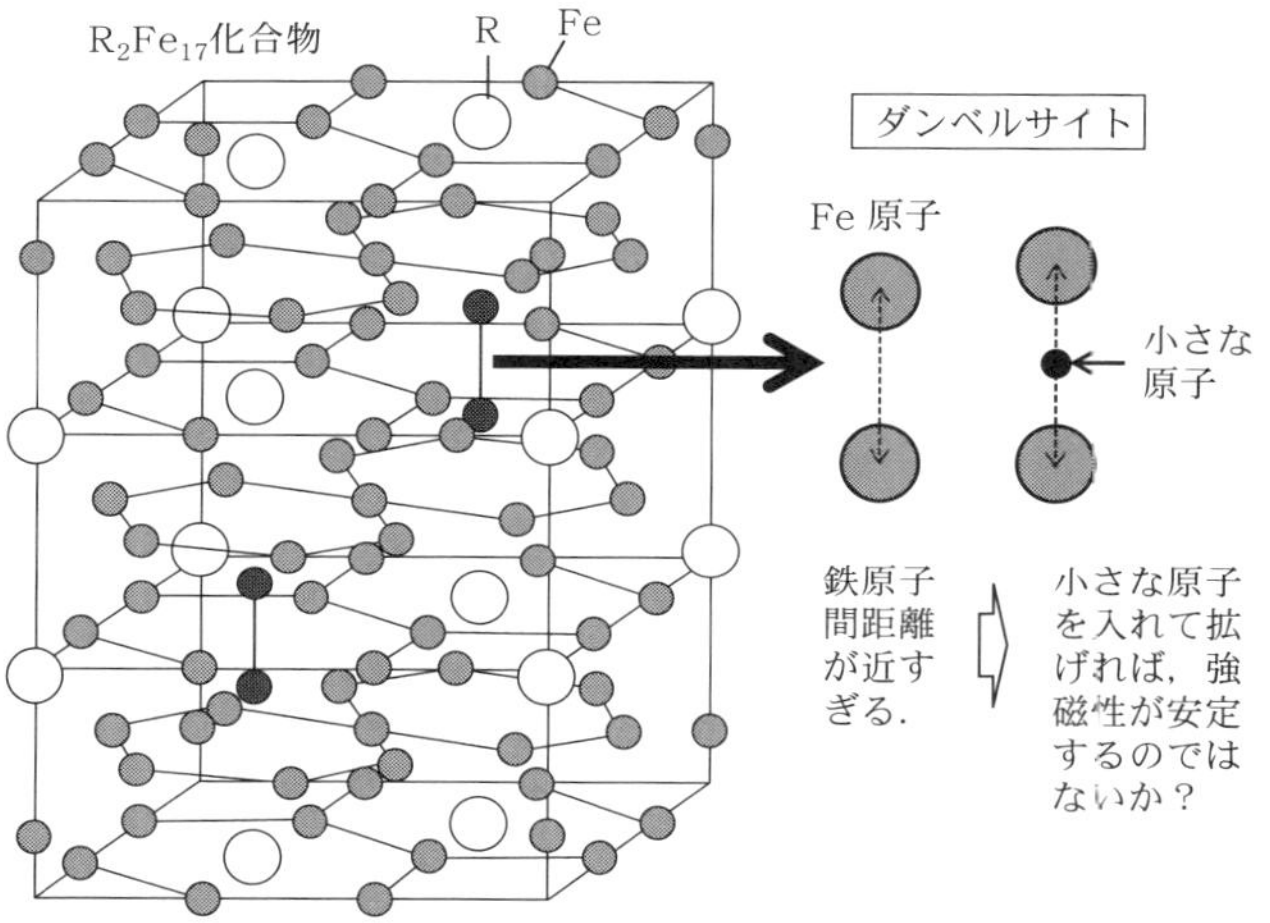

図 15　希土類–鉄化合物 (R_2Fe_{17}) の原子配列
六方晶の一部を示している。Fe-Fe 間が近すぎるので磁石にならないとの指摘があった。

料研究所助手の浜野正昭が「R－Co系状態図および RCo_5 と R_2Co_{17} の磁性」と題した講演を行った[20]。

浜野の講演の大部分は希土類・コバルト系化合物の基礎的説明であったが、最後の数分だけ、なぜ希土類・鉄系化合物が永久磁石にならないかの話があった。

「R－Fe化合物では、鉄と鉄の原子間距離が近すぎるので、強磁性が不安定になる。そのため、R－Co化合物よりキュリー温度が極端に低く、*永久磁石にならない。」との説明であった。

＊鉄のキュリー温度は七七〇℃。Sm_2Co_{17} は九二六℃に対し、Sm_2Fe_{17} は一一六℃と低い。

もう少し説明すると、希土類と鉄との化合物には、2－17系サマリウム・コバルト磁石と同じく、組成比が二対十七の化合物 (R_2Fe_{17}) がある。この原子配列には、鉄原子が対になっているダンベルサイト＊という場所があるが（図15）、「このFe–Fe原子間距離が近すぎるため、Co–Co原子対より強磁性が不安定となり、その結果R_2Fe_{17}化合物のキュリー温度は室温からあまり高くない。すなわち、鉄系は実用的な永久磁石になり得ない。」と言うのであった。

＊Dumbbell site、トレーニング用具の鉄亜鈴《あれい》のように二つの球がペアになっている場所。

その講演を聞きに来ていた佐川眞人は、「そんな理由で鉄系磁石ができないのか。それなら原子半径の小さな炭素（C）や窒素（N）を添加すれば、鉄原子間に入って距離を拡げ、強磁性が安定するのではないだろうか？」と思った。

金属の結晶は個々の原子半径を持った球状原子の積み重ねで示されるが、大きな球と球の間の空隙には原子半径の小さな原子が入り込む。たとえば、常温の鉄は体心立方の結晶格子を組んでいるが、その空隙には炭素や窒素原子が侵入し、鉄原子間距離をわずかに拡げる。

すなわち、炭素を多く含む鋼を高温から焼入れて、強制的に多量の炭素を入れると、鉄原子間が一方向に伸長した体心正方晶（正四角柱状）のマルテンサイト結晶相ができて、非常に硬くなる（図16）。このことは、金属を学んだ者は知っていた。佐川は、この金属の知識を磁性材料に関連付けた。

「なぜ、磁性物理の専門家はそのような発想をしないのだろう？」

講演会が終了すると、もう夕暮れであった。

目黒川沿いの道を東横線の中目黒駅に向って歩きながら、佐川は思考の輪を広げて行った。

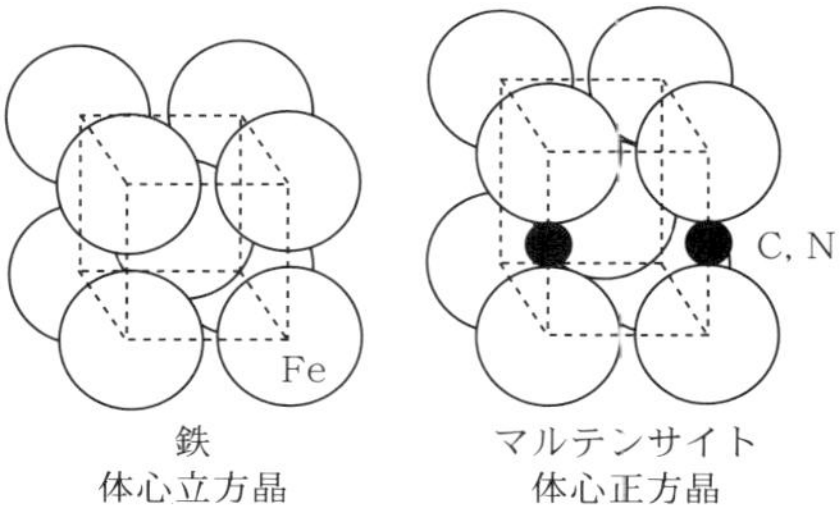

	原子半径（nm）
ホウ素：B	0.090
炭　素：C	0.077
窒　素：N	0.053
鉄　：Fe	0.124

図 16　原子半径と C、N の鉄原子間への侵入
小さな原子は Fe-Fe 原子間隔を拡げ、鉄を硬くすることは知られていた。

「会社に行ったら、こんな実験をしてみよう。そうすればわかるはずだ。」明日が待ち遠しかった。

しかし、いざ翌日会社に着き、冷静になってみると、「この程度のことは、私でなくても、誰でも考えるな。もうすでに誰かが実験しているだろう。」と思うようになった。

周りの研究者に、このアイディアを説明し、意見を聞いてみた。しかし誰も賛同してくれなかった。年下の同僚一人だけが「その発想は面白いですね。」と言ってくれた。ただ、人に話してみてわかったことは、「誰もそんな実験をしていないようだ。また、そんな論文発表もないらしい。」ということであった。

研究者は色々な発想をするが、そのほとんどは日常の雑事に忙殺されて消えてしまう。しかしこの時の佐川は違っていた。

「誰もやっていないなら、試しにやってみよう。」

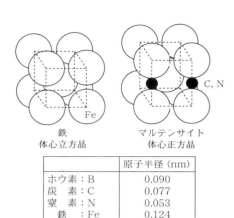

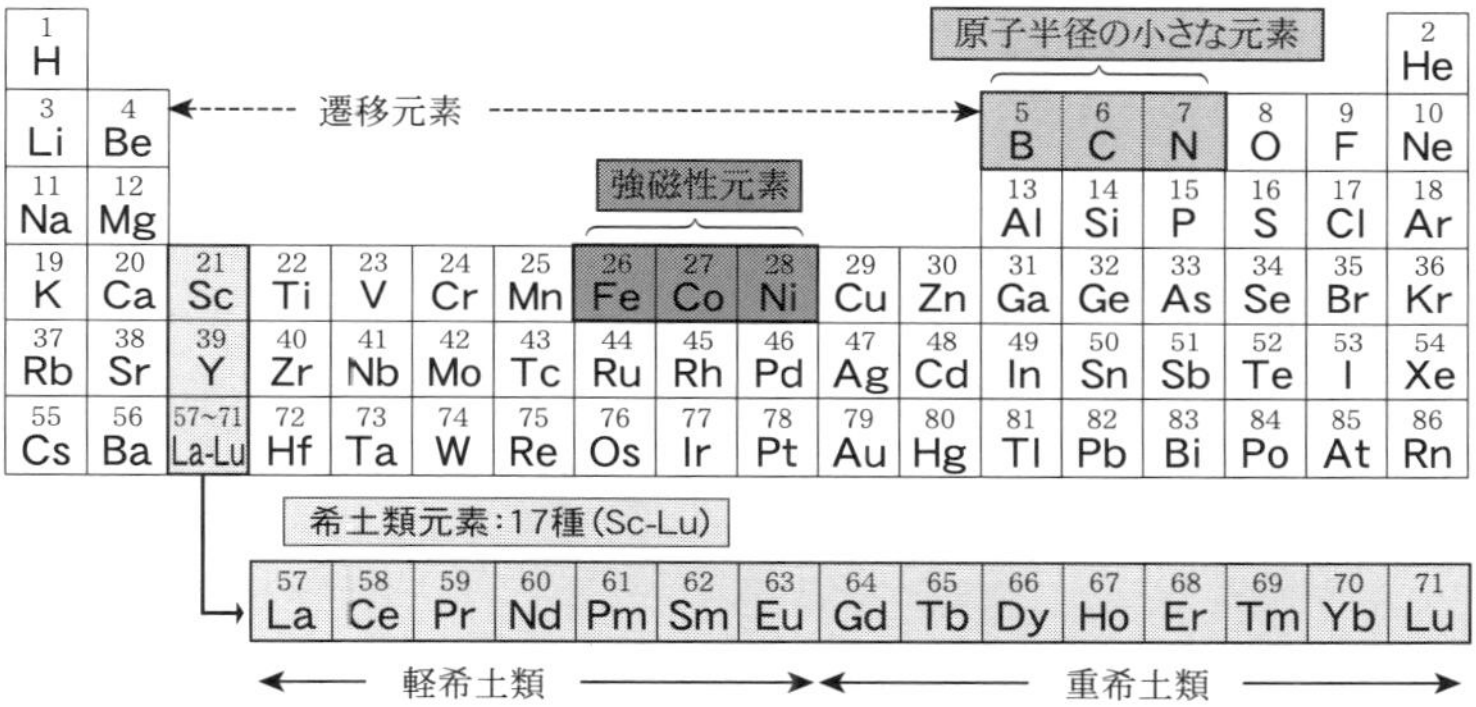

図 17　周期表と組み合わせ元素

希土類（Rare Earth）とはスカンジウム（Sc）からの 17 種を言う。佐川はこの希土類元素と鉄と小さな元素を組み合わせた 3 元合金の実験を行った。

早速、サマリウムと鉄が二対十七の組成に炭素を一～二質量%加えた混合物をボタンアーク炉で溶解し、その凝固塊から一ミリメートル位の大きさのかけらを取り、振動試料型磁力計（VSM）やX線回折の測定を行ってみた。

窒素も炭素と同じく鉄原子間距離を拡げるが、窒素を添加するのはボタンアーク炉では難しかったので、佐川は最初から除外した。実はこの窒素添加には、佐川の発想の延長にある「宝石」*が埋まっていたが、佐川は目もくれなかった。発明の女神は佐川を「より高み」に向かわせた。

＊この「宝石」とは、ネオジム磁石発明の七年後、欧州共同研究の成果として、また別に旭化成の入山が見つける「サマリウム・鉄・窒素（$Sm_2Fe_{17}N_3$）磁石」のことである。後述する。

佐川は、元素の周期表を見ながらサマリウム以外の希土類元素についても、鉄、炭素との合金を作り調べてみた（図17）。すると、磁化の温度変化からキュリー温度が二七〇℃以上の相が存在すること、またその相の磁気異方性*が大きいこともわかってきた。X線回折からは、R_2Fe_{17}とは異なる結晶構造の相ができているようであった。

＊磁気異方性とは、結晶の方向によって磁化のされ方が異なる性質。

さらに、消しゴムくらいの大きさの塊を作り、着磁してみた。すると、希土類にネオジム（Nd）を使った場合、ほんの弱い力であるが鉄を引きつけた。

「これは何かあるぞ。何か知らない化合物ができているみたいだ。」と感じた。ただ、このネオジム・鉄・炭素（Nd-Fe-C）合金を空気中に放置しておくとアセチレン臭がして、すぐ酸化され、化学的に不安定であった(21)。

そこで、炭素の替わりにホウ素（B）を添加してみた。すると、化合物はずっと安定で、かつ磁気特性も優れていた。

このようにして数ヵ月の実験で、希土類・鉄・ホウ素（R-Fe-B）合金の中に未知の化合物があること、またこの希土類がネオジムである時、その化合物が永久磁石として最も有望なことがわかった。

当時の状況を佐川は次のように語っている。

「新磁石を見つけるには、磁石に適した化合物を見つけること、次にそれを基にセル状構造（組織）を作ることです。一九七八年には、ネオジム-鉄-ホウ素の組み合わせが永久磁石として有望なことを見つけていました。ところが、富士通研究所内の人にその合金の粒を見せても、またその合金の磁気特性値を説明しても、誰も関心を持ってくれない。それは、セル状構造ができていないから、すなわち永久磁石になっていないからでした。」

補足説明をしておこう。

永久磁石を作るには、「磁石に適した化合物」を「適正な結晶組織」にすることが必要である（表2）。

まず化合物の物性としては、①大きな磁化、②大きな結晶磁気異方性、③高いキュリー温度の三要素が不可欠となる。

（1）磁化とは、どれだけ多くの磁束を出せるかで、飽和磁化（J_S）が高いことである。

（2）磁気異方性とは、結晶の一方向にのみ磁化され、その方向がぶれないことである。磁化方向がふらつくと磁化の反転が起きやすくなる。鉄の結晶はサイコロのような形で、三つの等価な磁化方向があるので、磁化方向は変わりやすく磁気異方性は小さい。しかし、オセロの駒のような結晶であれば磁化方向は変化しにくく磁気異方性は大きい（図18）。

（3）キュリー温度とは、強磁性でなくなる温度で、この温度が室温より十分高くないと磁化が不安定になる。

また結晶組織としては、この化合物相が、④配向され、⑤セル状組織である必要が

表2　永久磁石に必要な化合物特性と組織

化合物の磁気特性	適正組織
① 大きな磁化	④ 結晶配向
② 大きな磁気異方性	⑤ セル状組織
③ 高いキュリー温度	

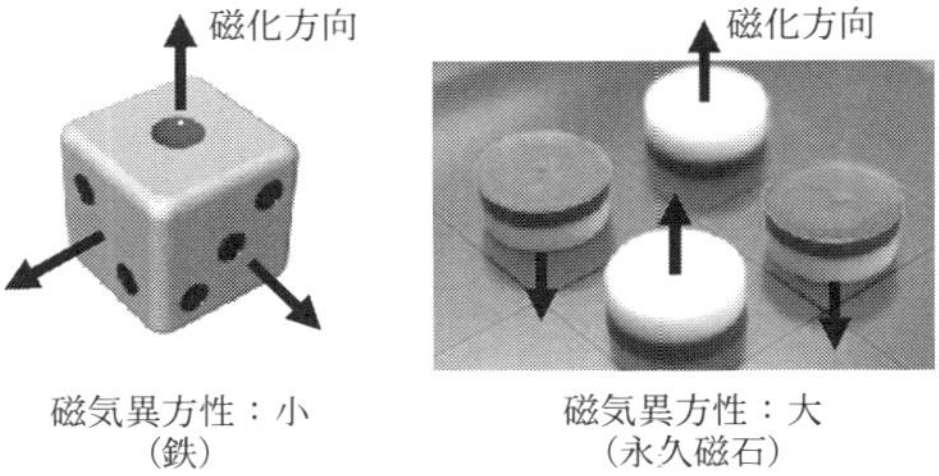

図 18　結晶磁気異方性

オセロの駒のような結晶だと磁化反転が起きにくく、永久磁石に適している。

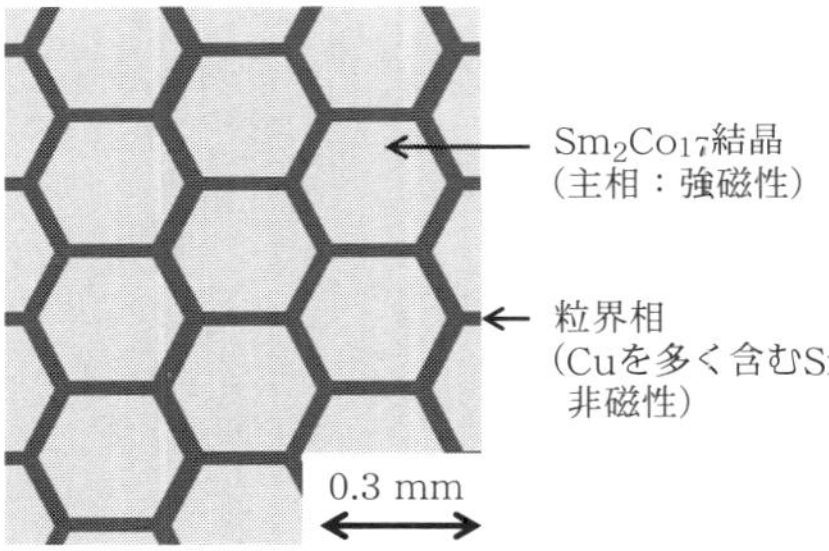

図 19　サマリウム磁石（2-17 系）のセル状組織

粒界相がバリアーになって主相の磁化反転を防止している。

ある。

（4）配向とは、結晶の軸が特定の方向に揃っていることで、単結晶の粉末を一方向の磁界をかけた状態で固めればよい。これはサマリウム磁石などの異方性焼結磁石では広く採用されている。

（5）セル状組織とは、強磁性相が非磁性相の壁で囲まれ、分離されていることである。実際、2-17系サマリウム磁石では、図19に示すように一つ一つのSm_2Co_{17}強磁性相が、銅が濃縮した$SmCo_5$の非磁性相で囲まれた組織になっていた。この粒界相が強磁性相の磁化方向が反転するのを防いでいるのである。

佐川もこの方法を真似て、熱処理条件を変えて実験したが、なかなか永久磁石とならず、二〜三年が経過していった。

企業研究の壁

さて、与えられた研究テーマの「壊れないサマリウム磁石の開発」は順調に進んだ。結晶組織に粘い相を微細に形成させ、熱間静水圧成形で空孔を消滅すれば、目的とする機械強度を達成することができた。七九年には国際会議でこれを発表した。しかし発表を終えて帰国すると、「これで磁石の研究は終了する。」と研究所のトップから言われた。

「新しい磁石の糸口を掴んでいます。何とか研究を続けたいのですが。」と佐川は食い下がったが、「駄目です。磁石の研究は諦めて、もっと富士通らしいテーマの研究をしなさい。」と言われてしまった。

実はそのころコンピューター市場が急速に発展し、富士通だけでなく、エレクトロニクス各社は金属より半導体、材料技術よりシステム技術に研究の軸足を移していた。もう金属スイッチを研究する時代ではなくなっていた。佐川の金属研究グループはその存在すら危うくなり、次の研究テーマを見つけるのに苦労することになった。

そういう中、佐川は管理職登用試験に合格し、七九年春には順調に管理職に昇進した。佐川はそれなりに有能な研究者であった。しかし、企業マン、組織人にはなりきれていないところがあったようである。

管理職になったとたん、それまで暖かい眼で見てくれていた上司の渡辺本部長（仮名）の目が厳しくなった。些細なことでしばしば皆の面前で怒鳴りつけられるようになった。渡辺は佐川の採用に関わり、入社以降も部長として、ずっと目をかけていたため、余計に厳しかったのであろう。

会社の入り口にはタイムカードがあって、一般社員はそこを始業時間までに通ればいいが、管理職は、始業時間の十五分前に通過して、ロッカーで着替えを済ませて、始業時間には仕事を開始するのが当たり前との雰囲気があった。しかし、佐川はいつもぎりぎりで通過する。始業ベルが鳴り終わるころ、身をかがめてそっと職場に入る。ある日、タイムカードの前に渡辺が立っていて、怒られた。

昼休みは、研究者にとって息抜きができる時間である。昼食をあたふたと済ませ、仲間とフリーテニスをしたり、将棋盤を囲んだりする。将棋は一時間の昼休みに、三局くらいできる。もう一局もう一局となかなかやめられない。もう少しだけと将棋を指していると、昼休み終了五分前のチャイムが鳴る。渡辺がやってきて雷が落ちた。

また、ある日のこと、佐川が自分の机で仕事をしていると、渡辺が険しい顔でやってきて、「君のこの報告書はなんだ。回覧先に重要な○○さんへの回覧が抜けているではないか。こんなことで君、管理職と言えるのか。」と突然資料を投げられた。これには大変こたえた。

「はあ。分かりました。」と佐川は言うしかなかった。佐川はどんなに怒鳴られても言い返すことは一度もなかった。

研究テーマにおいても、厳しい状態は続いた。会社の方針に沿って、磁気記録用としての希土類・

鉄・コバルト合金薄膜の研究を開始したが、魅力的なテーマにはならなかった。金属グループ長としての責任はあったが、新しい研究テーマはなかなか見つけ出せなかった。良い解を出せない佐川に渡辺はいらだちを感じていた。佐川がもがけばもがくほど、渡辺との関係は悪化していった。「佐川には管理能力がない。」とみなされるようになった。

ここで、一九八〇年に佐川の研究グループに配属された堀越英二の話を紹介しよう。

堀越は東北大学大学院工学研究科の修士課程を修了後、富士通に入社し、富士通研究所に配属された。修士課程は金子秀夫研究室であった。金子は前述の圧延可能な鉄・クロム・コバルト磁石の発明者であり、その研究室からは磁性材料、磁石材料の分野で活躍する人材を多く輩出していた。

一ヵ月ほどの全体研修の後、佐川のいる材料研究部第一材料研究室に配属された。室長はセラミックスグループの長で十～十二名の研究者を抱えており、多層基板の開発に取り組んでいた。佐川の率いる金属グループは四～五名の研究者で、磁石材料や接点材料の開発を担当し、リレー用半硬質磁性材料としてニブコロイ(Nb・Co合金)を東北金属工業で、また感温磁性材料を富士電気化学(後のFDK)で実用化していた。

堀越には、佐川が頭の中に秘めていたテーマ「コバルトレス永久磁石の開発」が与えられた。佐川は三元系合金というヒントを与えたが、どのような元素の組み合わせなのかは敢えて言わなかった。堀越に考えさせた。

堀越は早速、色々な希土類、鉄、ホウ素、炭素の組み合わせ組成をアーク炉で溶解する実験を始めた。夏ごろ、希土類としてネオジムが有望なのが見え始め、さらにホウ素が入ると結晶磁気異方性も上がることも確認した。これを佐川に報告した。

「佐川さんはニヤッとほほ笑んだ。」と堀越は言う。まだ漠然としていたが、やはりこの合金系の周辺に何かあると堀越は感じていた。

一方、佐川は、二年前にネオジム・鉄・ホウ素合金が有望なことは把握しており、「堀越もここまでたどり着いたか。やはり、この組み合わせしかないかな。」と改めて確信したわけである。

その年の十月に佐川は渡辺本部長と一緒に海外出張に出かけた。渡辺が国際会議で研究発表するので、佐川が英語のサポートをするのであった。

「出張に行くまでは、傍目《はため》では仲のいい上司と部下の関係に見えていたが、帰国後二人の関係は険悪になっていた。どうも出張中ドンパチがあったらしい。」と堀越は思った。

そして、その後佐川は仕事を干《ほ》され始めた。佐川は堀越の実習指導もしなくなった。新入社員には三月に実習報告をすることが義務付けられているが、堀越のテーマはもう永久磁石ではなくなっていた。佐川は堀越の新しいテーマに全く興味がなく、「室長のいうことを聞いて作成しなさい。」と言うだけであった。

発想は一人でできるが、発明は一人でできるわけではない。信念を持った指導者と純粋で先入観のない若者の組み合わせでブレークスルーが起きることが多い。

記憶に新しいのでは、青色LEDを発明した赤崎《あかさき》勇《いさむ》氏と助手の天野浩《ひろし》氏の組み合わせがある。松下電器産業東京研究所でガリウム・ナイトライド（GaN）の研究をしていた赤崎氏が研究中止の組織決定で、一九八一年に名古屋大学に移って研究を続け、そこに学生として入ってきた天野氏が八五年半ば偶然に品質の良いGaN単結晶を作成し、その四年後にp型化などのブレークスルーをして青色LEDの試作に行きつくのである[22]。

もし、堀越が佐川の元でもう一〜二年、新磁石の研究を続けていたら、強力なネオジム磁石の発明にまで行きついたかもしれない。

富士通退社へ

一九八一年四月、佐川は、研究室所属はそのままで、完全に研究活動から外され、特許関係の仕事をすることになった。堀越も磁気シールド材の研究にテーマ変更になった。

研究することを最も望んでいた佐川が研究から外される。研究者のサポート業務として先行特許を調べるという仕事である。それでも幸運なのは研究室に所属していたため、実験室や実験道具は使えたことである。昼間は管理職としての特許業務をしながら、夜は鉄系磁石の研究を続けた。

そのころ、米国では、コバルトを使わない永久磁石の研究が進められていた。磁石は軍事上重要な製品であったが、ザイールで七八年五月から第二次シャバ紛争が起こり、コバルトの生産が一年以上混乱したためであった。一方自動車会社では、自動車の電動化の流れの中で、サマリウム磁石より安価でかつ軽量な永久磁石が求められていた。

アイオワ州立大学のスペディングの下で希土類の研究をして博士号を取り、米国ゼネラルモータース(GM)の研究所にいたクロートは、八一年ネオジムと鉄の合金を液体急冷することで高い保磁力の磁石が得られることを発表していた(23)。また米国海軍研究所のクーンは、同じ液体急冷による鉄・ホウ素・ランタン・テルビウム(Fe-B-La-Tb)合金で、より高い保磁力が得られることを発表していた(24)。液体急冷法とは合金を一旦溶かして、これを回転ロールに吹き付けて急速に冷却して薄帯を作り、その後熱処理をする方法である。彼らは通常の方法では希土類-鉄系磁石を作れないと思い、液体を急速に固めるという特殊な方法で永久磁石を作ろうとしたのであった。

しかし、佐川にはそのような囚われた考えはなかった。佐川も実験室にあった液体急冷装置で同じような実験を行ったが、この方法では結晶組織が細かすぎて、結晶配向ができないため残留磁化は低い。永久磁石を作るならサマリウム磁石のような焼結法と決め込んでいた。

ただ彼らの論文に掲載されている希土類元素の組み合わせは気になった。佐川がぐずぐずしている間に、米国ではNd-FeやLa-Fe-Bの組み合わせは研究されていた。しかし、Nd-Fe-Bの組み合わせはなかった。

「まだ見つかっていない。しかし、近いうちに研究されるだろう。」

化合物の物性を調べるのは小さな試料でよいが、永久磁石を作るとなると、ある程度の大きさが必要となる。この試料を作るのに手間がかかった。凝固したネオジム・鉄合金はサマリウム・コバルト合金と違って硬く、粘りがあり、これを単結晶の粉末にするのは、大変骨の折れる作業であった。地図もなく、きっとできるという保証もない試行錯誤の実験が続いた。夜遅く、励ましてくれる人もなく、黙々と続けられたのは、「世の中が驚くような磁石を作ってやろう。」という、強い執念とこだわり以外に何もない。しかし、なかなか人に見せられるような磁石はできなかった。

当時、佐川が最も恐れていたのは長野県にある須坂工場への転勤であった。そこではリレーやフライングマグネットの部品を製造していた。そこへ転勤となれば磁性の測定装置もない、研究を続けられなくなる。それなら、むしろ磁石に関係する関係会社に移ったほうがいい。

八一年の夏、佐川は富士電気化学の社長に受け入れてもらえないかとの手紙を出した。

富士電気化学は一九五〇年から乾電池の生産を始めた会社で、五九年からは電子部品用ソフトフェライトを生産し、七二年から富士通グループに入り、八〇年代にはハードディスクの磁気ヘッドなどの生産を開始していた。佐川の研究グループが開発した感温材料を生産していた会社でもあった。

富士電気化学の社長は歓迎してくれて、工場見学や面談をした(3)。あとはどうやって佐川の移籍を円滑に進めるかということだけになっていた。ところが、社長が病気になってしまい、話が進まないまま何ヵ月か過ぎてしまった。

そんな八一年の暮れ、佐川に突然渡辺本部長から部屋に来るように言われた。佐川が部屋に入ると、本部長の険しい顔が見えた。いきなり部屋の窓ガラスが震えるほど大声で怒鳴られた。理由はつまらないことであった。

佐川も不満が頂点に達していた。後には引けなかった。反論する気はなかった。

「わかりました。明日、辞表を出します。」と言って部屋を出た。

「こんな形で富士通をやめる以上、もう富士通グループ内には留まれない。グループ外の会社に行くしかない。」と思った。

人事課長から「佐川さん。辞めて大丈夫ですか？　辞表をいったん出しても、家に帰って奥さんに話すと、退社を撤回する人がよくいますよ。」と心配された。

妻は何も言わなかったし、両親には相談しなかった。東北大学恩師の下平教授にだけ話をした。教授からは「辞めて、新天地を探しなさい。」と言われた。

佐川の辞表は受理されたが、正式に退社が認められるまで三ヵ月かかると人事部門に言われた。

「三ヵ月の間、研究室の皆に白い眼で見られながら机に座っているのはつらいです。休暇を取らせて下さい。」と申し出たが認められなかった。

「それでは実験室で退社後のために実験させて下さい。」と願い出たら、それは認められた。渡辺も佐川が辞表を出すとまでは思っていなかったようである。彼の佐川に対するささやかな配慮と思われる。

この少し前、渡辺は大学の同窓で、当時磁石の研究で第一人者であった友人に電話をかけ、佐川が主張する希土類‐鉄系磁石の将来性について意見を聞いている。その時その友人が渡辺に、「それは将来性のある材料です。決して手放してはいけません。」とでも忠告していれば、展開は変わっていたかも知れない。しかし、その友人はそうは言わなかった。

最後の三ヵ月間、佐川は鉄系永久磁石サンプルを作るのに集中した。合金はNd‐Fe‐Bの組み合わせに絞っていた。サマリウム磁石においては、クロムや銅の添加がセル状組織形成に有効なことは分かっていたので、これら元素を中心に添加し、熱処理条件を変えて実験した。

そして、ある寒い冬の日、いくつかのサンプルを焼結炉から取りだし、電磁石の磁極の間に挟んで、電流を流して着磁した。すると、一つのサンプルが鉄製アングルに「カチッ」と音を立てて強力に吸着した。それまでは、アングルに吸着しても、自身の重みでそこからずり落ちてしまうのが常であったが、今回は、生き物のように、しっかりとへばり付き、動かなかった。

「やったー。」

佐川は天井に届かんばかりに飛び上がって喜んだ。温めていた物質にやっと「生」を与えることができた。その物質は、着磁で与えた磁気エネルギーを、自ら蓄えることができたのであった。

佐川は周囲に鉄製品はないかと探し、手当たり次第に吸着させてみた。引き出しを開けてクリップをかき集めた。集めた十数個のクリップすべてが吸着し、チェーンのように連なった。

後に佐川は、この時を「最も、研究者として生きてきて良かったと感じた瞬間」と語っている。ただこの喜びを共に分かち合う仲間はいなかった。研究室の同僚は、佐川とどう関わっていいのかわからず、会話を避けていた。約束していた親友との飲み会もキャンセルされてしまっていた。

最大磁気エネルギー積を測ると、一五メガでていた。アルニコ磁石より強かった。ただこの作り方がベストであるという自信はなかった。また、自分より先に、世界のどこかで誰かがすでに見つけているのではないかという不安もあった。

佐川は二月に住友特殊金属の社長宛てに「自分が見つけた新しい磁石を物にしてほしい。」と手紙を書いた。しかし、返事はなかった。

新磁石に自信はあったが、将来に不安なまま退社の日を迎えた。そして、四月の初め、住友特殊金属の本社に直接電話し、山崎製作所に赴き、岡田と面談し、入社が決まるのである。

6　新磁石の発明

住友特殊金属に入社

住友特殊金属は、そのころアルニコ磁石では世界一、フェライト磁石でも高級品でそれなりの生産量を誇っていた。一方、サマリウム・コバルト磁石は、七五年ころから山崎製作所で「コアマックス（CORMAX）」という名前で少量生産を始め、七九年には量産のため養父《やぶ》町に近畿住特電子を設立していたが、特性が安定せず苦労していた。

当時のサマリウム磁石の研究開発担当は石垣尚幸《なおゆき》と若い松浦裕《ゆたか》と山本日登志《ひとし》であった。石垣は名古屋大学大学院工学研究科を修了し、六九年に住友特殊金属に入社した磁石の専門家で、佐川と同い年であった。松浦は七七年岡山大学大学院理学研究科を修了、また山本は七九年九州大学大学院工学研究科の博士課程を修了して入社してきていた。いずれも磁性や磁石を得意とする研究室の出身であった。

松浦には変わった才能があった。彼が新入社員研修として、石垣のもとでサマリウムとコバルトの組成比を変えてサマリウム磁石の最適組成を探る実験をしていた際、ひょんなことから追加原料としてコバルト（Co）を入れるべきところを間違えてニッケル（Ni）を入れてしまった。

すると、思いもよらずニッケルの作用で、Sm_2Co_{17} 相と $SmCo_5$ 相が微細に分布したセル状組織が形成され、磁気特性が大きく向上した。それこそ「瓢箪《ひょうたん》から駒」であった。

「これなら住友独自の2–17系サマリウム磁石が生産できる。」

ただちに八〇年から養父の新工場で、ニッケル添加2–17系サマリウム・コバルト磁石の生産が始まっていた。

佐川が入社した一九八二年当時の住友特殊金属の経営陣を見てみよう。

社長は岡田典重、副社長は小倉隆夫、専務は小田嶋弘であった。佐川が面接したメンバーである。本社は淀屋橋にあり、主力工場は、発祥の地である吹田製作所（新大阪駅近く）と一九六五年からの山崎製作所（大阪府島本町、以降山崎と記す）で、山崎では磁石のほかに軟磁性フェライトやセラミックス部品など新しい領域の製品を製造していた。

技術開発部門は日口《ひぐち》章が、一方山崎の製造部門は岡本雄二が、いずれも取締役として見ていた。

岡本は京都大学大学院理学研究科（金相学研究室）の博士課程出身で、セラミックスやフェライト磁石の専門家であった。岡本は博士課程修了ながら、気さくで陽気な性格で、週末には酒好きの仲間を連れて阪急水無瀬駅近くの居酒屋「デミ」に行くのが常であった。顧客との懇親会では、自ら踊りを披露して場を盛り上げていた。

一方、日口は名古屋大学大学院工学研究科（金属学）を修了したアルニコ磁石の専門家であり、また大変な勉強家であった。特に結晶の原子配置を立体的に考えるのが得意で、机にはピンポン玉を重ねたような原子模型が置いてあり、休日明けにはよく広告の裏紙に書いてきた原子配列のアイディアを研究者に示し、議論していた。どちらかと言うとまじめな学者肌で、大学との交流を大事にしていた。宴会ではよくドイツ語の歌を披露するタイプで、岡本とは対照的であった。

技術開発部は山崎製作所内にあったが、研究室間の情報交流が少ないのを部長の日口は気にしていた。技術者は皆自分の殻に閉じこもって研究開発をしていて、少しも横のつながりがない。何か言うとすぐ自分の世界に隠れてしまう。こんなことでは新しい技術は出てこないのではないか。

そこで、技術開発部は、製造現場のようなライン制ではなくプロジェクト制にして、課題に向かって人材を集めて臨機応変に取り組む開発体制にしていた。そこに佐川が配属されてきたのであった。

ネオジム磁石の発明

正式には五月二十八日付け入社であるが、佐川は五月初めから山崎に来て、研究の準備を始めていた。受け入れは、技術開発部長の日口と濱村《にまむら》 敦《あつし》 主任部員であった。濱村は岡本と同じ京都大学金相学研究室出身で、永久磁石開発のグループ長をしていた。

周りの社員には、佐川が何しに入社してきたのかは知らされていなかったが、極秘と言うわけではなく、普通に主任部員(管理職)として勤務し始めた。

早速、佐川には山崎の本館三階に机が与えられた。窓から見える北西側には国道一七一号線を挟んで新幹線と阪急電車の高架が並行しており、その向こうには新緑の北摂の山々が美しい。通路を挟んだ南東側にある実験室からは、工場の屋根の向こうに淀川の堤防、そして遠くには八幡宮のある男山が霞《かす》んで見える。

ここには磁石の実験と測定に必要な器具がすべて揃っていた。石垣が七〇年ころから、サマリウム磁石の研究開発のために揃えてきた真空溶解炉、粉砕機、プレス機、磁気測定装置など規模の大きな実験装置が多数あり、また溶解原料として各種希土類原料が油漬けにして準備してあった。

佐川が富士通で扱っていたのは一〇グラムのボタンアーク溶解炉であるが、ここでは三百倍の三キログラムの高周波溶解炉でサンプルを作るのである。やはり富士通とは違う。磁石の本場に来たと実感した。

六月初めには、入社九年目の藤村節夫と五年目の松浦裕が呼ばれ、佐川のもとで研究することになった。藤村は、大阪大学基礎工学部の出身で、加工品設計、磁気回路設計、磁石の営業などを経験後、七九年のコバルト価格高騰を受け、アルニコ磁石と鉄・クロム・コバルト圧延磁石のコバルト添加量(二四%と一五%)を減らす研究をしていた。藤村はその幅広い業務経験から、実験よりも事象を俯瞰的見て、やるべきことを考えるタイプであった。

一方松浦は研究一途で、サマリウム磁石の新しい合金組成の提案を行っていたが、なかなか上司の了解が得られず苦労していた。彼は独自の特異な発想で技術提案をどんどん行うが、上司はそれを理解できずその扱いに苦労するという、馬力のあり余る研究者であった。松浦はすでに五月初めから佐川の世話をし、ネオジム原料の手配を始めていた。

社長の岡田は、需要が減ってきているアルニコ磁石や他社に後れを取っているサマリウム磁石より、新しい磁石の夢に元気のいい若い人材を投入する賭けをしたのであった。

今から見ると、佐川が活躍するための舞台装置や脇役たちが揃えられていたわけである。しかし、佐川が自信満々に舞台に登場したわけではなかった。佐川は商品としての新磁石ができるか不安であった。この頃は、うまくいかない時のバックアップのために、磁石用途以外の性質の調査も並行して行っている。

研究者は一般に実験の目的、実験手順、日程を書き、それを協力者と共有して実験する。これを「実験方案」と言う。佐川が作成した六月十日の実験方案には、佐川がこれまで見つけてきた事実、新磁石の特徴、一年後の量産までの計画が、熱っぽく記載されているので紹介しよう。

「見つけた事実」とは、

(1)希土類-鉄-ホウ素の組み合わせでキュリー温度が三〇〇℃以上の化合物を見つけたこと、

(2)この化合物は1-5系サマリウム磁石並みの巨大磁気異方性定数を持つこと、

(3)実際に焼結法で、最大磁気エネルギー積一五メガとなる製造法を見つけたこと、である。

注目すべきは、この段階で佐川は「世界一強力な磁石を作る」とは一言も言っていない。サマリウム磁石より、(a)低価格、(b)製造容易で、(c)機械強度の高い磁石を作るのが実験の目的で、克服すべき課題は、(d)耐熱性(キュリー温度が高くない)と記載されている。当時はまだニッチな(隙間)製品を狙っていたわけである。

実際松浦は、古巣から冗談交じりに、

「社長の命令だから仕方ないな。安かろう悪かろうの磁石を開発していらっしゃい。」と言われて送り出されている。

「実験計画案」を見てみよう。

実験(I)では、佐川がノートに書いた五〇種類の合金組成リストに沿って、サマリウム磁石と同様、溶解、粉砕、成形、焼結をして磁気特性を調べる。これを八月十日までに完成させ、新磁石の基本組成を把握する。

実験(II)では、特許請求の組成範囲を決めるため、細かく組成を変えた実験を行う。これは九月十日までに完成させることとされた。

磁気測定だけでなく、ミクロ組織観察、X線回折調査、原料調達、予算申請、特許出願などの分担が記載され、また週一回の会合と雑誌会(輪講)も指示されている。この資料からは、佐川が新しい仲間と仕事を始めるに当たっての意気込みが強く感じられる。

まずは実験(I)で、最適なネオジムとホウ素の組成比を確認する。表3の一番試料はネオジムと鉄の二元合金、三番試料は佐川が実際に造ってきた磁石の組成比、すなわち、一番試料にネオジムとほぼ同量のホウ素を添加した試料である。二番試料はそのホウ素量を半分にした組成、四番試料は逆にホウ素量を倍にした組成である。五番以降の試料は、三番の組成を基準に、ネオジム量や他の希土類量を変え、さらにクロム、炭素、リン、銅量やケイ素、コバルト、マンガン、チタン、バナジウム、ニッケル、アルミニウム量などを変化させた組成になっている。

表３　サンプル組成（原子％）と得られた磁気特性

３番の組成を基準としたが、２番の組成で高い磁気エネルギー積が得られた。

番号	Nd	Fe	B	Nd/B	$(BH)_{max}$
1	15	(85)		–	
2	15	(77)	8	2	34 MGOe
3	15	(68)	17	0.9	（基準組成）
4	15	(62)	23	0.65	

　当時、佐川はネオジム、鉄、ホウ素の三元合金にクロムや銅などの第四元素を多量に添加して、セル状組織にして、はじめて強力磁石になると信じていた。したがって、五番目以降の組成で、良い磁石が得られるのではと思っていた。

　松浦は、佐川の指示をベースに、住友特殊金属流の現実的な実験方案に作り変えた。秘密の実験であるので、佐川、藤村、松浦の三名で実験を行う。実験補助者は付かない。

　当時の実験手順を見てみよう（図20）。まず、色々な組成の合金を三キログラム高周波溶解炉で溶かす。これを二五〇ミリメートル角、深さ一〇～二〇ミリメートルの皿状で水冷した銅製鋳型に「お好み焼き」のように薄く鋳込む。これをハンマーで叩いて割って小片にし、これを三五メッシュ（四二五マイクロメートル）くらいまで粗粉砕したのち、有機溶剤を入れたボールミルで数マ

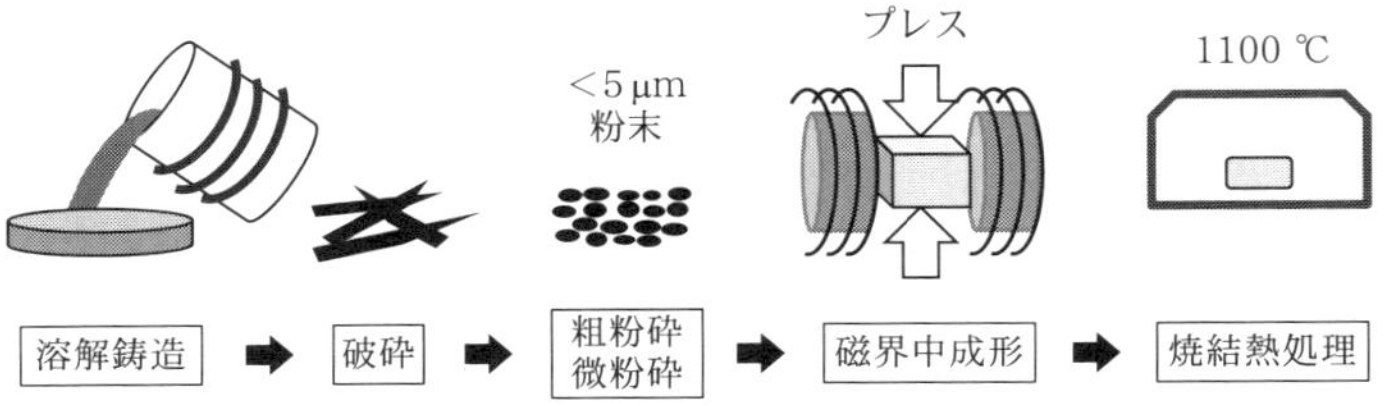

図20　焼結磁石の実験手順

当初、粉砕に苦労するが、水素粉砕による方法を思いついた。

イクロメートル以下に微粉砕するのである。

この粗粉砕作業は、小片を酸化させないようにクローブボックス（不活性ガスを充満させた密閉空間）内で、超硬合金製の乳棒（杵）と乳鉢で圧搾《あっさく》して粉砕しては、篩《ふるい》を通して分別し、残った粗粉を再度圧搾するという繰り返しである。ところがこれがなかなか割れない。佐川が富士通で一人、この粗粉砕で苦労したことは述べたが、今度はその量が百倍であった。

「サマリウム磁石は鋳込んだままでボロボロになり、割れやすいのだが、ネオジム磁石は鋳鉄のように粘くて硬かった。ハンマーで割るのも大変だったが、乳鉢で粗粉砕するはもっと大変だった。」と松浦は実験を始めたころを振り返る。

松浦は機械での粉砕を色々試みた後、六月末には水素で粗粉砕できないかと気が付く。水素粉砕とは、密閉容器に水素と合金鋳片を入れて加熱すると、ネオジムが水素と結合して水素化合物になり、その体積膨張で粉々に割れることである。

実は七五年頃、石垣が1-5系サマリウム磁石の開発の際に、この水素粉砕を粗粉砕に使っていた。彼はフィリップス社の論文をヒントに導入したのであったが(25)、松浦が入社した七七年頃は開発の対象は2-17系になっており、この材料はもともと脆いため水素粉砕の必要はなく、装置は倉庫に眠っていたのであった。

これに気付いて水素粉砕をしたところ、微粉の発生が少なく、粒径分布も狭く管理でき、実験のスピードが上がった。

水素粉砕した後、微粉砕、磁界中成形、焼結と続き、その磁気特性を測定するのであるが、最後の測定だけは専門家に依頼した。

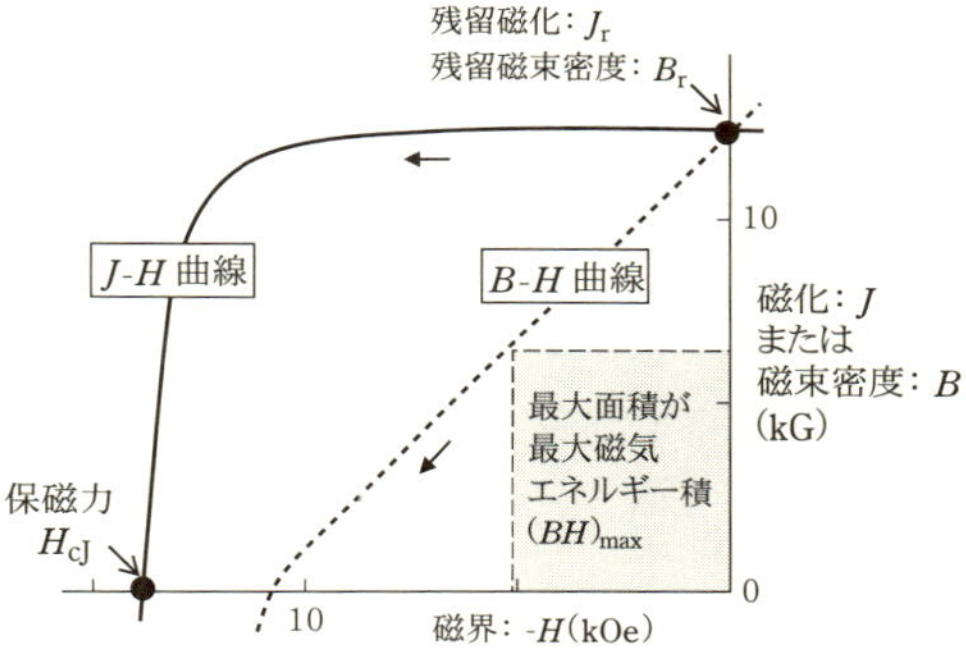

図 21　減磁曲線の測定例

逆方向の磁界をかけて、磁石の保磁力や最大磁気エネルギー積を求める。

一〇ミリメートル角、五ミリメートル高さのサンプルの寸法を正確に測り、着磁する。これを測定センターに渡すと、担当者はこれをBH測定器の対極するヨーク（継鉄）の間に置いてB-H曲線とJ-H曲線を測定し、第二象限の減磁曲線から残留磁化、保磁力や最大磁気エネルギー積を読み取るのである（図21）。

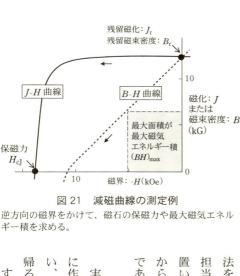

実験開始から一・五ヵ月ほど経った七月下旬、松浦は前日に作って渡していたサンプルの磁気特性が出ているかと思い、測定センターに行き、そこから減磁曲線のデータを持ち帰ろうとした。

すると、測定センター担当者の田中克司《かつし》から、

「松浦さん、ちょっと待ってくれまへんか。」と呼び止められた。

「どうもサンプルの寸法測定を間違えたんちゃうかと思うんです。磁化の値がえろう高く出よるんですわ。寸法を再測定してみます。測定時の温度も再確認します。ちょっとだけ待って下さい。」

松浦は怪訝《けげん》な顔をしながら磁化曲線のチャートを見た。そして驚いた。二番試料の残留磁化の値が非常に高い。

松浦にはすぐ分かった。「田中さんが間違えるはずはない。」

急いで本館まで走り、階段を駆け上り、佐川と藤村を呼びに行った。

再測定しても結果は同じであった。二番試料の残留磁化の値は一二キロガウス（kG）もあり、サマリウム磁石より高いし、減磁曲線の張り出しも大きかった。最大磁気エネルギー積を確認すると、三四メガあった。佐川が持参した磁石の二倍以上、サマリウム磁石の最高性能三三メガを超えた「世界最強磁石」発明の瞬間であった。

佐川が富士通時代に温めていたのはネオジムとホウ素の原子比で一対一の三番試料であったが、ホウ素を半減してみたら非常に強力な磁石になっていたのである。

佐川はこれまで、セル状組織を作るためにクロムや銅などの合金添加を考えていたが、そうではなかった。単にホウ素の添加量を減らせば、ネオジムが過剰になって粒界に非磁性の「ネオジムリッチ相」ができる。これが磁区の伝搬を阻止するセル壁になるのであった。意外と単純なところに突破口があったのである。

一人で細々と実験するのではなく、人と金をかけて、沢山の実験をする。また違った視点で実験する。それらが新しい発見に繋がることを示していた。

この磁石特性はすぐ本社にいる岡田社長に伝えられた。

「おお、できたか。それもサマコバの性能を超えたか！　すごいじゃないか。」

ニッチな製品のつもりが世界最強の製品に大化《おおば》けした。

岡田はこのことを副社長の小倉にだけ伝えた。そして、「次の手を相談しようではないか。」と言って北新地へ誘った。

これまで、新磁石に懐疑的であった日口と濱村にもこの結果は報告された。

日口は「これで磁石の新しい世界が開かれる。これは本物かもしれない。」と感じた。


実はこの裏には、「もう一つのマジック」があった。佐川の思考は科学者的であるから、組成を変える実験の原料には純鉄、純ネオジム、純ホウ素の組み合わせを考える。外乱を除いて磁石性能のいい合金組成を見つけたいのである。

一方松浦は、理学系大学院修了でありながら、メーカのエンジニアである。実生産のことを考え、原料には純ボロン（純ホウ素）ではなく、手に入りやすいフェロボロン（八〇％Fe－二〇％Bの合金）を使用することを提案した。佐川のこだわらない性格のお陰か、倉庫に保管してあったフェロボロンが原料に使われていた。

これが良かったのであった。後でわかるが、フェロボロンには、その製造過程で脱酸処理のためのアルミニウムが含まれており、また、さらに後になってわかるが、その鉄には銅が微量含まれていた。

また高周波溶解の坩堝《るつぼ》の炉壁にはアルミナ（Al_2O_3）が使われていたが、そのアルミ酸化物がネオジムで還元され、少量のアルミニウムが溶けた合金に入り込んでいたこともあった。佐川が富士通で実験したアーク溶解法では銅製の水冷容器が使用されていたので、アルミニウムの混入はなかったのである。

思いがけず、これらアルミニウムや銅の混入のお陰でより効果的なセル状構造ができて、その結果保磁力が大幅に上がり、強力な磁石になっていた。しかし、これら微量元素の作用を知るのは二〜三年先のことである。

最初の特許出願

早速、極秘裏に特許出願の準備が始まった。

特許出願の明細書には、特許請求の範囲、新技術の背景、成分限定の理由、実施例の記載が必要である。佐川は、富士通研究所時代に特許担当であったので、出願の仕方をよく知っていた。佐川は並行して進めていた実験（Ⅱ）の結果も参考にして、明細書のほぼすべてを自分で書き、発明者には若い二人の研究者、藤村と松浦の名前を入れた。

出願の代理人には弁理士の加藤朝道《あさみち》があたった。加藤は名古屋大学理学部を卒業後、ドイツのアーヘン工科大学に留学しており、英語が堪能なうえ、人脈が豊富で能力のある人であった。また彼はサマリウム磁石の特許出願でも協力していたので、新磁石に対する理解は早かった。加藤がいなければネオジム磁石の特許網を構築できなかったのではという声をよく聞く。

佐川と藤村はこの書きあげた特許明細書の原稿を、夏の暑い日に、国家機密でも抱えるようにして、京都駅から新幹線に乗り、東京新橋にある加藤弁理士事務所に運んだ。この最初のネオジム・鉄・ホウ素磁石の特許が加藤のもとから特許庁に出願されたのは一九八二年八月二十一日のことであった。

この特許は、翌年の十月以降に実施例の追加、図面の追加などが行われ、一年半後の八四年三月十五日に公開された。

明細書の冒頭には、「本発明は高価で資源希少なコバルトを全く使用しない、希土類・鉄・ホウ素系永久磁石に関する」とあり、特許請求の範囲は「原子百分比で八〜三〇％のR（但しRは希土類元素の少なくとも一種）、二〜二八％のBおよび残部Feから成る磁気異方性焼結体であることを特徴とする永久磁石」の一請求項だけであった。

発明の詳細な説明には、「三〇〇℃前後のキュリー点を示す新規なFe－B－R系化合物の存在を確

⑲日本国特許庁（JP）　⑪特許出願公告

⑫特許公報（B2）　昭61－34242

⑤Int.Cl.⁴	識別記号	庁内整理番号	㉔㊹公告 昭和61年(1986) 8月6日
H 01 F 1/08		7354－5E	
C 22 C 38/00		7147－4K	
			発明の数 2 （全8頁）

㊿発明の名称　永久磁石

㉑特　願　昭57－145072　　㉟公　開　昭59－46008

㉒出　願　昭57(1982) 8月21日　　㊸昭59(1984) 3月15日

⑫発明者	佐川　眞人	大阪府三島郡島本町江川2丁目－15－17　住友特殊金属株式会社山崎製作所内
⑫発明者	藤村　節夫	大阪府三島郡島本町江川2丁目－15－17　住友特殊金属株式会社山崎製作所内
⑫発明者	松浦　裕	大阪府三島郡島本町江川2丁目－15－17　住友特殊金属株式会社山崎製作所内
⑪出願人	住友特殊金属株式会社	大阪市東区北浜5丁目22番地
⑭代理人	弁理士 加藤　朝道	
審査官	中村　修身	

図22　最初の特許公報（公告：1986年8月）
1982年8月に出願され、補正を加え、4年後に公告となった。

認した。」と記載された。佐川は「この性能は単に鉄とネオジムとホウ素を混ぜ合わせた結果ではない。キュリー温度から見て、何か我々の知らない三元化合物ができているに違いない。」と確信し、特許の明細書に「化合物」と書き込んだ。これが、その後の特許係争を乗り切る上で役に立った。

特許部門の海老原宏二《えびはらこうじ》は、その公開特許が特許査定を得られるよう、何度も日口や藤村を同伴して特許庁を訪問し、審査官にこの特許の新規性と有効性を訴えた。その結果、二年半後の八六年八月六日に公告[26]となった（図22）。

この公告時の特許請求の範囲は一から四請求項に増やされ、希土類元素が限定された。すなわち、実用的な磁石製品に含まれるネオジム（Nd）、プラセオジム（Pr）、ジスプロシウム（Dy）、テルビウム（Tb）などの希土類元素名が具体的に記載され、ま

表4　ネオジム磁石の特許出願から成立まで

出願の13日後、GMからNd-Fe-B三元系の特許が米国で出願された。

日本特許	海外特許	関連事項
1982年　8月21日出願		9月3日 GMが出願
1983年　（補正）	7月1日 欧米に出願	
1984年　3月15日公開		
1985年	4月1日 中国に出願 8月9日 欧州で成立	5月 GMから警告状 10月 量産開始 12月 実施権許諾開始
1986年　8月6日公告		
1987年　（異議申立）		
1988年　春 特許査定	9月13日 米国で成立	11月 GMと和解

た「残部Fe」から「残部実質的にFe」に変更され、不純物元素の存在も含められた。

　この公告には国内から八件の異議申し立てがあったが、問題なく八八年春に特許査定（登録）となった。この経緯が表4に示されている。

　周辺特許も多数出願された。最初の特許には「コバルトは全く使用しない。」と書いてあったが、コバルトを添加するとキュリー温度が上がり、耐食性も向上するので、九月にはコバルトを複合添加した組成特許が出願された。それに続いて、チタン（Ti）、ニッケル、バナジウム（V）、クロムなどを複合添加した特許、五月末には正方晶化合物の特許も出願され、八三年六月二日（新聞発表日）までに国内二十七件、年末までに五十五件の特許が出願された。

　またこれらの特許は、意図的に時期をずらせて審査請求され、順次特許査定となっていった。当時の日本特許の有効期間は「出願から二十年（または公告後十五年の短い方）」であった。時期をずらせた結果、実質的なネオジム磁石関連基本特許の有効期間は日本では二〇〇三年八月までとなった。

これと並行して米国、欧州への外国出願も「優先権主張」で一年以内に行われた。欧州では問題なく特許が成立したが、米国ではGM社の関連特許があったため大変難航した。後にわかることであるが、住友特殊金属出願の十三日後の九月三日に、GMからネオジム・鉄・ホウ素磁石（三元系）の特許が出願されていた。そして出願から三年後の八五年にGM社から警告状が渡され、三年間にわたる特許係争が起きることになった。

一方、中国では当時まだ特許法（専利法）は施行されていなかった。住友特殊金属は、その施行日の八五年四月一日に、ネオジム磁石の特許を出願したが、政策的にか、いっこうに特許にならなかった。* 成立したのは十六年後の二〇〇一年一月で、特許の有効期間は二ヵ月しか残っていなかった。そのためその特許権は放棄された。

*中国が外貨獲得のため希土類の輸出を奨励するのが一九八五年。希土類原料生産で、米国を抜いて世界一になるのが八七年、鄧小平氏が南順講和にて「中東有石油、中国有希土」と発言するのは九三年のことである。

新しい技術が開発された場合、それを特許として出願するか、ノウハウとして秘匿するか二つの判断がある。特許出願すると一年半後にその技術は公開されてしまうからである。住友特殊金属の特許部門は「ほぼすべての技術を特許化する。」との強い方針で特許出願戦略を進めた。

佐川は組成とプロセスの組み合わせリストを作り、特許出願の抜けがないかチェックする仕組みを作った。すなわち、元素ごとの添加量範囲と熱処理温度などの製造条件範囲を書き込んだ表を作り、そこに担当者を割り当て、各自が同時進行型で実験し、特許出願作業をするようにした。

千チャージ以上の溶解実験を重ね、一九八七年四月時点で特許出願は一五二件となり、新聞発表後も日本では特許権が他社に浸食されることのない仕組みとした。

7　実用磁石への課題

耐熱性への挑戦

しかし、世界最強磁石の喜びは「つかの間」でしかなかった。

特許出願作業中の八二年八月のことであるが、測定センターの担当者が温度を上げて新磁石の磁気特性を調べたところ、わずかの温度上昇で磁石特性が急激に低下することが分かったのである。

室温の測定では保磁力は一〇キロエルステッド（kOe）以上あったが、一〇〇℃の測定では三分の一の三キロエルステッドまで低下してしまった。すなわち、着磁した磁石を一〇〇℃で使用すると、使用時の負荷（逆磁界）で蓄えていた磁力が消えてしまう。実用的には五〇℃くらいまでしか使えないことになる。これでは、負荷の大きいモータには使えない。

「やっぱりそうか。そんなうまい話はないな。おもちゃにしか使えないか。」

元気をなくす人、遠ざかろうとする人、失敗を喜ぶ人、住友特殊金属社内には色々な反応があった。専門家であればあるほど、新しい技術を受け入れるのに抵抗が大きかった。

佐川は意気消沈する藤村と松浦に言った。

「まだ何もやっていないではないか。あらゆる手段を講じてみて、それですべてが失敗に終わった時、どうするか、それから考えよう。」(3)

佐川はまず温度特性改善のためのアイディアをできるだけ沢山考えた。藤村、松浦からもできるだけ多くのアイディアを出してもらった。

アイディアを出すというのは、まずなぜネオジム・鉄・ホウ素合金の保磁力の温度依存性が悪いかの仮説を出し、その仮説に基づいて、それではどうすればその問題が解決できるのかを考えるのである。こうして出されたアイディアの中から、明らかに間違った仮説、きわめて考えにくい理由などを振り落とす。

そして次の四つのアイディアが残った。

(1) コバルト添加により合金のキュリー温度を上げる。

(2) ネオジム以外の希土類(R)の保磁力に対する効果を詳細に調べる。

(3) コバルトと希土類以外の添加元素の保磁力への効果も調べる。

(4) 製造条件の効果も調べる。

これら四つのアイディアを並行して、同時に実験することにした。

「この希土類-鉄系磁石は世界が求めているので、世界のどこかで誰かが同じようなアイディアを持って実験しているに違いない。したがって、問題に対して、対策案を一つずつ順次実験していく手法では競争者に負けてしまう。」

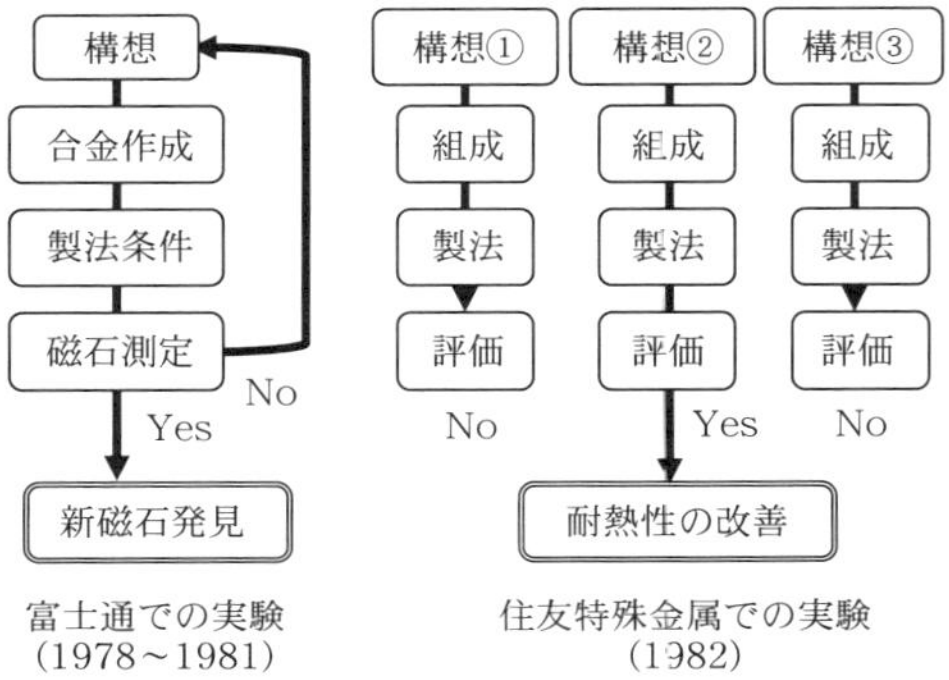

図 23　佐川が行った実験手法

住特金では、可能性のあるアイディアは何でもやってみた。

佐川は富士通研究所では、アイディアを出しては実験、検証し、駄目なら別のアイディアを出して実験するという、「逐次実験法」を行っていた。よく仕事で「PDCAを回せ*」と言うが、これに似た方法である。しかし、「今はこれでは遅い。」と佐川は感じ、スピード重視の研究手法、すなわち「並行実験法」を取った(図23)。

* Plan-Do-Check-Action のサイクルを何回か回して仕事のレベルを上げること。

九月からは、実験補助者としてアルニコ製造部門にいたベテランの酒井と小滝が参加し、実験が進められた。この五名で、上記アイディアに基づき、希土類-鉄-ホウ素の多数の組成範囲、多数の製造条件でサンプルを作り、磁気特性を評価する。いわば絨毯爆撃に近い実験をする。いったん頭でアイディアを絞ったら、並行して多量の実験を行い、突破口を探そうと言うのであった。この「総当たり式」とでも言う方法は、古くはエジソン[27]、日本では本多光太郎が多用した課題解決法であった。

まず、(1)で、本来添加不要であったコバルトを少量入れると、キュリー温度が上がり、残留磁化（J_r）の温度による低下が減り、耐熱性が多少改善されることがわかった。しかし、このコバルト添加では、温度上昇による保磁力の大幅な低下は抑えられなかった。

松浦は、（2）の重希土類元素の添加に目を付けた。サマリウム磁石では磁化の向きの関係からサマリウム以外の希土類元素は添加できない。しかし、ネオジム磁石では色々な希土類元素の添加は考えられる。

「軽希土類の添加はかなり調べつくされている。重希土類*の添加を徹底的に調べよう。」

松浦は、早速日本イットリウム社に種々の重希土類原料を発注した。

＊重希土類とは、原子番号の大きな希土類元素のこと。一般に地殻存在量は少ない。

通常、研究開発費は年初の予算額があり、その範囲に抑えられる。しかし社長の岡田は管理部門に、「佐川さんから出された実験資材の発注申請は、予算限度を設けず、すべて通すように。」と指示していた。このお陰で松浦は、高価な重希土金属原料を多量に購入でき、シラミつぶしの実験ができたのであった。

ジスプロシウム添加の発見

さて社長の岡田は、佐川が入社してから、毎月一回、淀屋橋の本社から山崎製作所の本館に社用車で赴き、佐川と日口から研究の進捗状況を聞いていた。

討議内容は、臨席している副社長の小倉、山崎製作所所長の岡本以外は誰も知らない。五人だけの秘密会議である。席上出された印刷資料はすべて回収して、その日の内に焼却された。

「新磁石ができたと言っても、五〇℃までしか使えないなら、用途はかなり限定される。サマリウム磁石に対抗できる製品ではない。」と岡田は思った。

しかし、二～三ヵ月経過しても、その耐熱性向上に関し、佐川から良い結果は出てこなかった。

岡田は、休日には住吉の自宅で、和服姿で居間に座り、独り静かにクラシック音楽やドイツ歌曲のレコードを聞いたりしていた。妻の路子は、同居している高齢の母親の面倒をみるのに忙しく、時折東京から嫁いだ娘が帰ってきて路子を手伝っていた。

天気のいい日、岡田は広い庭に出て風にそよぐ木々の音を楽しむ。たまには、庭に筵《むしろ》を敷いて座り込み、芝生の雑草抜きをする。会社で書類をチェックするのと同じように、いったん座り込むと一本も見逃すまいというほど徹底して雑草を抜くのである。

芝生はまだ青さを保っていたが、木々の葉に秋の色を感じ始めるころ、「この新磁石は駄目かもしれないな。」と思い始める。

「これまで、厳しい挑戦をいくつかしてきたけど、大体は読みが当たってきたように思うがな。六十七歳にして、社会を大きく変える商品の夢を見たが、夢破れたか。」

岡田はほぼ覚悟は決めていたようである。それでも岡田の指示のもと、十月には山崎製作所、堤

表5　希土類元素の地殻存在量[28]

Dyや Tbなど重希土類は希少な元素であった。

軽希土類元素　　　　（参考）

元素記号	La	Ce	Pr	Nd	Sm	Eu	Co	Sn
原子番号	57	58	59	60	62	63	27	50
地殻存在量(ppm)	16	33	3.9	16	3.5	1.1	29	2.5

重希土類元素

元素記号	Gd	Tb	Dy	Ho	Er	Tm	Yb	Lu
原子番号	64	65	66	67	68	69	70	71
地殻存在量(ppm)	3.3	0.6	3.7	0.8	2.2	0.3	2.2	0.3

防沿いの奥まった場所に、佐川グループ専用の新磁石実験棟が整備された。

その実験棟には、五キログラム高周波溶解炉が三台、焼結炉が二基、熱処理炉六基が設置され、その横の事務所の一階には、粉末を細かくするボールミル、磁界中プレス機、ハンドプレス機、磁気測定機が順次搬入されていった。

その頃から少しずつ突破口が開かれてきた。

十月には、油漬けにした重希土類原料が松浦の手元に集められ、実験が始まった。新磁石の基本組成は、原子比で一五％Nd－八％B残りFeである。

彼らは、まずこのネオジム組成比の三分の一（五％）を他の希土類元素に置き換えた合金を数多く溶解しては、それらの磁気特性を調べた。松浦は、例によって、重希土類元素の中でも地殻存在量の多い元素から実験を始めた（表5）。

まず、ジスプロシウム（Dy）をネオジムの一部に置き換えると室温における保磁力が大幅に上昇することがわかってきた。次いで、

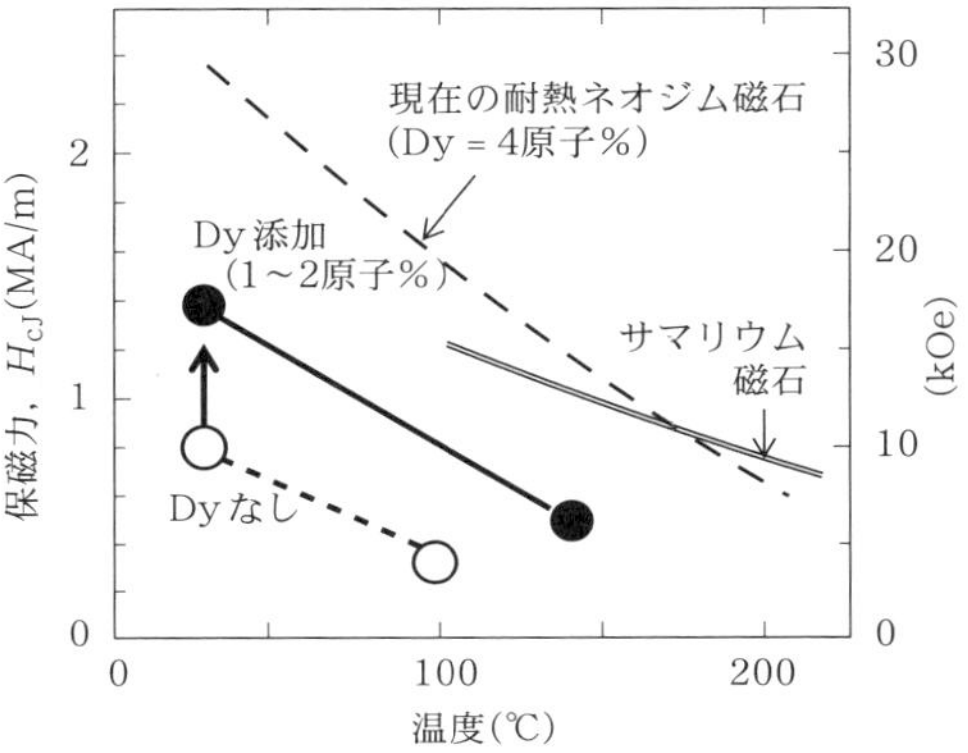

図 24　温度による保磁力の変化

ネオジム磁石は温度が上がると保磁力が低下しやすいが、Dy の添加で改善された。

地殻存在量が少ないテルビウム(Tb)では、保磁力がさらに上がることが見つかった。

その後ジスプロシウム添加量を細かく変えて調べてみると、ジスプロシウムを少量(原子比で一～二%)添加すれば、常温の保磁力が一二から一七キロエルステッド(kOe)に上昇し、一四〇℃に磁石温度を上げても五キロ以上の保磁力は維持されることが明らかになった(図24)。

「おお、女神はまだ私を見捨てていない。」

佐川は測定室でこのデータを確認してから、実験室に戻り、仲間に報告した。

「これでモータにも使える磁石ができました。もう、おもちゃにしか使えないとは言わせません。」

皆歓声を上げて喜んだ。三四メガの磁石性能が出てから四ヵ月ほどたった八二年十一月のことであった。

八二年十一月十九日の日本経済新聞の地方版に、住友特殊金属の一九八二年九月中間期決算に関する岡田のインタビュー記事が掲載されている。

「私が社長に就任してこのかた、ＩＣ（集積回路）リードフレームの圧延自動化など競争力強化のため、毎年三十億円の設備投資をし、その成果に期待していた矢先にオーディオ不況に見舞われた。投資の効果どころか、逆に投資負担の方が表面化してしまった。」と、中間決算の不振（注：利益半減）をくやしそうに語る。

しかし、「オーディオ向けも少しずつ持ち直す見通しだし、ＩＣリードフレームの設備も来年一月には更新が完了する。業績も今三月期を最悪として来期からは巻き返したい。」と来年に望みを託していた。

おそらく記者は「来期からの巻き返し」の心中を知る由はなかったであろう。

Ｚプロジェクト

一九八二年を秘めたる苦しみと喜びの年とすれば、八三年は騒がしい年となった。前年末には、耐熱性がひとまずクリアできて、岡田は新磁石の事業化に自信を持ち始めた。

これからは、新磁石が実際に量産できるか、また市場で受け入れられるかが勝負である。佐川らの「材料研究チーム」の増強だけでなく「生産開発チーム」と「商品開発部」が組織化された。

商品開発では、ロサンゼルス事務所から帰国した宮本らが中心になり、新磁石を使用した新しい応用製品の検討が進められた。

一方、生産技術については、「Zプロジェクト」が発足し、人材が集められた。八二年末にはサマリウム磁石の研究開発をしていた山本と前田が加わり、八三年からは、製造関係で戸川と寺口、中道、板谷ら経験豊富なメンバーが補強され、総勢十一名になっていた。

折しも、その年(八三年)「キャプテン翼」がテレビアニメで放映され、大ブームになっていた。彼らは自らを「イレブン」と呼び、新しく整備された実験棟での生産開発に邁進した。新磁石は「Z磁石」と呼ばれ、ネオジムと言う元素名は隠された。Zとはｚ旗とも絡むが、後がないと言う意味である。

生産上の最初の課題は、ネオジム合金が反応性に富み、大変酸化しやすいための対策であった。

水素粉砕後のボールミルによる微粉砕では水は使えない。佐川の提案で、溶媒にはフロンを使うことになった。この微粉砕で粒径を五マイクロメートル以下まで細かくする。もっと細かくした方が焼結後の結晶の配向性は良くなるが、粉の酸化が激しくなり扱いが難しくなる。

この微粉砕した粉を不活性ガス中でシールして保管し、次に磁界中プレス機で成形し、それを焼結炉で焼き固める。この焼結炉においても余程酸素分圧を下げないと焼結中にネオジムが酸化してしまい本来の役割を示さなくなる。このため炉内にチタンやジルコニウムのゲッター（酸素吸収材）を入れたりした。

それまでは、サマリウム磁石と製法は似ていたが、最後の加工工程は様相が大きく違っていた。佐川はサマリウム磁石の加工担当者に「Z磁石」の砥石切断を依頼した。ところが、この磁石はサマリウム磁石に比べて大変硬い。研削液をかけながらゆっくり切断していくと、磁石全体がボロボロになり、最後は粉だけになってしまった。「崩壊問題」である。

また「Z磁石」の表面研削を依頼すると、作業者が「佐川さん。この磁石は生きとるんとちゃいますか。血を流してまっせ。」と言ってきた。「赤錆び問題」である。鉄分が酸化したのである。サマリウム磁石と同じ工具では加工や研削はできない。ダイヤモンド砥石を使わなければならない。また研削後すぐ赤錆びが出るので、裸での使用はありえない。防錆処理をする必要がある。

当初原料費だけ考えて、製造原価はグラム当たり五から十円との考えもあったが、とても無理なことが分かってきた。この「腐食と崩壊」問題は簡単には解決できず、新磁石の大きな弱点として浮上してきた。

耐熱性についても、ジスプロシウム添加で改善されたとは言え、金属ジスプロシウムの価格は大変高い。また、ジスプロシウムを添加すると、本来高かった残留磁化や最大磁気エネルギー積が低下してしまう。したがって、ジスプロシウムを多量には添加することはできず、耐熱性改善は新磁石の大きな課題として残っていた。

この時点では、この新磁石が商品としてサマリウム磁石に取って代わるものか、サマリウム磁石の補完商品に終わるのか、わからなかった。社内の磁石関係者の多くはサマリウム磁石派であった。当時、サマリウムやコバルトの原料価格が安定してきていたからでもあった。

しかし、「長い目で見れば、狙うは鉄系磁石である。ネオジム磁石に賭ける価値は十分ある。」と岡田は思っていた。

岡田は、まず山崎製作所の一角に新磁石のパイロットライン（少量試作工場）を設置することにし、二月には設備部門での検討が始まった。

当初の計画では、秋までに一〇〇キログラム真空溶解炉、粗粉砕機、水素粉砕機、微粉砕機、混合機、磁界中プレス機、焼結炉、熱処理炉までを整備する。生産規模は月二トンで、生産装置だけで三億円の投資が見込まれた。この時、新磁石の性能としては最大磁気エネルギー積三五メガ、販売価格はグラム二十五円と仮設定されていた。

磁石原料の確保

原料をいかに安く確保するかの検討も始まった。まず、最も使用量の多い鉄は、親会社の住友金属工業が造る工業用純鉄（転炉鋼）が使えるので問題はない。

ホウ素（ボロン）原料は、フェロボロン（八〇％Fe－二〇％B合金）として日本電工、太陽鉱工、日本鋼管の三社から入手できた。当時フェロボロンは焼入性の良い鋼を作るための添加元素としてや、鉄系アモルファス薄帯の原料としての用途があった。しかし、使ってみると供給会社によって、また品番によって磁石性能が出たり出なかったりすることが分かった。

このフェロボロンの製造法には、古くからある「アルミテルミット法」と新しい「カーボン還元法」があり、フェロボロン供給会社ではちょうどカーボン還元法への切り替えが進められていた。

実験してみると、前者のアルミテルミット法による原料でしか高い保磁力は得られなかった。この時は、原因は分からないまま供給会社と品番を限定して供給してもらっていたが、一～二年後その供給会社が全面カーボン還元法に切り替えたいと言ってきたので、フェロボロン原料の組成を分析すると、アルミテルミット法原料に含まれる二％ほどのアルミニウムが磁石性能に重要なことがわかった。

この方法では、酸化ホウ素、ホウ酸と鉄にアルミニウムの粉を混合して燃焼させ、還元してフェロボロンを作るのである。アルミニウムはフェロボロン中に酸化物になっているが、ネオジム合金に添加すると還元され金属アルミニウムになる。

さらに分析値には現れない微量の銅も必要なことが判明した。銅は使用する鉄スクラップから入ってきていたのであろう。

八五年ころ、添加量を細かく変えた磁石を作り調べると、ネオジム磁石には約〇・五原子％（〇・

二質量%）のアルミニウムと約〇・〇二原子／質量%の銅が保磁力を上げるために必要なことが分かった。この知見は社外に秘密にされた。そのため原料ソースが違う海外では長い間ネオジム磁石をうまく作れなかったようである。

問題は希土類原料であった。すでに述べたように、一般の希土類鉱石中の希土類比率ではネオジムは一七%あり、セリウム、ランタンに次いで多い。ただネオジムの用途はなく、市場に流通していないので、新しく購入ルートを開拓する必要があった。

また、表5の地殻存在量で見ると、ネオジムはコバルト並みに豊富にあるが、耐熱性を上げるジスプロシウムは、サマリウムやスズ（Sn）並みとは言うものの、実質採取できるのは中国南方のイオン吸着鉱床*に限られ、資源問題を内在していた。またテルビウムに至ってはさらに少なく、商用磁石には使えなかった。

*イオン吸着鉱床は一九八一年から開発されはじめている。ジスプロシウム酸化物の含有量は、一般の希土鉱中は1%以下だが、イオン鉱中には二～八%含まれる。

佐川は、三徳《さんとく》金属工業（現 三徳）で取締役兼営業部長の井上祐輔《ゆうすけ》（後に社長）に面談し、希土類の酸化物原料の状況を打診した。

三徳金属工業は、戦前から現在の神戸市東灘区深江北町で操業を開始し、戦後の一九六〇～七〇年代にはライター石に使うミッシュメタル*の酸化物溶融塩電解技術や押し出し製造技術を開発して、業績を伸ばしてきた会社であった。住友特殊金属は七八年頃から金属サマリウムの供給を受けていた。

＊ミッシュメタルとは、希土類金属の混合物のこと。一般にはセリウム、ランタン、イットリウム、ネオジムなどからなる。

「私はネオジムやプラセオジムの新用途を研究しているのですが、これらの原料事情はどうでしょうか?」

「佐川さん、ネオジやプラセオは用途がなく、それらの酸化物が山積みになっています。使っていただけるならありがたいですね。ネオジの新用途を是非開発して下さい。」と井上は言った。

佐川から「研究用に使いたい。」との要請を受けて、三徳金属工業はカルシウム還元法で金属ネオジム（その後フェロネオジム）を供給し始めた。

ただ還元に使用する金属カルシウムの値段が高く、酸化ネオジムは余っていても、金属ネオジムの価格は、金属カルシウムの値段で決まってしまい、下がらない。また金属ネオジムの純度が安定しない問題もあった。

希土類の供給体制

これを聞いた社長の岡田は、住友軽金属工業（後のＵＡＣＪ）の小川義男会長に金属ネオジムの供給を打診した。小川は、前にも述べたように、岡田の東京帝大法学部および住友金属工業での二年先輩で、管理部門および営業部門で八面六臂《ろっぴ》の活躍をし、業界からも日向の次の社長と思われていたが、七四年に住友軽金属工業社長に転出していた。

小川は住友軽金属工業を従来のアルミニウム圧延品メーカーから、溶解から製品までの一貫メーカーに脱皮させると、住友化学の技術指導を受けながら、山形県の酒田工業団地にアルミ精錬の工場を建設し、一九七七年一月には操業を開始させた。

しかし、運が悪いことに七九年に第二次石油危機に遭遇し、石油価格の高騰により電力料金が急上昇した。さらに日本の大幅貿易黒字により急激な円高が起きた。これらのダブルパンチで、アルミニウム地金は国内で生産するより、輸入した方が安いということになり、八二年五月には操業全面休止になっていた（図25）。

岡田にとって小川は、尊敬する先輩と言うだけでなく、同じ道を歩んできた連帯感があり、住友金属工業を離れてからも北新地でよく飲み、議論しあっていたので、この状況を良く知っていた。

八三年の春、岡田の命を受け、日口《ひぐち》は住友軽金属工業の研究所長をしていた佐藤史郎（後に社長）

に電話した。佐藤とは五五年住友金属工業同期入社の間柄であった。

「佐藤さん。秘密の開発なのであまり詳しく言えないのですが、わが社では金属ネオジムを多量に使いたいと思っているのです。御社はアルミニウムの溶融塩電解技術をお持ちですね。この技術で金属ネオジムを多量に安く造ることはできないでしょうか?」

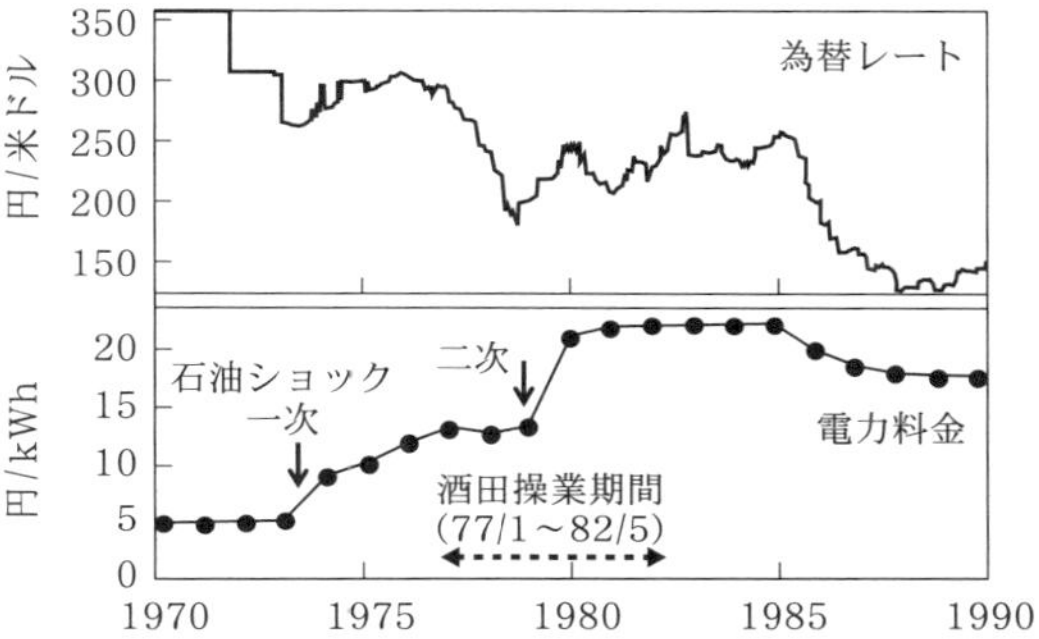

図 25　70 ～ 80 年代の為替レートと電力料金 (29)
アルミニウム地金は国内で精錬するより、輸入した方が安い状況になり、操業停止に追い込まれた。

「日口さん。わが社ではアルミ電解精錬の技術者が新しいテーマを探しています。是非検討させてください。」

その頃、住友軽金属工業では酒田工場の残務整理も終わって、アルミニウム精錬技術者は、名古屋に戻ってきていた。

早速、化学研究部の伊藤が一〇アンペアの小規模な溶融塩電解実験を始め、ネオジム金属が電解できることを確認した。八月には、入社早々酒田で溶融塩電解の操業管理をしていた中村が呼ばれ、伊藤らと本格的なネオジム精錬の研究を始めた。そして八四年一月には三〇〇アンペアの電解実験設備が名古屋工場に完成し、フッ化物溶融塩電解法によるネオジム・鉄合金の製造に成功した。

金属ネオジムの融点は一〇二一℃であるが、鉄との合金になると六四〇℃まで下がる。八五〇℃以上の溶融塩電解槽で

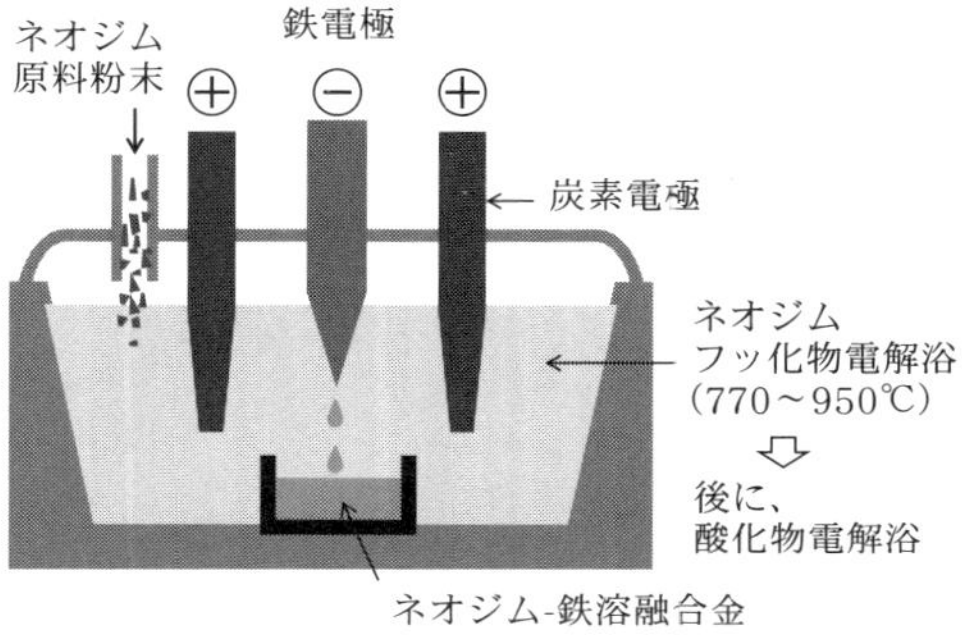

図 26　溶融塩電解による Nd-Fe 合金の製造法
Fe 陰極に Nd が電着すると溶融し、比重差で下に落ちる。

鉄電極上に金属ネオジムを析出させると、電極の鉄と溶け合って融点が下がり、生成されたネオジム・鉄合金が液化し、比重の違いで下に落下する。これを汲み出して鋳造すれば合金インゴットができるというわけである（図26）。

このフッ化物溶融塩電解法によるフェロネオジム（八〇％Nd–二〇％Fe合金）は、カルシウム還元法に比べて、残存酸素が極めて少なく、組成が安定している上に、生産性の良い連続プロセスであった[30]。

ただ価格が折り合わなかったようで、住友軽金属工業からの原料合金供給は進まなかった。

その一方、三徳金属工業では、研究用にと金属ネオジムを毎回一～二キログラムくらい住友特殊金属に納入していたが、注文が継続する上、量も一〇キログラムまで増えてきていた。営業部長の井上祐輔は不思議に感じ、

「住特金さん、あのネオジは何に使われておられるのですか？」と聞いてみた。しかし、誰も教えてくれない。すると、春になって、

「井上さん、弊社では新製品の生産を考えています。金属ネオジムの安価な継続供給をお願いしたいと思うのです。ご検討をお願いできませんか。」との要請を受けた。

これまでのカルシウム還元法では品質と価格に問題がある。量産に対応した設備開発が必要だと感じた井上は、技術陣に溶融塩電解法の研究を始めるよう依頼した。溶融塩電解はミッシュメタルの製造で経験していたが、金属ネオジムとなると温度条件などハードルは一段と高いと想定された。三徳金属工業は、ほぼ一年かけてこのフッ化物（後に酸化物）溶融塩電解法を開発し、八五年にはフェロネオジムの量産供給体制を確立することになった。

このフェロネオジムは、住友特殊金属の吹田製作所に納入され、そこで純鉄、フェロボロンとともに真空溶解、鋳造されて磁石合金原料が作られることになった。

一方、耐熱性を上げるためのジスプロシウム添加は完全秘密であった。特許でもジスプロシウムの効果がわからないように出願されていた。

当時市場ではジスプロシウムの用途はなく、いざ金属ジスプロシウムを購入しようとするとキログラム当り一〇～二〇万円と試薬品並みの高値で、耐熱性改善のため一原子％（二・五質量％）も添加すれば磁石の値段が三〇％以上上がってしまう問題があった。

新聞発表後の八三年九月、社長の岡田は当時サマリウム磁石の開発に専従していた石垣に電話した。

「石垣君、佐川さんが新磁石の実用化にはジスプロシウムが必須だと言っている。安価な金属ジスプロの開発を一刻も早く進めたい。すぐ開発してくれ。」

岡田の指示は絶対的であった。これまで新磁石を蚊帳の外から眺めるだけでしかなかった石垣は、この指示に、自分に対する岡田の強い期待と新しい流れに自分も参画できる喜びを感じた。

石垣は早速、希土類会社のジスプロシウム酸化物の在庫量を調べ、そのジスプロ酸化物（Dy_2O_3）と電解鉄粉、フェロボロン粉などを原料に、カルシウム還元によってDy―Fe―B母合金を造る方法に取り組んだ。

そして三ヵ月後の八三年末、「金属ジスプロシウムを通常の六分の一のキログラム当り三万円で作れる見通しが得られました。」と岡田に報告した。

「短期間でよくやってくれた。これで新磁石の製造コストが読める。安心して量産設備の検討が進められそうだ。」と岡田は大変感謝したと言う。

この六三％Dy―三六％Fe―一％B（質量％）母合金は、当時サマリウム磁石を生産していた養父工場の一角で秘密裏に生産され、吹田製作所に送られた。この社内生産は、三徳金属工業や住友軽金属がジスプロシウム合金を本格的に供給し始める八〇年代末まで、七年間続いた(25)。

8　対外発表

商品名、ネオマックス

窓の外では、春雨の中、一九八三年の統一地方選に向けた最後のお願いが飛び交っていた。岡田が住友特殊金属に来て二回目の統一地方選で、大阪府知事の岸昌《きしさかえ》は各党派の推薦を受け、二期目の当選を確実なものにしていた。

一年前、佐川からの電話を受けたところ、紙上を騒がしていたフォークランド紛争は、サッチャー首相の間髪を入れない艦隊派遣と毅然たる対応で、六月には解決し、それ以降英国病は克服され、経済は回復に向かっていた。

一方、岡田の足元では、オーディオ機器業界の不況で、主力のアルニコ磁石の生産が従来の月四〇〇トンから六〇トンにまで落ち込み、苦しい一年であった。このため、八二年度の決算は減収（売上高：三三〇億から三一五億円へ）、減益（経常利益：八・六億から三・九億円へ）の見込みである。その責任を取って、役員賞与をゼロにしなければならなかった。

ただ春になって、フロッピーディスク・ドライブ（ＦＤＤ）用磁気ヘッドの販売が五割増になり、ＩＣリードフレーム用鉄ニッケル合金などの電子材事業も好調となっていた。昨年末から米国の景気が少し上向いているようで、日経平均株価は三月末から急に上がり始めていた。

新磁石の特許が公開されるのは八四年三月十五日、一年先である。この時、世の中は鉄系の新しい磁石の存在を知ることになる。

「そこまで待てないな。少し早いが、発表するなら六月の株主総会までにしたい。」

岡田は八一年から(社)日本電子材料工業会*の第五代会長をしていたので、サマリウム磁石の使用者がコバルト価格の上昇を警戒しているのを感じていた。鉄系で強い永久磁石ができると知れば、一気にそちらに変わるだろう。会社の株価も上がるに違いない。

*EMAJのこと。二〇〇五年に(社)電子情報技術産業協会(JEITA)と統合している。

一方、佐川ら開発部門の研究者にとっては、少しでも早く学会発表をしたかった。世界では必ず同じような研究をしている研究者がいる。下手すると先を越されてしまう。

岡田は新聞発表日を株主総会三週間前の六月二日に据えて、作戦を練り始めた。

まずは、商品名を付けなければならない。五月十三日の取締役会では、発明者である佐川が特別に出席を許され、新磁石の商品名が検討された。ボレックスやスミマックスなど議論されたが、結局は、サマリウム磁石がコアマックス(CORMAX)なので、ネオマックス(NEOMAX)となった。NEOMAXとは「ネオジム最大」と「新しい最大」という意味とを掛けている。ただちに商標登録の申請がなされた。しかし、正式に商標登録されるのは九年後となった。*

*当時「ＭＡＸ」は事務機器のマックス㈱から九類（電子部品等）で商標登録されていた。ＮＥＯＭＡＸはそれに「新」をつけただけと見なされた。その会社が十年ごとの更新をしなかったのを待って、九二年九月に商標登録された。

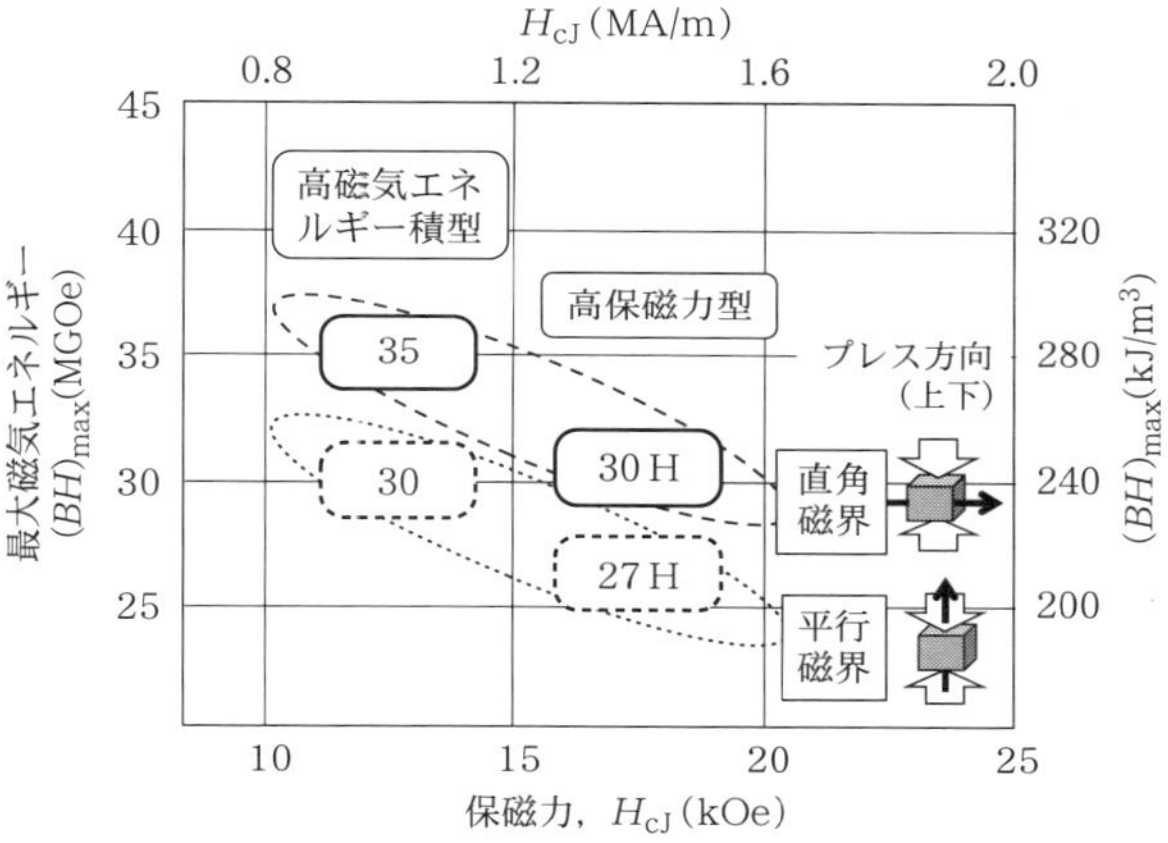

図 27　新聞発表時のネオジム磁石 4 種

発表では磁力の強い NEOMAX-35 の特性が主に紹介された。

同時に四グレードの製品が設定された。高磁気エネルギー積型のＮＥＯＭＡＸ35／30と高保磁力型のＮＥＯＭＡＸ30Ｈ／27Ｈである。後者のＨ付きには、ジスプロシウムが約一原子％（二・六質量％）添加され、一三〇℃まで使用できるようになっていた*（図27）。

*前者のＮＥＯＭＡＸ35／30にも、当時は〇・三原子％ほどのジスプロシウムが添加され、最小限の耐熱性が確保されていた。

それぞれに二グレードあるのは、プレス成形時の磁界の掛け方の違いで、プレス方向と磁界方向が直角である方が結晶軸の配向が良いので、最大磁気エネルギー積が高い。しかし、磁石の形状によっては、磁界方向はプレス方向と平行になるので、別グレードに分けられた。

岡田は自ら、記者発表の時に配布する資料と展示物を検討し、議論を重ね、完璧なものにした。それだけ熱が入っていた。

新聞発表

八三年六月二日、淀屋橋にある本社の会議室で記者発表が行われた。二〜三十名の記者がカメラマン付きで来ていた。

最初に、岡田が、世界最高の磁力をもった希土類磁石「商品名、NEOMAX」の開発に成功し、今秋以降に販売することを発表した。あわせて、新磁石はネオジムと鉄との合金で、磁力は従来のサマリウム磁石の一・四倍、フェライト磁石の七・八倍あることを紹介した。

すぐ横では、若い社員がマッチ箱大の磁石ブロックを持って二千個のパチンコ玉を吸い上げる実演をし、新磁石の強力さをアピールした(図28)。

次いで、日口がOHPを使って技術説明をした。
(1)新磁石には前記の四種あり、実験室では最大磁気エネルギー積三八メガまで出ている。
(2)比重は七・四で、サマリウム磁石より一三%軽い。また機械強度が高く、欠けにくい。
(3)この磁石は一立方センチメートルの大きさで四・七キログラムの鉄を吸い上げられる。すなわち三〇〇グラムの磁石ブロックがあると、体重二〇〇キログラムの高見山が釣りあげられる。

(4) ネオジムは希土類鉱石中にサマリウムの数倍含まれており資源の制約はない。

さらに新磁石については五十件以上の特許を世界各国に出願していることを付け加えた。

記者から、価格についての質問があり、「サマリウム磁石よりやや高い程度になる見通し。」と答えた。パチンコ玉を引き上げる様子はインパクトがあったようで、その日の夕方のＮＨＫニュースで放映された。

翌六月三日の日経産業新聞、電波新聞、化学工業日報など業界紙の朝刊には、「住友特殊金属、世界最強の磁力を持つ永久磁石を開発」と大きく取り上げられ、技術内容も詳述された。

図 28　ネオジム磁石の吸引力(1)
2,000 個のパチンコ玉を吸い上げる様子。

しかし、一般紙の扱いは小さいもので、日本経済新聞には産業面に一段で小さく記載されただけであった。その記事を紹介しよう。

住友特殊金属は六月二日、永久磁石としては世界最高の磁力を持った希土類系磁石の開発に成功した、と発表した。この新開発の磁

石「ＮＥＯＭＡＸ」（商品名）は希土類のネオジウムと鉄を主成分とするもので、同社は十月に、新磁石の量産設備を同社山崎製作所内に約十億円かけて建設、当初は月産約二トンを予定している。

従来ネオジウムと鉄の合金は永久磁石として使用できないとされてきた。しかし、同社は数種類の金属を添加させる一方、製造方法についても独自技術を開発、従来の最高磁力を持つ希土類コバルト磁石を約一〇％上回る高性能化に成功した。

永久磁石は家電製品のモータやスピーカ類などに使われている。今回の高磁力の永久磁石の開発で、小型でも十分な磁力が得られる電子部品が可能となった。

岡田は一般紙の扱いには落胆した。新聞記者らは当時磁石研究の第一人者であった大学の助教授に意見を求めた。しかし、肯定的なコメントは得られなかったらしい。

ただ、サマリウム磁石を生産していた日立金属、東京芝浦電気（現東芝）、ＴＤＫ（前の東京電気化学工業）、東北金属工業（現ＮＥＣトーキン）、信越化学工業など、また磁石のユーザーである音響、電機会社および研究機関の反響はすごいものであった。数え切れない問い合わせの電話が会社の関係部門に殺到し、その状態が何日間も続いた。

東京芝浦電気でサマリウム磁石の研究開発をしていた溝口はコバルトを含まない鉄系磁石の発表に驚愕したと言っている。他の磁石研究者も同じ印象であった。

十年後、信越化学工業の研究者は日経産業新聞の記者のインタビューに「（ネオジムと鉄は）誰でも思いつく組み合わせだが、安定な素材（合金）になるとは思ってもみなかった。一歩踏み出して研究するかどうかが開発のカギになる。」と語った。

磁石メーカー各社では、ただちにその新磁石の中身探りが始まった。なぜなら、新聞発表では、「ネオジムと鉄に数種類の金属添加」としか記載されていなかったからである。「数種の金属添加とは何か？」その第三の添加元素を探る実験が始まった。

京都新聞の記事には一歩踏み込んだ記述があり、参考になったようである。

この磁石は、ネオジウムと鉄を主成分に他の金属を添加した合金。従来この種の合金（注：Nd_2Fe_{17}化合物）は低温でしか磁力が出ない欠点があり、実用化は困難とされていたが、同社は特殊な製造法で鉄と鉄の原子間距離を大きくし、四角柱形の結晶構造とすることで常温でも高い磁力を持たせることに成功した。

この記事の「四角柱形の結晶構造（学術的には正方晶）」がヒントになり、研究者には「新化合物の発見」であったことが理解された。

富士通研究所の堀越英二の元にも問い合わせが多数あった。信越化学工業や三菱金属（後の三菱マテリアル）に就職していた東北大学研究室の元同僚から、「あれは富士通での仕事ではないのか?」との電話があった。堀越は、大学研究室の同窓会などで「富士通に入社後は、コバルトレス磁石の研究をやっています。」と語っていたからである。

富士通研究所幹部の間でも「これは富士通の職務発明ではないか?」と話題になった。佐川の元部下と同僚が呼ばれ、ヒアリングを受けた。堀越は当時の実験ノートの提出を求められ、十ヵ月間返ってこなかったという。

社長の岡田は、電子材料の重要な顧客である富士通との関係がこじれるのを恐れた。そのため、事情説明に富士通を訪問し、了解を求めたようである。結局、富士通研究所は「新磁石は富士通の職務発明である。」との訴えはしなかった。

住友特殊金属の株価は六〇〇円から九〇〇円に一・五倍になった。岡田が期待したほどではなかった。日本の社会にはこの発明がどのような価値を持つのか分からなかったようである。しかし、海外の専門家の間では住友特殊金属の動向は注目されていた。

国内学会発表

新聞発表にあわせ、十月四日に秋田大学で開催される日本金属学会の秋期講演大会でも、新磁石の研究発表をすることになった。原稿は七月末締め切りで、九月十六日に講演予稿集が会員に配布される。新聞発表より詳しい内容は発表しない予定であったが、予稿集が配布されると、より関心が集まった。

この発表題目は「正方晶Nd‐Fe系永久磁石材料」であった。講演予稿の冒頭部分は以下のように書かれていた。

希土類金属RとFeの金属間化合物の中には、高い飽和磁化と巨大な磁気異方性を併せ持つものがある。そのためR‐Fe系化合物は、R‐Co系に代わる高性能永久磁石材料として注目されている。これまでに、Tb‐Fe系、Nd‐Fe系、Pr‐Fe系およびFe‐B‐La‐Tb系などの高い保磁力を示す合金が見出されている。しかし、これらの永久磁石は、どれもアモルファス*を適度に結晶化した等方性磁石であり、エネルギー積は高々五〇～六〇 kJ/m³（注：六・二五～七・五メガ）である。われわれは、これらの材料よりはるかに高い特性を示すR‐Fe系永久磁石を開発したので報告する。

*アモルファスとは、ある組成の液体を急冷した時に得られるガラス状（非晶質、非結晶）の固体。

あわせて新開発磁石の磁気的性質がサマリウム・コバルト磁石と対比した表で示された。

秋田大学での佐川の発表には多くの研究者が詰めかけ、聴衆は廊下にまで溢《あふ》れ出ていた。現在では学術講演でのスライドの撮影は自粛されているが、当時は堂々とスライドの写真が撮りまくられた。講演の録音もされた。

この講演で、佐川は初めて第三元素がホウ素（B）であることを明らかにした。この発表内容とスライドは、聴衆の手でただちに英語に翻訳され世界の磁性研究者らに伝わった。

これに最も驚きをもって見たのはＧＭ研究所のクロートであった。自分と同じネオジムと鉄の合金磁石である。それも液体からの急冷ではなく、安定相としてできるらしい。三つ目の合金元素はやはりホウ素であった。自分が一年以上前に見つけたのと同じ元素である。

聴衆の一人の並木精密宝石の技術者は「新磁石が日本で発明されて良かった。日本の会社の特許なら抜け道がありそうだ。」と語ったと言う。

米国学会での発表

八三年十一月八〜十日、米国ペンシルベニア州ピッツバーグ市のヒルトンホテルで、第二十九回「磁気と磁性材料に関する会議*（ＭＭＭ）が開催された。この後半二日間には、「永久磁石に関するシンポジウム」があった。

*Annual Conference on Magnetism and Magnetic Materials, 略してMMMまたは3M.

当初、佐川は一般講演としての発表を考えていたが、シンポジウム主催者の一人であったデイトン大学のスツルナットは、日本での学会発表を知って、そのシンポジウムで特別講演をして欲しいと日口《ひぐち》へ依頼状を送ってきた。日口は日本を代表する磁石の専門家であった。

会社として特別講演に応じることになったが、発表者で揉めることになる。当初は、日口と佐川の連名であったが、佐川の強い要望により、発表者には日口を入れず、佐川と若い研究者の連名となった。

当時、日本の企業の論文では役職上位者が、また大学の論文では教授がトップネームになる場合が多かった。しかし七〇年代後半には若い執筆者がトップネームになり、その後、役職上位者は記載されないようになってきていた。時代が変わりつつあった。

佐川は、ジルコニウムを添加してサマリウム磁石の性能を大幅に上げた東京電気化学工業の米山哲人の一九七七年の研究論文が、入社前の大学での研究でありながら会社の上司との共同研究になっていたことを大変嫌い、自分は繰り返したくないと思っていた。佐川の強い主張の結果、佐川が新磁石の発明者であることが世界的に宣言された。そうでないと、佐川の努力は、「知る人ぞ知る。」の世界に終わる可能性があった。


米国での発表に先立ち、日ロと佐川はデイトン大学を訪問し、シンポジウム主催者であるスツルナット教授（当時五十四歳）に面会した。

デイトン大学はオハイオ州にある一八五〇年創立の中規模カトリック系大学で、近くにはライト・パターソン空軍基地があった。ここは、ライト兄弟が一九〇四年から百五回飛行実験を行った場所で、また大戦後オーストリアから移住したスツルナットが五八年（二十九歳）から十年間在籍し、六六年、「希土類と遷移金属（鉄、コバルトなど）の化合物が永久磁石に有望である。」と、世界に提唱した空軍材料研究所（九七年より空軍研究所）があった。

日口らは新磁石のサンプルをいくつか持参し、スツルナットの研究室で磁気測定をしてもらった。ＮＥＯＭＡＸ35の実用製品で三六・三メガ、実験室サンプルでは四〇メガの最大磁気エネルギー積が出ていた。

八二年七月に三四メガであった新磁石が、八三年には四〇メガにまで達していたことが外部機関で確認できたのであった。これが八五年には五〇メガにまで達する。

国際会議が開かれたピッツバーグ市は二つの川が合流してオハイオ川になる三角地帯にあり、古くから交通の要所であり、鉄鋼の生産の中心地であり、また学術都市でもあった。しかし、一九七〇年代鉄鋼生産が衰退し、新たな産業による復興を進めていた。そこに、世界の磁性の技術者たちが集まって来ていた。

シンポジウムの一日目は「鉄系超急冷磁石」、二日目は「その他の永久磁石」のセッションがあり、佐川の発表は二日目の朝八時からであった。登壇すると、会場は満席で、ドアの外からも聴講者が押し寄せていた。佐川は急遽デイトン大学で測定してもらった四〇メガの測定チャートも追加して新しいネオジム焼結磁石の発表をした。

三十分間の発表の後は大喝采が起こった。拍手は鳴りやまず、その後は質問が止め処《ど》なく続いた(図29)。このままでは終わらないので、場所を会場ホテル内の別室に設け、質問に応じることになった。その部屋の入口は百名ほどが長蛇の列となった。佐川の他に、同行していた日口とロサンゼルス事務所の高間栄三と茎田照喜が対応した。夕方になって、疲れ果てた四人はヒルトンホテルを出て、落ち着いた河畔のレストランで食事をし、成功を喜び合った。

米国での発表が契機になり、また秋口からの電子部品の市況回復が重なり、住友特殊金属株の外人買いが起こった。株価は、新聞発表時に六〇〇円台から九〇〇円台に上がったが、秋田の学会発表後の九月には一、一〇〇円、十月七日には二、六二〇円に高騰し、年末株価は二、七三〇円になった。住友特殊金属は一九八三年の東証株価値上がり率トップの会社になった。

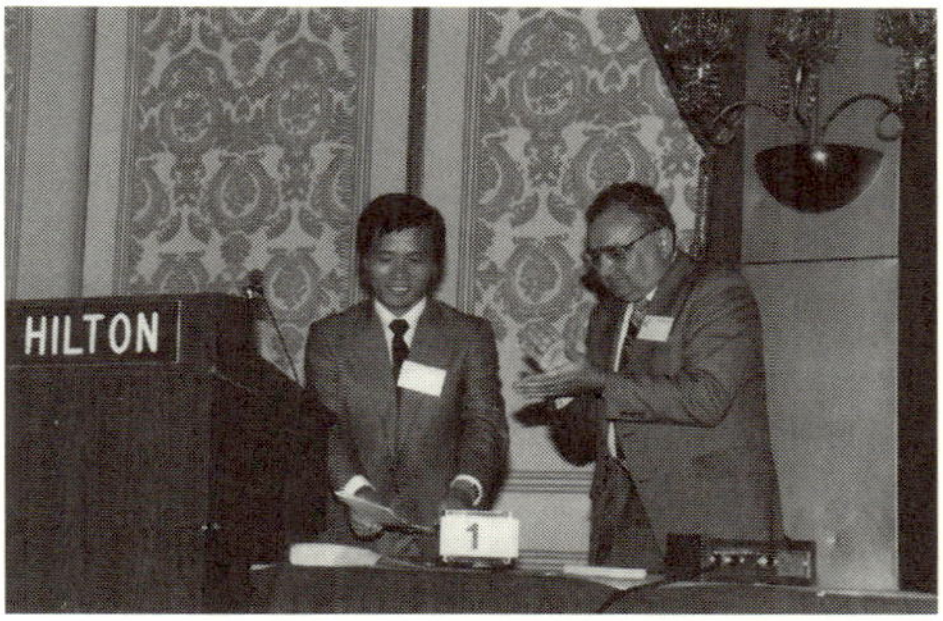

図29　国際会議での発表を終えて（1983年11月）
左は佐川、右は主催者のスツルナット。

住友特殊金属には、毎年一月に社長賞が選定され、表彰される制度があった。八四年一月には、佐川らの新磁石の開発チームが社長賞に選ばれた。受賞者は五名に限られていたので、四月には、その賞金を元手にして、十数名の開発チーム員全員で小豆島に一泊旅行に出かけた。

新しい磁石がその後どう発展するかわからなかったが、それぞれがそれぞれの夢を描き、夜遅くまで語り合った。

超急冷磁石粉

佐川の発表の前日には、「鉄系超急冷磁石」のセッションがあり、そこでは四名の米国人からの発表があった。ＧＭ研究所のクロート、米国海軍研究所*のクーンおよびカンザス州立大学からで、いずれも液体超急冷法による磁石粉末に関するものであった。

＊US Naval Research. エジソンの提案で一九二三年に米国で最初に運営された近代的な研究機関。

米国の研究者らは、鉄系磁石を作るなら、「安定相では駄目で、準安定相*で探さねばならない。」という考えに囚われていて、佐川が持っていた「安定相の探求」という発想を持てなかった。「類を以て集まる」と言うが、米国の学会などで仲間内が集まって議論していると、知らず知らずの内に視点が狭まってしまうのであろう。

＊真の安定相ではないが、熱などで原子を大きく動かさない限り、存在できる相。準平衡相ともいう。

この超急冷法で得られる磁石粉は、安定ではないため、高温で焼き固める（焼結する）ことはできず、磁石粉を樹脂で固めることになる（図30）。また結晶が微細すぎて、結晶軸を揃《そろ》えることができないので、等方性の磁石になり、磁気エネルギー積は異方性焼結磁石の二分の一から三分の一しか出ない*。

＊その国際会議で発表された最大磁気エネルギー積は、超急冷粉で一六メガであった。

組成では、八〇年からクロートがNd-Fe合金、クーンがFe-B-La-Tb合金の研究をしていたので、佐川は以前から注目していた。今回の発表では、クロートはNd-Fe-B合金にまで達し、その組成比も佐川が見つけた組成比に近かった[31]。クロートは、急冷したNd-Fe合金の組織が加熱により分解するのを抑制する元素として、ホウ素(B)を見つけ、佐川と同じ金属間化合物に到達していたのであった。

一方、クーンはクロートより先に、この液体超急冷磁石におけるホウ素の効果を見つけ[32]、さらにテルビウム(Tb)添加の効果も見つけていた。しかし、クーンはランタン(La)の含有を必須条件としていたため、ゴールのNd-Fe-B化合物に到達できなかった。

後年、佐川はこの経緯を見て、「研究者の視野は驚くほど狭い。クーンほどの優秀な研究者も間違いを起こしている。」と述べている[33]。新しい世界を切り開くには、ある考えに執着すると同時に、そこから離れて見直す柔軟性の両方が必要なのであろう。

一方クロートは、案の定、学会発表の一年以上前の八二年九月に、Nd-Fe-Bの三元系特許を米国に出願していた。

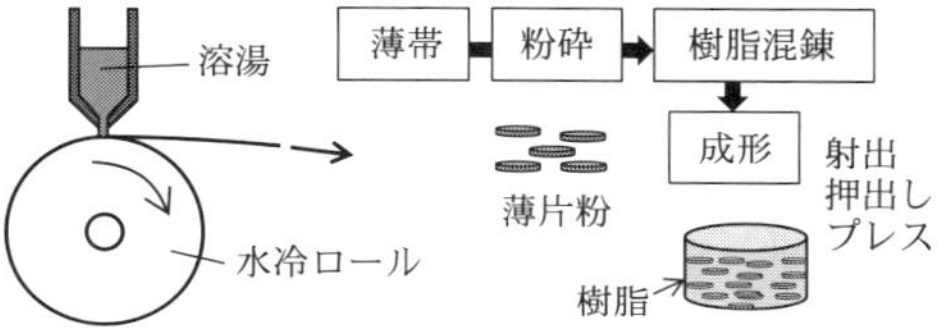

図30　液体急冷法とボンド磁石の製造法

磁石粉は焼結できないので、樹脂で固めたボンド磁石になる。

論文発表

ＭＭＭ国際会議での佐川らの発表内容は、米国応用物理学会誌の一九八四年三月号に論文として掲載された(34)。

題目は「鉄とネオジムからなる新永久磁石材料」、著者は佐川、藤村、戸川、山本、松浦であった。

(1)三六・三メガの最大磁気エネルギー積と諸特性、
(2)Nd－Fe－B正方晶化合物の発見、
(3)その化合物のキュリー温度は三一二℃、
(4)主相の粒界を囲む非磁性ネオジムリッチ相の重要性、
など、が示されていた。

この論文は八四年に発表された世界の科学論文の中で二番目に引用の多い論文となった。また米国の科学情報誌「カレント・コンテンツ」は、八四～八五年の引用回数ランキングを八六年に発表しているが、ここの物理学部門で六位となった。これらの結果、八六年に佐川は、前述のクロート、クーンらとともに、新材料に関する米国物理学会賞を受賞した(図31)。

新しい三元化合物の発見は、実用的な磁石の発明としてだけでな

図 31　米国物理学賞受賞者の顔ぶれ(1986 年)
左から GM のクロート、ハーブスト、海軍研究所のクーン、そして佐川。

く、磁性科学の分野にも大きなインパクトを与えたのであった。

金森との出会い

住友特殊金属の開発部門では、新磁石を科学的に理解するための研究が進められた。

松浦は一九八三年からNd-Fe-B化合物の単結晶を作り、東北大学の平賀助教授に依頼して化合物の結晶構造を調べてもらっていた。単結晶にX線を当て、その回折の斑点から新化合物が正方晶であることは分かっていた。また概略の組成比も分かっていた。*

*米国での発表直後、Nd-Fe-Bの三元組成図が論文としてウクライナの研究者から一九七九年に発表されていたことがわかった[33]。ここには、$Nd_2Fe_{14}B_1$に近い$Nd_3Fe_{16}B_1$相が記載されていた。よく似た研究は世界のどこかでやられているものである。これを根拠に佐川の発表には新規性がないと言う人がいた。ただそのウクライナの論文には、材料特性などは一切記載されていなかった。「茸《きのこ》は千人の股をくぐる」と言うが、見つけるだけではなく、その価値を評価し、掘り出すのが研究能力である。

しかし、原子配置も含めた結晶構造の解明には時間がかかり、米国に先を越されることになる。松浦は悔しがった。

一九八四年四月、GM研究所のハーブストやクロートらは中性子回折法により、ネオジム磁石の主相化合物は化学式$Nd_2Fe_{14}B_1$（2：14：1）で表わされることを示し、さらにその結晶構造と各元素の原子配置を明らかにした[35]（図32）。

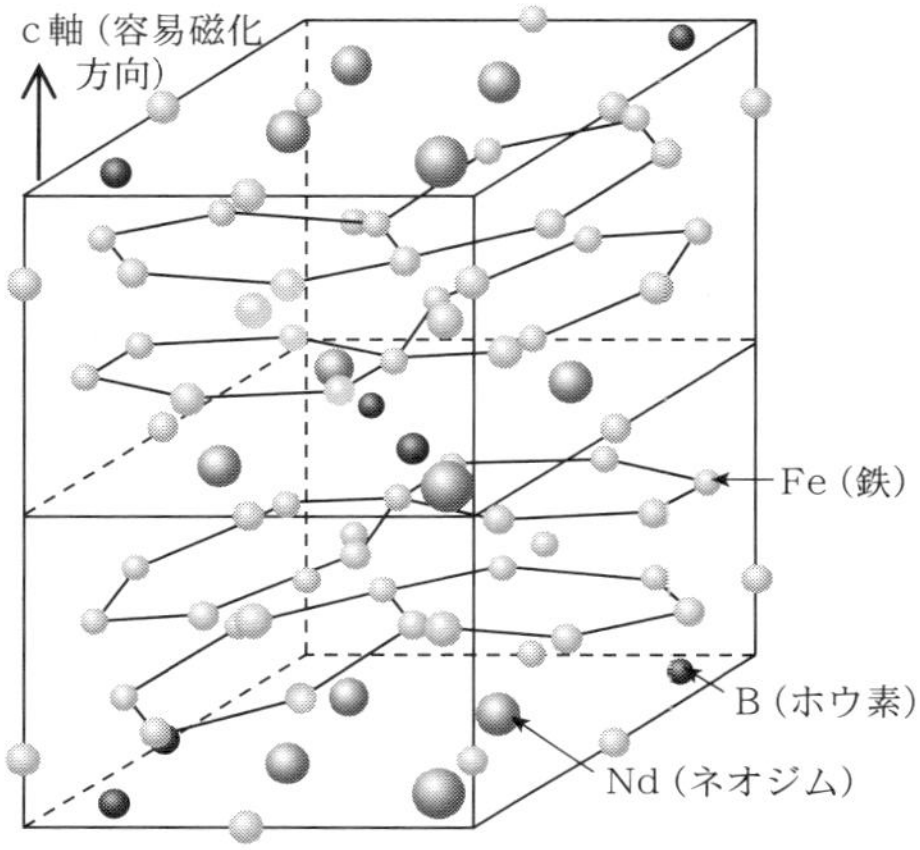

図32　$Nd_2Fe_{14}B_1$ 化合物の原子配置

Nd-B-Fe層とFeだけの層がc軸方向に積み重ねられた正方晶で、BはFe-Fe間に無い。c軸方向のみ磁化される。

六方晶の Nd_2Fe_{17} 化合物に、わずか六原子%（一質量%）のホウ素を加えるだけで、正方晶の $Nd_2Fe_{14}B_1$ 化合物になり、また原子配置も大幅に変わるのであった。正に物質のマジックであり、また面白さでもあった。

この結果、容易磁化方向はc軸（縦方向）になり、強い一軸異方性を示す。同時に磁化は安定し、キュリー温度は五四℃から三一二℃に大幅に上昇する。これが強力磁石の根源であった。

佐川はこの原子配置を見て不思議に思った。

「鉄原子間の距離は少しも拡がっていないではないか。また、ホウ素は鉄原子間にない。」

論文発表を契機に、佐川は一九八四年十月、大阪科学技術賞を受賞した。佐川にとって初めての受賞となった。この賞は、大阪府、市および大阪科学技術センターが科学および新技術の発展に著しく寄与した研究者を八三年から毎年二名選び、顕彰する賞である。

その審査員の一人は大阪大学理学部の金森順次郎教授（のちに大阪大学総長、国際高等研究所所長）であった（図33）。金森は、住友特殊金属の東京技術部に在籍していた港野久衛《みなとのひさえ》の大阪大学永宮健夫研究室での先輩であったことから、この受賞をきっかけに、港野の仲介で佐川と金森の研究交流が始まった。

実は、金森は、ネオジム磁石の発明と同じころ、物性物理学の電子論の立場から、ホウ素が鉄に隣接すると、ホウ素から離れた鉄原子の電子構造をコバルト原子に似た状態に変化させ、磁化を増加させることを理論的に予測し、学会発表していた。

一方佐川は、$Nd_2Fe_{14}B_1$ 化合物の原子配置では鉄原子間距離は拡がっておらず、その化合物で強磁性が強くなる理由を説明できずにいた。それが金森との出会いで、電子論からホウ素の作用が説明でき、霧が一気に晴れた。

図 33　金森順次郎
(1930-2012)

すなわち、ホウ素は鉄原子間距離を拡げるのではなく、鉄電子構造をコバルト化して、磁力を上げていたのであった[36、37]。新磁石の発見はまぐれ当たりであった[38]。

一方金森の立場では、彼がたてた仮説が現実の化合物で実証され、これほどうれしいことはなかった。九六年、金森は「遷移金属合金の強磁性理論」で学士院賞を受賞するが、天皇陛下への講義の際、港野から預かったネオジム磁石を持参し、陛下にその磁力の強さをお見せしたと言う。

金森と佐川の共同研究は、より強い磁性材料を求めてその後も続き、金森が二〇一二年に亡くなるまで、金森は佐川の基礎研究面での良き理解者であり続けた。

新磁石の科学的理解

「ミネルヴァの梟《ふくろう》は黄昏《たそがれ》に飛び立つ」とは、ヘーゲルがその著書「法の哲学」の序文の最後で述べた言葉である。ミネルヴァとは知恵、学問の女神アテネーのことで、梟とはその知性と英知、すなわち哲学の象徴である。

哲学は、現実がその形成過程を終え、完成した夕暮れになって初めて現れる。この時「実在」と「理念」が対峙し、理念が全体を把握して、「知性の王国を形成する」とされている(39)。

科学・技術の世界でも同じである。まず「実践」があって後に「学問」がフォローする。「発明」という実験事実があって、その後、なぜそうなったかを「科学」するのである(図34)。

「発明」とは、その価値を知るものが、運にも恵まれ、掘り当てる実験事実である。

一方、「科学」とは、その事実を要素に切り刻んで分類し、それらを組み立てて「概念化」することである。この科学化(概念化)ができると、翌朝には次の発展が起きることになる。

図34の左は、第一次大戦当時、熱烈な愛国者であったエジソンが好んで研究所の図書館に貼らせた漫画である(40)。米国を象徴する女神コロンビアが、「科学の王冠」を額に、「発明の武器」を右手に、左にいるドイツ軍と戦おうとしている。「科学」が「発明」を支え「技術的解決を達成」

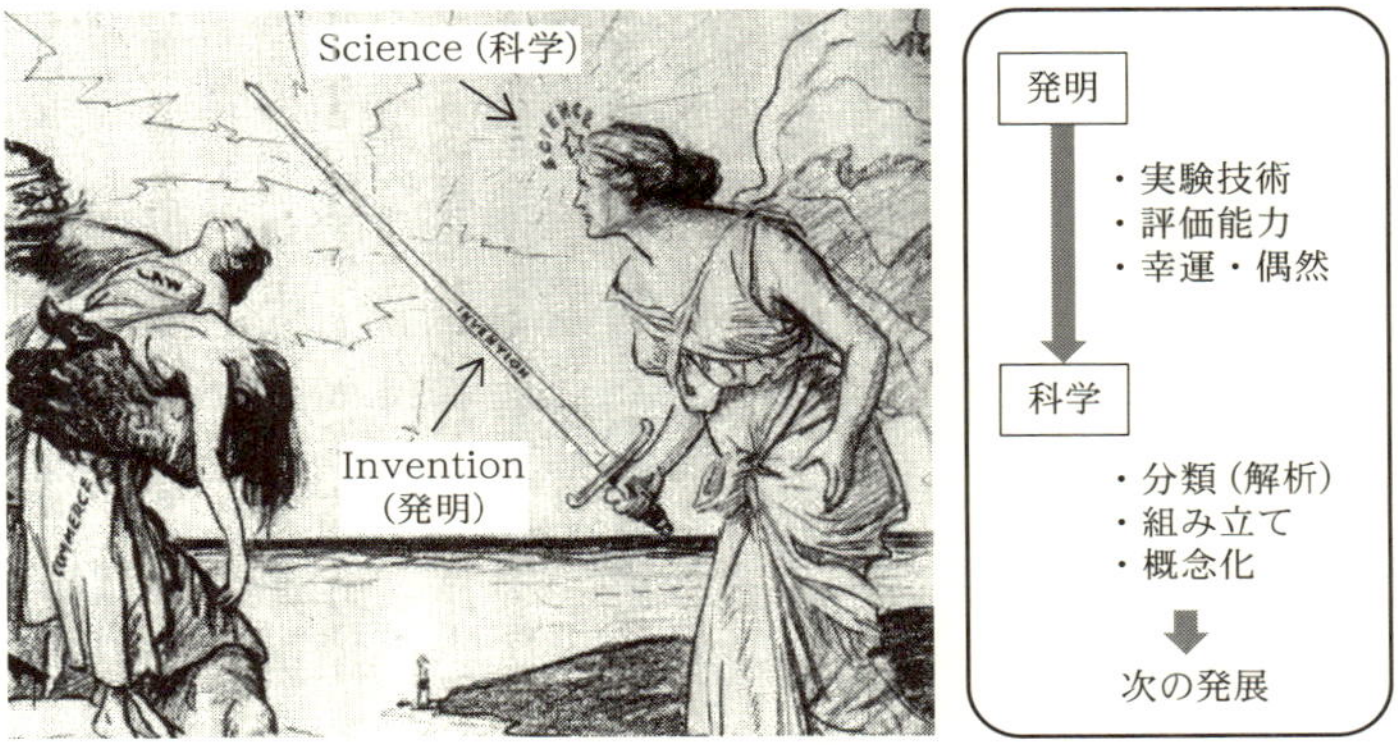

図 34　発明と科学

差し迫った対立（Impending Conflict）と題した漫画[40]の一部。左にはドイツ軍が描かれ、「科学」の女神が「発明」を武器に東海岸で米国を守っている。発明の後、科学がそれを概念化して支えることで、次の発展につながる。

し、米国を守ろうと言うのである。この「科学が発明を支える。」とのエジソンの提言は、米国が参戦する前の一九一五年に発足した海軍諮問評議会で取り上げられ、米国海軍研究所の設立（一九二三年）の礎《いしずえ》となっていた。

新磁石の発明においても、まず強力な磁石の組成範囲が実験で、偶然に、また幸運に見つかり、その後に科学的理解がなされていった。

これを図35の三元系組成図(41)で説明しよう。

左側の図は最初の特許の明細書や八三年の論文で示された新磁石の最適組成を示している。組成を変えた多数の実験を行い、最大磁気エネルギー積（$(BH)_{max}$）の等高線が描かれている。その最高値三五メガは一五％Nd−八％B−残りFeの組成比（白丸）で得られるとされていた。

一九八四年春には、右側のNd−Fe−Bの三元系の組成図と、ネオジム磁石の主相が$Nd_2Fe_{14}B_1$化合物（黒丸）

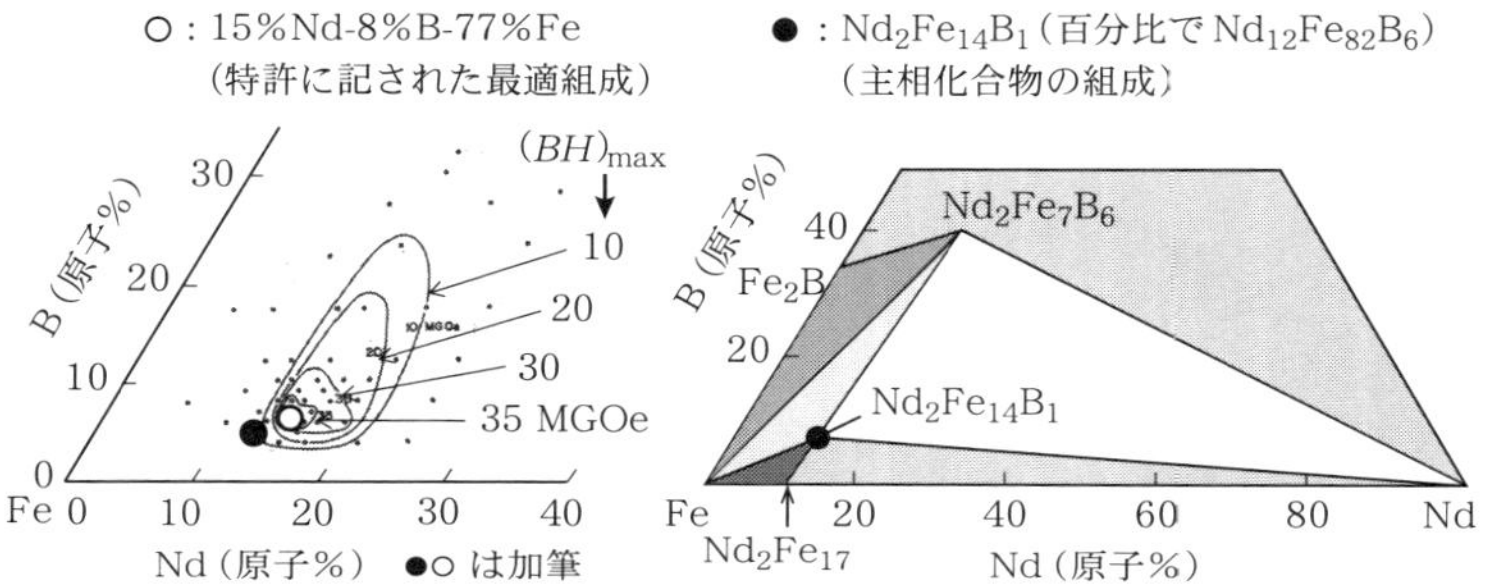

（1）1983-84年公開資料における強力磁石組成域

（2）1984年論文に示された3元組成図（＜647℃）

図35 Fe-Nd-B 3元系組成図における磁石組成と化合物の組成

82年に見つけた高い$(BH)_{max}$の組成域○は主相化合物●より高Nd、高B組成にあった。右図では、Nd_2Fe_{17}化合物に数%のBが加わるだけで、別な化合物●になることがわかる。

であることが明らかになった。

経験的に見つけた強力磁石の組成域（左図）は、この主相化合物（黒丸）の高B量、高Nd量側にのみ拡がっている。すなわち、主相だけでなく、過剰な高Nd相と高B相が強力磁石には必要なことが科学的に理解された。*

＊佐川が八二年に住友特殊金属に持ち込んだ試料はホウ素を白丸の二倍含む組成（白丸の右上）であった。

一方松浦は、八四年五月から、京都大学の長村光造《おさむらこうぞう》教授の指導を受けながら、平衡状態図の作成に取り組んだ。平衡状態図とは、種々の組成比と温度でどのような相（固体や液体など）が安定かを示す地図のようなものである。

例えば、図36のFe–Nd系状態図[42]では、$Nd_2Fe_{14}B_1$よりネオジム量が多くなると（黒丸より右側では）、融点が六六五℃まで下がることがわかる。すなわち、磁石合金組成粉末を一一〇〇℃に加熱すると、主相の$Nd_2Fe_{14}B_1$

相は安定なまま、ネオジムの多い部分が溶融し、粉同士が凝集し、六六五℃以下になると凝固し、液相焼結できるのである。

この結果、主相を非磁性のネオジムリッチ相で囲んだ結晶組織（図37）、すなわち佐川が目指していた「セル状組織」、が焼結過程およびその後の冷却過程で自動的に形成され、強い磁力と強い

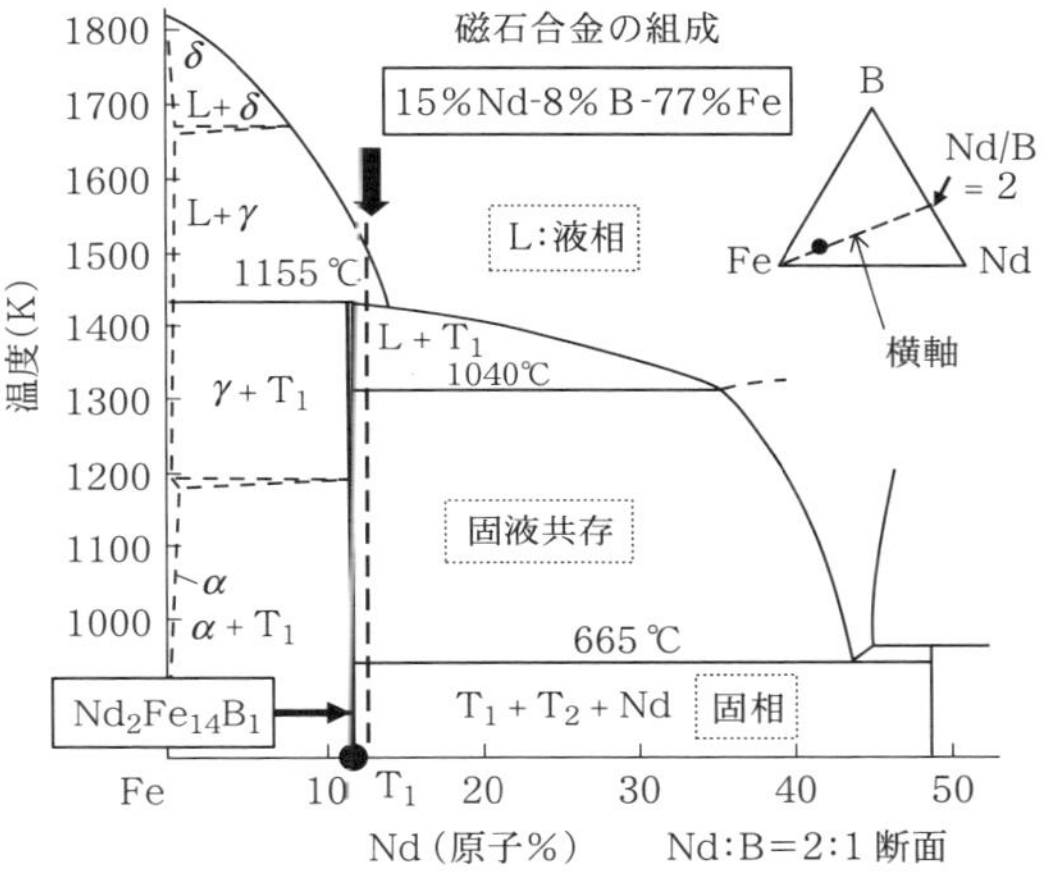

図 36　Fe-Nd-(B) 系状態図[42]

$Nd_2Fe_{14}B_1$ 相は 1155℃まで安定である。磁石組成を 1100℃に加熱すると Nd の多い部分は液体になる。

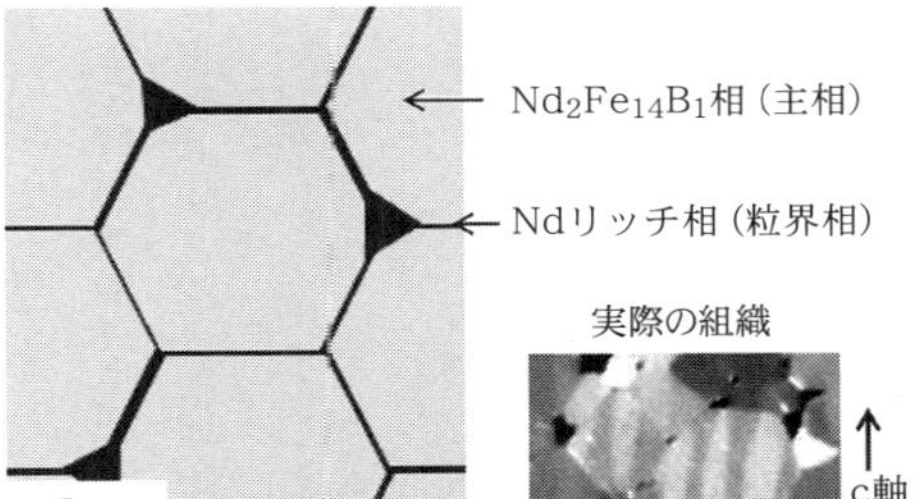

図 37　ネオジム磁石の焼結後組織

主相を Nd の多い相が囲んでいる。結晶粒径は SmCo 磁石より 10 倍以上大きい。写真の縦縞は磁区模様。

機械強度を持った永久磁石ができていた。女神が二度微笑んだのであった。

ネオジム磁石の発明以降、磁石として有望な物性値を持った化合物がいくつか見つかっている。後述するサマリウム・鉄・窒素化合物もその一つである。しかし、適切な結晶組織（セル状組織）が造れるのは、現在のところネオジム・鉄・ホウ素化合物だけである。これが、長い間ネオジム磁石が最強の永久磁石であり続けている理由である。

このような科学的理解を土台に、もっと保磁力を上げるためにはどうすればよいのか、より安定した性能を得るにはどうするのかが議論されていった。八四年七月には、佐川の誘いで、ピッツバーグ大学で磁石の研究をしていた広沢哲《さとし》が入社し、さらなる科学的探究が進んだ。

佐川が住友特殊金属に来てから二年余りで、ネオジム磁石の基本はほぼ解明されたと言っていい。絨毯爆撃的な総力実験および基礎的な研究が同時に推進された結果であった。

八四年四月には、新聞発表を見て、新磁石の研究をしたいと、有為な学生が入社してきた。京都大学大学院修士課程を修了した種村英明もその一人で、八五年秋からの量産に向けて、生産技術開発に取り組むことになった。

9　量産設備の計画と資金調達

養父工場

京阪神から日本海側に抜けるには三つの鉄道ルートがある。京都から山陰線で福知山、和田山を経由して豊岡に行くルート。尼崎から三田を経て福知山線で行くルート。これらは曲がりくねりながら福知山駅で合流する。もうひとつは姫路から播但線で真北にまっすぐ伸びるルート。これは和田山駅で山陰線と合流する。この和田山駅の先に、養父《やぶ》駅と八鹿《ようか》駅がある（図38）。

八鹿駅を降りて、円山《まるやま》川沿いに車で十分ほど和田山方向に戻ると、田園と牛舎が並ぶ一角に住友特殊金属の養父工場がある。風向きによっては牛舎の匂いが気になる長閑《のどか》な場所である。

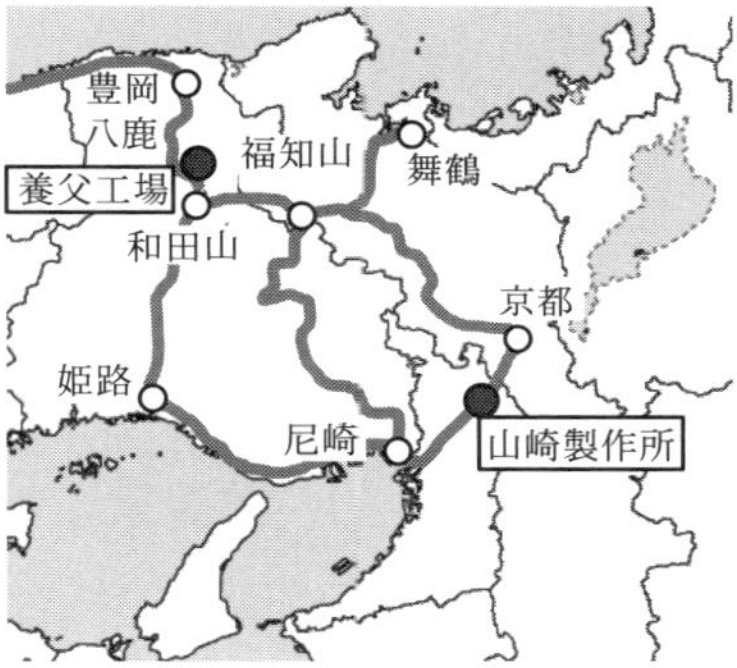

図38　養父工場（近畿住特電子）
1974年に用地を取得し、79年からサマリウム磁石の生産を始めていた。

ここでは一九七九年から近畿住特電子㈱（住友特殊金属の全額出資の子会社、以降養父工場と呼ぶ）として、磁気ヘッドの精密加工とサマリウム磁石を月二トン生産していた。経理上は、住友特殊金属はこの会社に資金を貸与し、できた製品を買い取り販売するという仕組みであるが、実質は本体の一部門として動いていた。

この子会社の一九八二年度の売上高は約十億円。磁気ヘッドの加工工場は好調であるが、磁石工場の方は稼働当初から赤字が続いていた。

小倉隆夫は八〇年住友特殊金属の副社長に就任して以来、「従業員の和と意欲」を大切にし、毎月各工場に出向き、月次の業績報告を聞く一方、従業員を激励して回っていた。彼は住友金属工業時代、生産現場の長としての経験が長く、岡田典重社長のような戦略指向と言うより、安定、着実指向であった。

養父工場の磁石生産部門の責任者は今西隆であった。彼は日立製作所に二年勤めた後、住友特殊金属に入社し、各工場の自動化に係わって後、五年前に養父工場に赴任してきていた。

「今月も、副社長への業績報告会では良い報告はできなかった。」

報告会が終了すると、今西はいつものように、小倉を応接室に案内し、休息を取ってもらう。各部門長がその日の会議の延長のような話をしながら、本体の経営状況や顧客の状況を聞き出す。それも一段落して今西と二人だけになると、小倉はいつも決まってこう言い出していた。

「今西君、いつまでサマコバの生産を続けるんや。不良はなかなか減らんではないか。もうそろそろ諦めたらどうだろうか?」

「副社長。赤字続きで申し訳ありません。しかし、もう少しやらせてください。近々必ず黒字にしてみせます。」とは言ったものの、なかなかサマリウム磁石の製造条件が改善されず、不良の山を作っていた。

ところが、八四年の三月になって、

「今西君、もうちょっと待てや。良いものを持ってきてやるから。」と小倉が言い始めた。

量産工場の案画

一九八四年は、年初から電子部品の市況は改善し、磁石以外の生産は好調であった。八三年十月に操業を始めたフロッピーディスク・ドライブ（ＦＤＤ）用磁気ヘッドコアの生産工場は、クリーンルームを備え、山崎製作所のイメージを一新するとともに、増産を重ねていた。

一方、ネオジム磁石の方は、最初の特許が三月十五日に公開され、次いで四月十二日にはＧＭが日本に出した特許（Nd－Fe－B三元系）が公開された。この公開公報から、ＧＭの特許は八二年九月三日に米国に出願され、八三年九月二日に優先権主張で日本に出願されたことがわかった。

ＧＭ特許の米国出願日は住友特殊金属より十三日後であることを知り、皆は胸を撫でおろした。

「これで特許権も大丈夫だ。」と皆が思った。

八三年秋に山崎製作所の一角に設置された新磁石のパイロットラインでは、それまでアルニコ工場を見ていた嶋村行俊が陣頭指揮を取って、顧客用サンプルを生産していた。このラインは、当時空き番となっていた用途コード番号80を取って「80合金プロジェクト」と名付けられていた。

ここでは月一～二トンの少量生産を通して、技術課題を抽出し、本格的な量産設備の設計に反映させる。社内では、他部門の予算は厳しく制限されていたが、岡田の指示によりこのプロジェクトには制限なく費用が投入されていた。

新磁石ネオマックスを使用した商品第一号は八四年二月に松下電器産業から発売されたステレオカートリッジ(レコード針の振動検出器、磁石移動型)テクニクス205となった。従来使用していたサマリウム磁石をネオジム磁石(樹脂塗装)に替えることなどで、針先にかかる実質的な重さが二七%軽量化され、それだけ針がレコード盤の溝の凹凸を忠実にトレースし、より高域の周波数域まで再現できるとされた。

ソニー・ウォークマンのモータにも小型、軽量化のため、サマリウム磁石に替わってネオジム磁石(ニッケルめっき)の適用が検討された。しかし、長期耐久性評価試験をすると、磁石が粉末になってしまい、到底適用できる状況ではなかった。

樹脂塗装やめっきの前処理として行われる酸洗《さんあら》いや化成処理の際、微量でも水分が残っていると大きな腐食と崩壊につながることがわかってきた。取りあえず、水分を徹底的に除去した上で分厚いエポキシ樹脂塗装で対応したが、「ネオジム磁石は時間が経つと腐ってきて、顧客からクレームが沢山来るのではないか。」と心配する向きが社内に根強くあった。

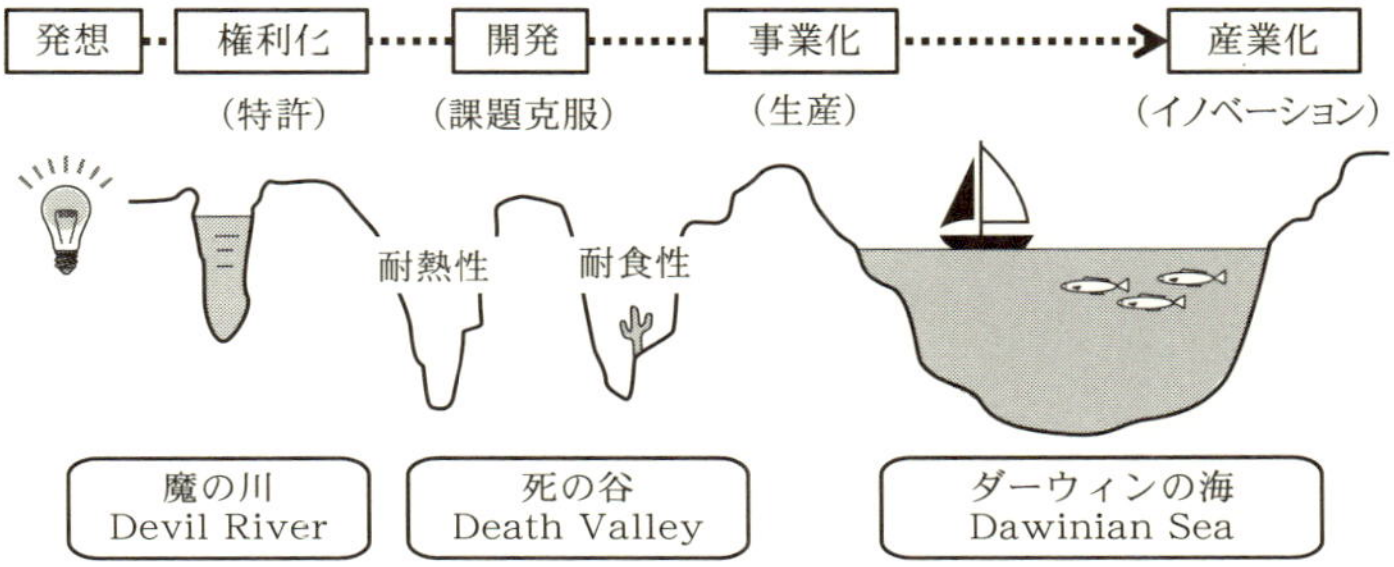

図 39　発想からイノベーションまでの道のり
新磁石は課題を残しつつも、ダーウィンの海の浜辺まで来ていた。

新技術の発想から産業利用までの道のりには、いくつかのハードルがある(43)。まず、発想から特許出願するまでに「魔の川」が、次にその新技術を実用製品にするまでに「死の谷」があるとされ、これらのハードルを越えられずに実用品にならない新技術は沢山ある。またこれらの障害を越えても、その後に、「ダーウィンの海」が控えている（図39）。世の中に出しても、自然淘汰の波を乗り越えられるかであり、これを乗り切れれば、新しい産業を起こし、イノベーションが実現するとされている。

新磁石は、ひとまず特許問題をクリアし、耐熱性、耐食性はまだ課題を残しつつも対応策を練り、事業化の浜辺まで来ていた。ここから「ダーウィンの海」に船出するのであるが、通常経営者はこの量産設備の投資に悩むのである。設備部門が建設費用を見積もってみると、一〇〇億円近い投資になることがわかった。住友特殊金属の財務状況では厳しい金額であった。

例えば、仮に月五〇トンの新磁石生産ラインを、投資額六〇億円

$$\frac{\text{(投資額) 60億円}}{\text{(当期利益) 0.5億円＋(減価償却費) 0.5億円}} = \text{60ヵ月 (5年)}$$

回収期間

当期利益(月毎)＝営業利益 − 金利等 − 税金
減価償却費(月額)：10年回収, 定額の場合

図40　設備投資の回収期間の計算例
設備投資費用を早期に回収する必要があった。

で建設するとし、その投資効果を回収期間法で見積もってみよう(図40)。

磁石の売値をグラム二〇円(トン〇・二億円)、営業利益率を一〇%とすると、月五〇トンの生産で、売上高は月一〇億円、営業利益は月一億円となる。そこから金利と税金で五〇%が引かれるとすると、当期利益は月〇・五億円(年六億円)になる。

設備償却は一〇年、定額とすると、減価償却費*は月〇・五億円となる。毎月のキャッシュフローは当期利益〇・五億円と減価償却費〇・五億円の合計となるので、この設備投資は六〇ヵ月(五年)で回収されることになる。

*減価償却とは、ある資産を購入した時、これを一度の費用にせず、耐用年数の期間中、少しずつ費用に分けること。営業利益の計算では固定費用となる。

「変化の激しい電子材料の世界で回収期間五年は長い。もっと短くしなければ。と岡田は思った。

「それにしても、実際ネオジム磁石は、月五〇トン(年六〇〇トン)も売れるだろうか?」

サマリウム磁石の国内需要は毎年拡大していて、八三年には月二三トン(年二八〇トン)、月八億円(年百億円)の市場になっていた。このサマリウム磁石市場がすべてネオジム磁石に切り替わり、さらに希土類磁石の市場が倍増する必要があった。

「こんなことが可能であろうか。いやサマリウム磁石の半分も取れるかも怪しい。」

新磁石の応用製品については後述するが、この時点（八四年五月）では、まだハードディスクのボイスコイルモータにはフェライト磁石やサマリウム磁石が使われており、ネオジム磁石は腐食問題から不採用であった。また、永久磁石式ＭＲＩ（核磁気共鳴画像装置）に関しても、三洋電機との共同研究が始まって半年余りで、これから模型を作ろうという段階であった。

岡田はこの新磁石と心中するつもりでいたが、多額の投資には慎重であった。住友特殊金属は設立以来、貸借対照表（バランスシート）における負債（借入金）が多く、自己資本比率*は一二％と低かった。よほど回収期間を短くしないと、金利負担で経営が圧迫されることになる。

＊総資産に占める自己資本（純資産）の比率。これが低いと借入金が多く、金利負担が大きい。自己資本率四〇％以上が優良企業の指標と言われている。二〇〇六年の会社法改正以降は、「（自己）資本」を「純資産」と言う。

外部のある有名な調査会社にネオジム磁石の市場調査させたところ、「新磁石には世界で年七万トン*（月五、八〇〇トン）の市場があります。」との報告があった。佐川らは「戦艦大和（の排水量）」だと大いに喜んだが、経営者としてはこの数字をそのまま信用するわけにはいかなかった。

＊年七万トンは二〇一三年の世界の生産量（内中国が八〇％）に相当する。国内生産は最大で年一・四万トンである。

社内では、「磁石は強力になればなるほど、小さくなる。だからそんなに量が出るはずない。」との否定的な意見と、「まだ磁石が使われていないモータ、発電機にも使われる可能性があるので市場は拡がる。」との肯定的な意見が交錯していた。

またある役員は、「まだ原料の供給に不安があります。ネオジム原料がどれだけ手に入るか。三徳などではネオジムの生産を始めていますが、まだ月五トン以下で、どこまで安定して供給してくれるかもわからないですね。」と言った。

製造会社では、「入口」としての原料の安定供給と「出口」としての販売先の確保が重要である。あとは社内の技術開発で何とかすると考えるのである。

ネオジム磁石には大きな新市場があると大風呂敷を広げたのは米国事務所の所長であった。「米国にはMRIだけでもこれだけの市場があります。すでに見通せる国内市場と合わせれば月一〇〇トン(年一、二〇〇トン)の売り先があります。希土類原料メーカーも巻き込んで造りましょう。まずは動くことです。」と花火をぶち上げた。

いわゆる「ダーウィンの海」に繰り出すには、このような営業部門の大局に立った発言が必要なのである。理屈でも、事実の積み上げでもない。感性の世界と言える。岡田にとっても技術陣にとっても、この営業部門の後押しは渡りに船であった。

八四年五月の取締役会で、新磁石の本格生産工場を養父工場(近畿住特電子㈱)に建設することが決まった。岡田は設備部門に、ひとまず月一〇トンの生産体制を、近い将来には月一〇〇~二〇〇トンの生産体制を考えるように指示した。設備部門の堤と南は、早速設備レイアウトの案画と養父工場隣接用地の確保を進めた。

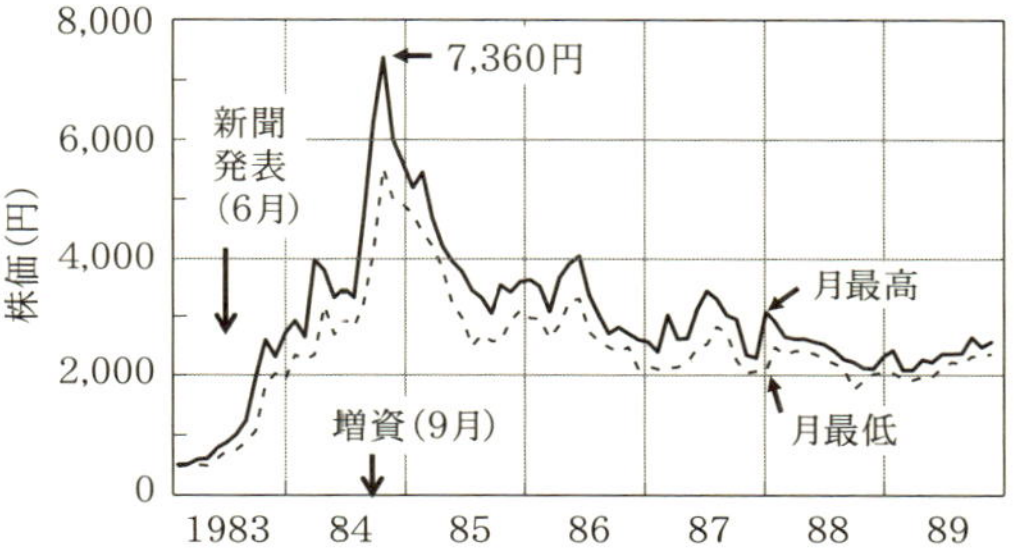

図 41　住友特殊金属の株価推移

株価は一時 10 倍になった。浮動株が少ないため、株価の振れ幅が大きい。

設備投資資金の調達

岡田はその一方、資金の調達に動いた。

住友特殊金属の株価は、新磁石の新聞発表前に六〇〇円台であったのが、年末に二、七三〇円となり、翌八四年五月には三から四、〇〇〇円にまで上がっていた（図41）。

証券会社からの打診もあり、岡田は八一年以来二回目の増資を行うことにした(1)。八四年九月に四五八万株を一株三、九九八円で一般公募し、発行株の全量を消化した結果、約一六二億円を調達することができた。株価は十月に最高値の七、三〇〇円を付けた。二年で一〇倍になったのである。

資本金に発行株式の五〇％以上を組み込んだ結果、資本金は一五億から一〇六億円（後に一三六億円）に、自己資本（純資産）は三〇〇億円弱（後に三二〇億円）に増加し、自己資本比率は三五％まで上昇した（図42）。

ただ増資による株式発行では配当金の支払い負担が生じる。そこで岡田は、その後は株式転換型社債を欧州で三回発行すること

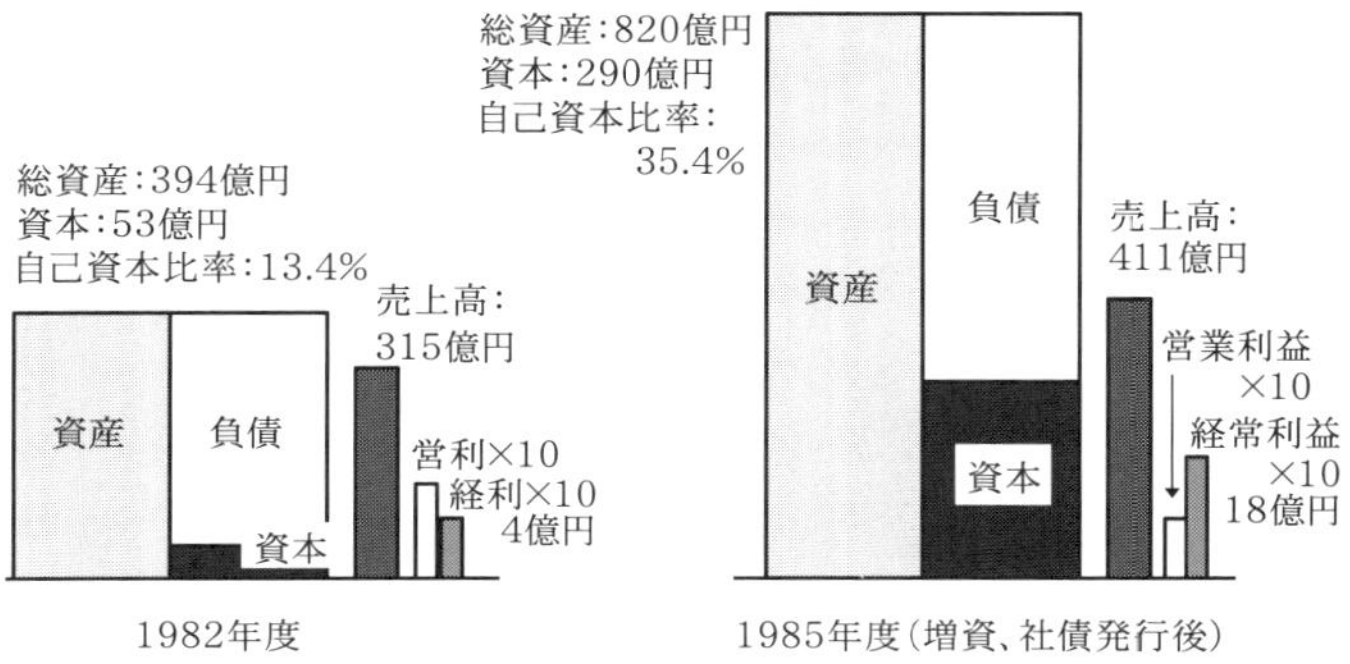

図 42　住友特殊金属の貸借対照表と損益

増資により、自己資本比率が向上し、優良会社になった。また転換社債の発行で借入金（負債）が低金利となり、経常利益が増えた。

にした(1)。

一回目は八五年四月、米国ドル建て転換社債（五、〇〇〇万ドル、利率三%、期間十五年、当初転換価格四、一八五円）で、全額消化され、約一二〇億円の資金を低金利で得ることができた。この結果、それまで苦しめられていた金融収支（利息等の収支）の赤字が黒字になり、図42の右に示すように経常利益が営業利益を上回る財務体質となった。

二回目は八六年五月、米国ドル建てワラント債（分離型新株引受権（ワラント権）付き社債、八、〇〇〇万ドル、利率二・七五%、期間五年、当初行使価格三、六八〇円）であった。これも全量消化し、約一二〇億円を得た。

三回目は三年後の八九年九月、スイスフラン建て転換社債（二億スイスフラン、無利子、期間五年、当初転換価格二、三六三円）で、ここでも約一六〇億円の資金を得たが、これは二回目の償還資金の充当の意味合いもあった。

振り返れば、二十三年前の一九六三年、岡田は住友金属工業の管理部長として、住友特殊金属の分離独立に関わったが、その時の資本金は一〇億円、売上高は年三〇億円であった。その後、エレクトロニクス産業の進展により会社の売上高は十倍の三〇〇億円に伸びたが、それとともに銀行からの借入金が増え、その金利負担で、営業利益が出ても経常利益がそれを大きく下回る状態が続いていた。

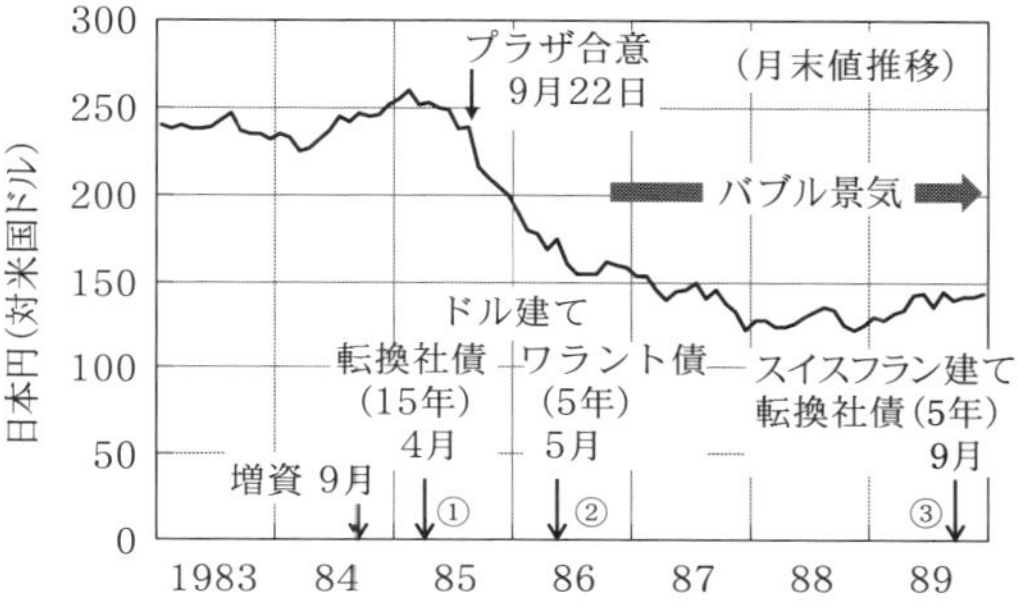

図43　ドル/円為替の推移と転換社債の発行

増資の後、85年から3回、転換社債を発行した。プラザ合意以降、急激に円高となり、86年末からバブル景気となった。

それを岡田が、ネオジム磁石と言う「金の卵」を見つけ、誕生させ、育て上げた結果、その会社の資本金は十倍になり、金融収支も改善され、株式市場でも優良会社と見なされるようになった。

一方、株式への転換は、一回目の転換社債発行直後には進んだものの、株価が転換価格（四、一八五円）を割り込んだため、その後は進まず、過半は社債として二〇〇〇年に償還することになった。二回目のワラント債も同様に、株への転換は進むことなく、九一年に満期を迎えることになった。*すなわち、金利負担は減ったものの、いずれ返済しなければならない負債として残った。

*ワラント債のワラント部分（新株を一定価格で買う権利）は行使されることはなく、「紙くずになった」と騒がれた。

ただ、一回目の社債発行時（八五年四月）の米ドル対円の為替レートは一ドル二五〇円であったが、その年九月のプラザ合意*を境に急激な円高となり、年末には二〇〇円、翌八六年八月には一五二円になった（図43）。

＊先進五ヵ国（G5）が協調して為替相場に介入してドル高を是正した合意。

この円高で日本の輸出企業の多くは経営危機に直面したが、住友特殊金属は時を得た二回の米ドル建て転換社債発行のお陰で、多額の為替差益を得るとともに円高不況を乗り切り、ネオジム磁石の増産投資を続けることができた(1)。

日本経済は、この円高不況を是正するためにとられた日銀の低金利、金融緩和策が、八六年末から株と土地への投機を生み、四年余りにわたるバブル景気となっていった。そして財テク（財務テクノロジー）がもてはやされるようになった。

八五年六月一日の日本経済新聞に掲載された「決算トーク」の記事を紹介しよう。

「この磁石は一度くっついたら小錦だって離せない」と決算発表の席に持参した世界一強力と折り紙つきの磁石「ネオマックス」を片手に上機嫌で語るのは住友特殊金属の岡田典重社長。

この磁石、同社が独自開発した期待の商品。「コンピューターの特殊モータ用など、今期からは業績にも寄与する」とあってうれしさもひとしおの様子。「今後、このネオマックスの用途はど

──んどん拡大する」──。世界一強力な磁石と言うだけに、世界中の需要を引き寄せてしまおうと意気軒高《けんこう》。

岡田の好物に「すし萬」の押し寿司がある。「すし萬」は一七八一年以来、本社の近くの横掘二丁目（現在の高麗橋）で小鯛雀鮨《すずめずし》（押し寿司）を販売し続けていた老舗である。嬉しいことがあると、岡田はその雀鮨を取り寄せ、昼食時に仲間に振る舞ったり、帰宅途中、岡本に住んでいる息子夫婦の元に立ち寄り届けたりした。この日も、お土産を理由にして岡本に寄り、この年生まれた初孫の寝顔を見にいった。

爆発死亡事故

八四年十二月三日、設備課長の堤と副長の南は、本館で行われた養父工場の設備仕様の会議を終え、事務所に戻りつつあった。北摂の山へ向かう陽光を手で遮《さえぎ》りながら、南が「やっと決まりましたね。」と言いかけた時であった。淀川沿いの実験棟の方で大きな爆発音がした。二人は顔を見合わせるとすぐ音の方向に向かって走り出した。

住友特殊金属では十時と十五時過ぎに十五分ほど研究者と作業者が一緒になってお菓子をつまみ

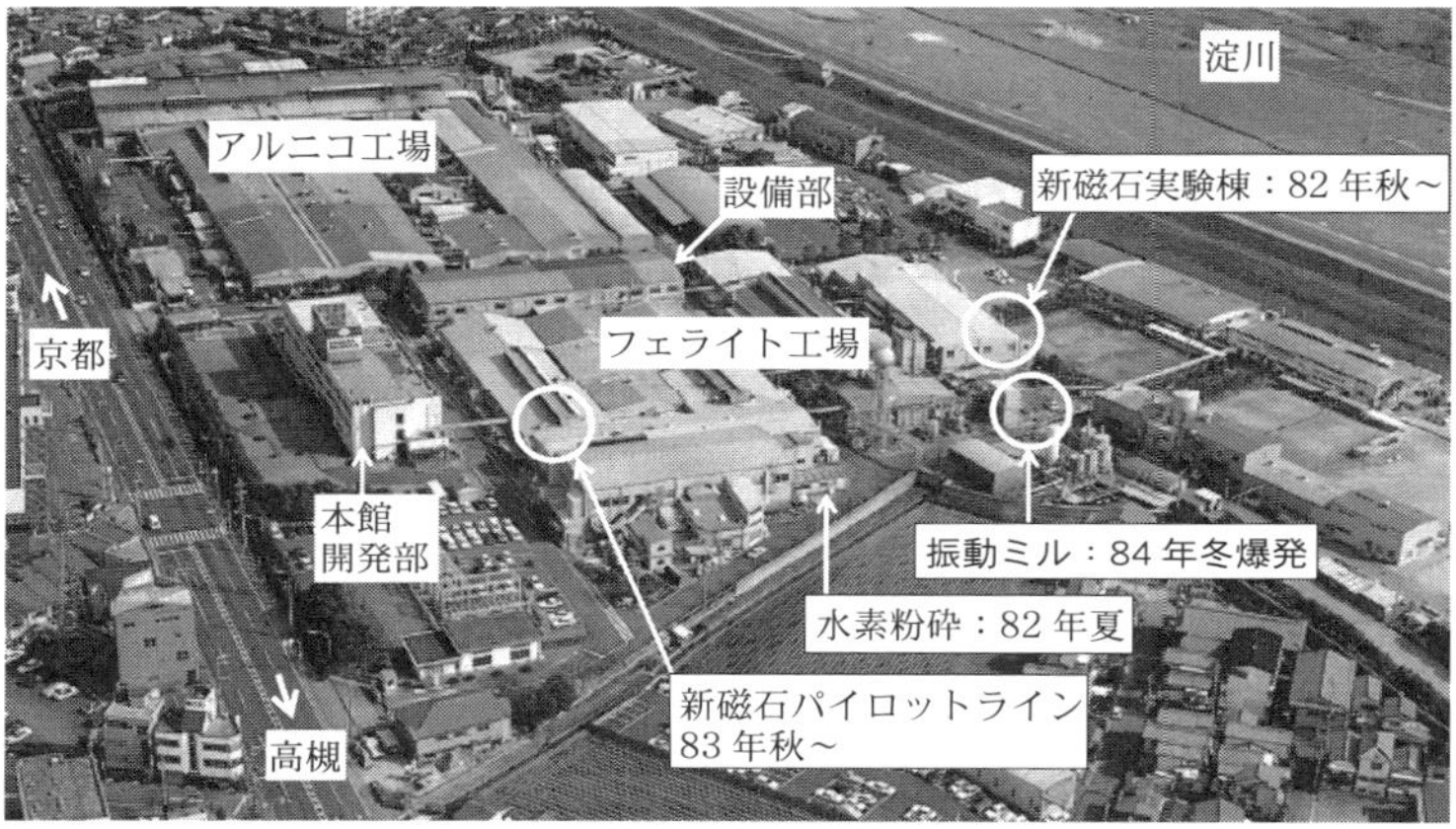

図 44　山崎製造所の全景(1)

1982 年に実験棟、83 年にパイロットラインができ、84 年には振動ミルの爆発事故が起きた。92 年ころの航空写真をもとに作成。

ながらお茶を飲み、意見交換する習慣があった。いわゆるティータイムである。

十五時三十分過ぎ、藤村、松浦と七月に米国から帰国し、入社したばかりの広沢は、二年前に建てられた新磁石実験棟（図44）の二階の作業テーブルを囲んで、雑談をしていた。

たまたま松浦が立ちあがって明るい窓を見たときであった。金網入りの窓ガラスが急に膨らみ、炎が見えた途端、何かが飛んできて壁や天井の石膏ボードに穴が開くのが見えた。何があったのか分からなかった。広沢は背中を向いて座っていたが、とっさにしゃがみこんだ。藤村はガラスが水平に割れて、夕日を浴びて光りながらすごい勢いで飛んで来るのを見た。

割れた窓から外を見ると隣の作業棟の屋根は完全に吹き飛び、鉄骨だけになっていた。藤村は「振動ミルだ。」と叫んだ。

合金の微粉砕には通常アトライターやボールミル*が

使われるが、この粉砕機は名古屋のある機械製作所から、容器そのものが強いエネルギーで振動し、効率の良い粉砕ができると提案があり、つい最近購入し、試運転の最中であった。問題がなければ、養父工場に設置する予定であった。

＊いずれも、容器に硬質ボールと被粉砕物をいれて粉砕する装置。アトライターは回転棒でかき回す。ボールミルは容器を回転させる。

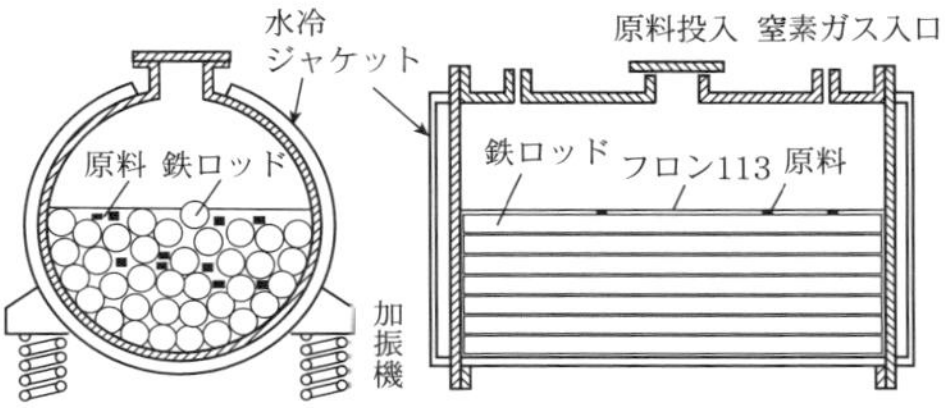

図45　振動ミルの構造[44]

フロン液の中に原料と鉄の棒を入れ、容器ごと振動させて、原料を粉砕する。

現場に行ってみると振動ミル（図45）の左右にあるボルト締めの蓋が吹っ飛び、隣の建屋の壁に食い込んでいる。騒音対策でミル全体を囲んでいた鉄のカバーは横転し、建屋の鉄骨は曲がりくねっている。天井の鉄骨の上には人がうつ伏せに乗っている。「種村君だ。彦根君もどこかにいるはずだ。」と誰かが言った。その時、彦根が架台の下から這い上がって来た。鼓膜が破れていたという。

その日、主任研究員の山川（仮名）と入社一年目の種村英明が高濃度のネオジム鉄合金（八〇％Nd－二〇％Fe：質量％）を粉砕する実験をしていた。補助者の彦根は種村に「どうも窒素が漏れているのではないでしょうか？」と言われ、流量計を調べに階下に降りていたので無事であった。

一方、種村は炉上部の原料投入孔から炉の様子を監視していたので数メートル真上に飛ばされた。山崎製作所長の岡本は直ぐに飛んで来てきて救助に手を貸した。日口は吹田に出張していたが、急いで帰り、設備部の南とともに警察の対応をした。ミルの部品は堤防を超え河川敷のゴルフ場まで百メートルほど飛んでいたという。佐川が海外出張中の出来事であった。

翌十二月四日の朝日新聞の朝刊には以下のように書かれている。

新人技術者が爆死、住友特殊金属開発実験で異常反応：三日午後三時三十五分ころ、山崎製作所（岡本雄二所長）中央部の研究開発粉砕室が爆発、鉄骨平屋の同室（二十五平方メートル）の屋根や壁面のスレートがばらばらに飛び散り、中にいた同社技術開発部員種村英明さん（25）が吹き飛ばされ、全身を強く打って即死した。また同彦根さん（27）も軽傷を負った。

高槻署で原因を調べているが、爆発したのは研究開発粉砕室内にある「振動ミル」という、鉄やセラミックスを粉砕する機械。直径四十二センチ、幅六十八センチの円筒形で、容量は九十四リットル。二台のモータで動かしている。種村さんらはこの日、金属の粉末三十キログラムにフッ素系有機溶剤十五リットルをまぜ合わせて新しい材質の金属を作る実験をしていた。同署では何らかの原因で振動ミルで異常反応が起き、爆発したとみて、関係者から詳しく聴いている。

同製作所は磁石やセラミックスなどを製造しており、従業員は約八百人。死んだ種村さんは京大工学部で金属加工学を専攻、この春同修士課程を修了し就職したばかり。

フッ素系有機溶剤は非常に安定で、酸素を遮断した環境では、ネオジムとも反応することなく安

定と思われており、実際それまでのボールミル粉砕では問題はなかった。

原因の詳細は不明だが、九三年の産業安全研究所の琴寄《ことより》の報告(44)によると、有機溶剤（フロン113）中の塩素あるいはフッ素とネオジムが反応して微量の含ハロゲン化合物を作り、それが蓄積され、自らの触媒作用で爆発的に反応が進んだらしい。

事故の時は、ネオジムが相当多い（八〇%Nd）合金を、また粉砕エネルギーが今までになく大きな振動ミルで粉砕を行ったため、異常に反応したと考えられた。改めて希土類元素、特にネオジムの反応性の大きさを思い知らされた。

長期にわたる調査の結果、ネオジム磁石の生産に必要な三〇数質量%以下のネオジム量にして、過度な撹拌をしない限り爆発は起きないと判断され、基本的製造法は変更することなく、万全の安全対策をとって試作は進められた。

爆発した実験棟のある場所には、若くして亡くなった種村のための慰霊碑が建てられた。一人息子を失った母親の悲しみを、全員が肝に銘じ、この開発を成功させると強く決意することとなった。

この事故を教訓にして、養父の新工場の建屋と設備には二重、三重の安全対策が取られた。微粉砕工程の建屋はすでに出来上がっていたが、振動ミルに代えて、従来からサマリウム磁石の生産で手慣れていたアトライターが据えつけられた。

10　養父工場での実生産

量産の課題

養父工場での設備建設は順調に進み、翌八五年十月には新磁石の商業量産が開始した。新磁石の発明から三年二ヵ月が経過していた。山崎製作所の80合金プロジェクトのメンバーは養父工場に異動し、現場技術陣とともに生産の立ち上げを行った。

養父工場では、サマリウム磁石での生産経験があったため、立ち上げは比較的順調であった。2－17系サマリウム磁石は焼結工程で複雑な結晶組織を造り込まなければならない。したがって微妙な組成変動があると磁石性能、特に保磁力がばらつく。しかし、ネオジム磁石は合金組成の管理さえしておけば、磁気特性は安定した。

「サマコバ磁石よりずっと造りやすかった。」と養父工場にいた今西は言っている。

翌八六年二月二十五日の新聞には、「ネオジム磁石の生産で月四～五トンを達成した。年内には月一〇トンの生産にする。」と書かれている。

ただこの間、養父ではサマリウム磁石も別ラインで月五～六トン（販売額二億円）まで増産しており、またネオジム磁石には腐食と崩壊の不安を抱えていたため、「サマリウム磁石こそ本命である。」との意見は養父工場では根強かった。サマリウム磁石の生産を中止するのは十年後の九五年のことである。

八六年七月、養父工場のトップ（近畿住特電子社長）の秦資斎《はたすけなり》が「これからはネオマックスを中心に伸ばす。」と宣言してから、ネオジム磁石の生産にやっと拍車がかかった感じがあった。

実際、ネオジム磁石の生産量は、八六年の月六トンが八七年には月一五トンに増え、その後第二次増産設備投資で八九年に月三五トン、九三年に月八〇トン（年九六〇トン）の生産となっていく。

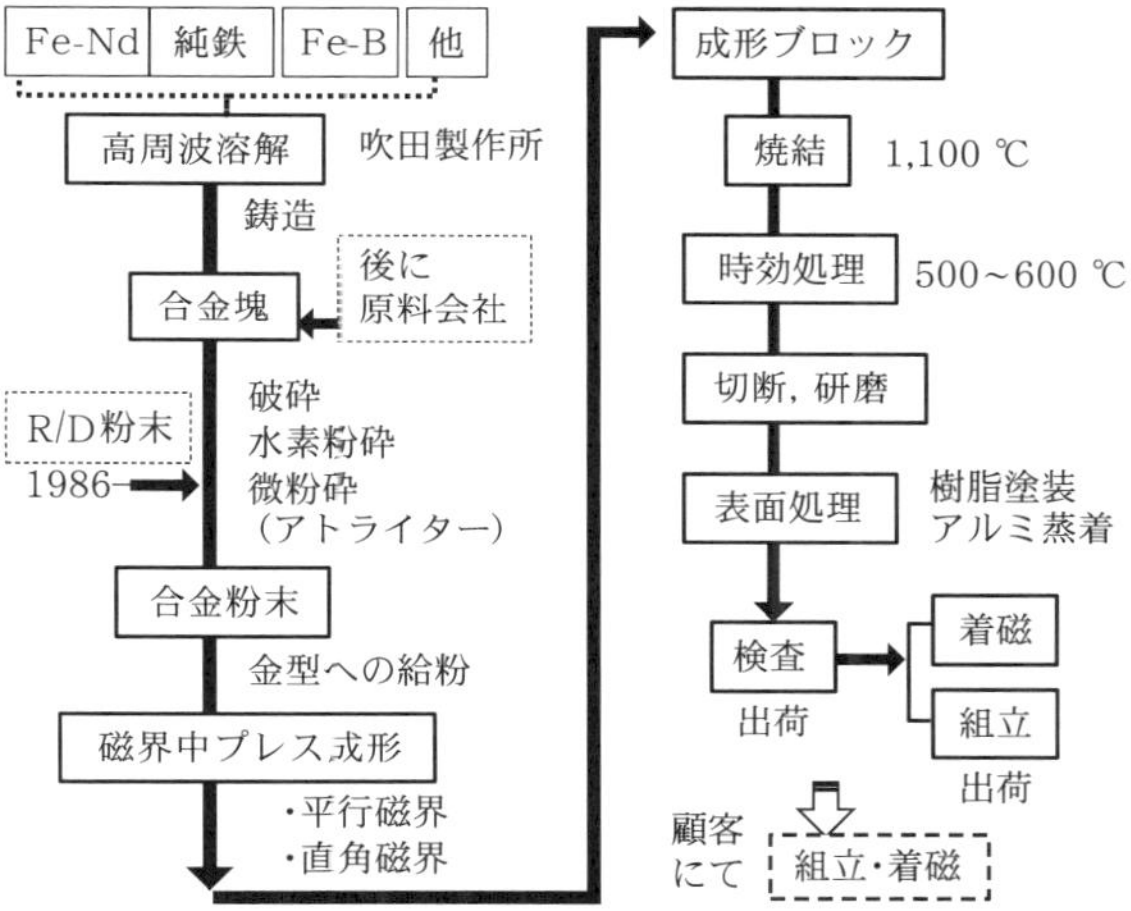

図 46　養父でのネオジム磁石製造プロセス

原料合金は当初吹日で鋳造していたが、86 年には増産のため R/D 粉末も使い始めた。

ここで当時の製造プロセスを見ながら生産上の課題を見てみよう（図46）。

原料の磁石合金は、吹田製作所で造る。真空高周波溶解炉にフェロネオジムと純鉄とフェロボロンを投入し、不活性ガス中で溶解し、角型鋳型に鋳込む。これを破砕片にしてから、養父工場に送る。

生産が順調に進むと、三徳金属工業のフェロネオジム供給能力は月四トンしかなく、ネオジム磁石は最大月一〇トン（年一二〇トン）しか生産できないことが問題になってきた。

「ネオジム原料のセカンドソースが必要だ。それももっと安価な原料を調達したい。社内で自社製合金原料の製造法として開発してきたR／D法が活用できないだろうか。ただ原料は社内生産するより、外部の専門会社に委託した方が得策だ。」と岡田は考えた。

R／D法（還元拡散法）とは、粉末の希土類酸化物をカルシウムで還元させながら鉄などを拡散させて、粉末状の合金を作る方法で、直接粉状原料ができるので、安価な上に粗粉砕工程を省略できる利点があった。

住友金属鉱山は七九年から、北海道の国富鉱山の跡地で、このR／D法によるサマリウム・コバルト合金粉末を生産し、自社内で製造するボンド磁石用原料として使用していた。そこで、八五年十二月、岡田は大学の二年後輩で、住友金属鉱山会長をしていた藤崎章に会い、このR／D法によるネオジム合金原料の供給を依頼した。

すなわち、これまで社内で進めてきたネオジム合金のR／D技術や磁石合金特許を住友金属鉱山に供与し、共同で原料供給体制を作るようにした。このR／D原料は、安価な希土類供給源として、八七年九月から本格的にMRI用磁石原料主体に使われ、急速な増産体制に大きく寄与した。

事業を拡大するにあたって、どこまで外部に生産委託するかは難しい問題である。核心の（コア）

技術は社内で持つとして、川上の原料工程、川下の加工工程などは専門会社に任せた方がスピードは上がる。ただ同時に、技術主導権の移転、課題解決の遅滞、技術の漏洩《ろうえい》などのリスクを抱える。岡田は、まずは住友金属グループ、次いで住友グループ会社に生産委託する道を選んだ。

さて、ネオジム合金の破砕片は養父工場で水素を吸収させて粗粉砕される。脱水素後、フロン溶媒を入れたアトライターで五マイクロメートル以下にまで微粉砕するわけであるが、脱水素不足による水素爆発、ガス置換不足による発熱事故などは頻繁に起きた。しかし、住宅地から離れた工場であったのが幸いし、大事に至らなかった。

微粉砕された粉は、酸化しないようにプレス金型に入れて押し固めるのであるが、この金型への給粉時には必ず余剰の粉が排出される。いわゆる落粉《おちこ》である。これも燃えやすいのでこの処置にも工夫が凝らされた。これらネオジムの酸化対策が新磁石生産の最大のノウハウであった。

この固められたブロックは敷板の上に整列して並べられ、不活性ガス中、約一一〇〇℃で焼結される。この敷板にはネオジムと反応しないモリブデンの板が選ばれた。この焼結でブロックは約四〇％収縮し、強固な金属体になる。

所定の寸法にするには、このブロックの切断や研磨が必要である。ところがこの焼結品は大変硬い。ダイヤモンド粒を使った切断や研磨法、防錆を兼ねた研磨液が開発されるなど、種々の現場的な努力が積み重ねられた。

製造現場の仕事は「世界最強の性能を狙う」と言う華やかな世界ではない。決められた性能の製品を確実に目標量生産するのである。泥臭く、細かなアイディアの積み重ねであるが、そこに次の改善のネタが埋もれているわけでもある。うまくいって当たり前。もし火災事故を起こしたり、不良を多量に出したりすれば批判される。

山崎の開発部門にいた松浦は、研究開発を若手に任せ、量産開始半年後の八六年四月に養父工場に赴任し、生産部門とともに汗を流した。

アルミ蒸着めっき

製造の最後は、表面処理である。八四年ころは、磁石の表面には分厚いエポキシ樹脂塗装や、薄い被膜が必要な小型の機器モータ用ではニッケル無電解めっきを行っていた。ただ、残存水分による腐食や崩壊問題を完全には止められずに苦労していた。開発部門の技術者は、湿式めっきは諦め、「完全乾式(ドライ)での表面処理しかない。」との判断になりつつあった。

そんな時、米国事務所から朗報が飛び込んだ。米国の営業マンが、あるプリンターメーカーの購買担当者と話した際、「飛行機製造会社のダグラス社では鉄製のボルトの錆びを防止するのにアルミニウムの蒸着めっきをしていますよ。これは全工程がドライなので、ネオジム磁石の表面処理に使ってみてはどうですか?」とアドバイスを受けた。

調べると、関東に同様な方法で航空機のボルトにアルミ蒸着めっきをしている会社が数社あった。早速その一社の日本航空電子で試験させてもらった。すると、大変良い性能であったので、八五年二月にはこの一台一億円もする蒸着装置の導入を決断した。

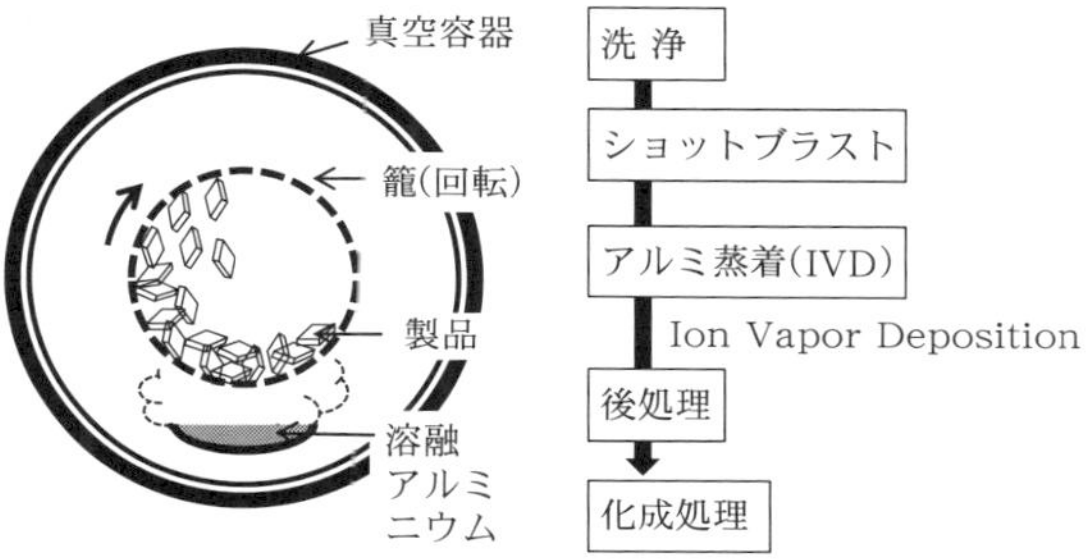

図 47　IVD 装置（原理図）と前後処理
籠を回転させながらアルミニウムの蒸着めっきをする。

その年の十二月には、マクドネル・ダグラス社（後のボーイング社）のＩＶＤ（Ion Vapor Deposition Coating）装置が養父工場に搬入された。多数の製品を籠の中に入れ、それを真空容器の中にセットし、まずアルゴンイオンでスパッター後、容器の下部でアルミニウム線を加熱、溶融させながら、一時間ほど籠《かご》を回転させれば、製品同士がぶつかり合い、叩かれて表面に強いアルミ被膜ができるのである（図47）。

アルミ被膜の形成速度は結構速かったが、この装置は元々カドミウムめっきされていたジェット戦闘機用ボルトをアルミニウム蒸着に変えるために開発されたもので、そのまま磁石という精密部品に適用するには厚みの均一性や表面品質が不十分であった。

一年間の試行錯誤とクレーム対応に奔走した末、松浦らは製品の前処理法、ＩＶＤ装置の管理法、蒸着後の表面処理法（当時はクロメート処理）などを開発し、生産性の良い表面処理技術として確立していった。

このアルミ蒸着表面処理は、ネオジム磁石の腐食、崩壊問題に対し、万全の信頼性を確保する「切り札」になった。被膜厚みが薄いため、需要の出始めた小型モータ用磁石で特に威力を発揮した。

平行して磁石素材自体の耐食性も徐々に改善された。また他の樹脂塗装も外部業者と共同して技術改善するにつれ、簡易な防食法として確立されていった。

特許実施権の許諾

八三年の新聞発表は新磁石の市場を広げるには効果的であったが、同時に同業他社をも刺激した。国内外の各社ではこの新磁石の将来性が見込まれ、当時日本電子材料工業会の会長であった岡田の元には、特許の実施権を供与して欲しいとの要望が相次いだ。

また磁石の顧客からも、「磁石は基幹部品なので、一社でしか造れないようでは困りますね。供給に不安が生じます。是非二社以上で生産をお願いします。」と強く要望された。当然であるが、顧客は競争による価格低下を期待しているのであった。

しかし社長の岡田は、「この技術は我が社の独占とし、他社に実施権を許諾しない。」と決めていた。「この新磁石は造りやすい。我が社の財務力と生産技術力では同業他社にすぐ追いつかれてしまう。まずはしっかりとした生産技術と顧客を獲得して、市場シェアを獲得するべきだ。実施権許諾はその後だ。」と考えていた。

ところがである。八五年七月八日の某産業新聞に、「T社、ネオジウムを使い磁石開発―磁力向上し低コスト、モータなどへ売り込む。」との記事が掲載された。これに岡田は驚いた。「すべて特許で押さえているはずだが、我が社の上を行くネオジム磁石が他社で開発されたのだろうか。特許網が破られたか。」と岡田は落胆した。

しかし、本当に驚いたのは、実はT社側であった。早速お詫びの連絡があった。新聞記事は「誤報」であった。ただ、これをきっかけに岡田の「独占方針」は崩れ、「実施権許諾」に変わっていった。十月にGM社から特許侵害の警告状が渡されたが、それも追い打ちをかけたかもしれない。八五年暮れには、同業の磁石メーカーではTDK、希土類原料会社では三徳金属工業に、初めて特許実施権を許諾した。

また翌八六年早々には日立金属および信越化学工業に、海外ではドイツのバキューム・シュメルツ社などに実施権を許諾した。その後、九四年までに磁石メーカーとして国内三社、国外八社、原料会社としては、住友金属鉱山、住友軽金属工業、昭和電工など国内六社、ローヌ・プーラン（後のローディア）など海外四社の合計二十一社と個別に実施権供与の契約を結んだ。

その後、各社の経営統合や中国会社の増加などで、二〇〇二年十二月時点では実施権許諾会社（ライセンシー）は国内四社、国外十二社（内中国五社）となった(45)。

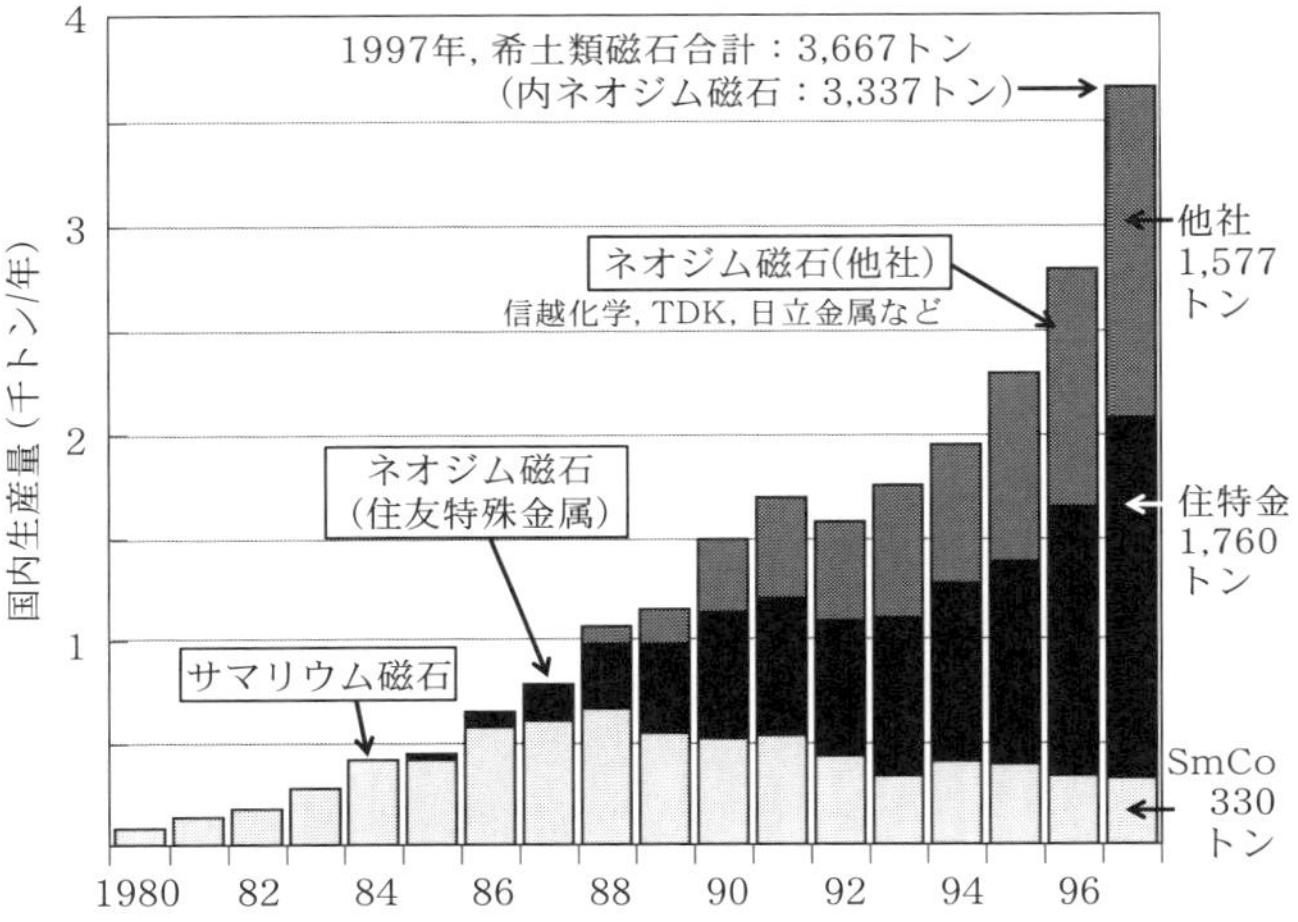

図 48　希土類磁石の生産量（日本）(46)

88 年には実施許諾した他社の生産が始まった。89 年にはサマリウム磁石を生産量で抜いた。

契約内容は、磁石会社の場合、合金組成と磁石製造法で、金額は頭金としての一定金額とランニング・ロイヤルティー（売上金額に対する％）との構成であった。原料会社の場合、供与は磁石合金組成のみで、頭金とランニング・ロイヤルティーは低かった。また生産量などに応じて契約金額は増減した。

これらの実施権許諾で住友特殊金属は八〇年代末には年間数十億円の収入があったと推測されるが、その一方、後述する係争の弁護士費用で多大な出費をすることになった。

八七年頃からライセンシー各社（許諾会社）でのネオジム磁石の生産も始まり、八九年には国内生産量でサマリウム磁石を抜き（図48）、九六年には国内総生産金額でフェライト磁石を完全に抜いた。ライセンシー各社の増産指向は激しかった。

それだけ市場がネオジム磁石を求めていた。住友特殊金属は国内シェア五〇％以上を死守するため、ライセンシー各社以上の設備投資を続けることになった。

営業マンが販売先で他社と価格競争するたびに、「特許実施権許諾は早すぎたのではないか。あと二～三年遅らせても良かったのではないか。」と社内では呟《つぶや》かれ続けた。その一方、「実施権を許諾したからこそ、新磁石の市場が早期に拡がったのではないか。」との見方も強くあった。この議論は今でも決着を見ていない。

11　新磁石応用製品の開拓

用途開発の戦略

話は佐川が住友特殊金属に入社したころに遡《さかのぼ》る。一九八二年六月、社長の岡田典重《のりしげ》は米国住友特殊金属の株主総会に出席するため、ロサンゼルスに降り立った。この会社は、米国の自動車、コンピューター市場への販売と顧客サービス強化を目的に、前年十二月にそれまでのロサンゼルス事務所を格上げして設立した米国法人であった。

会長は岡田典重、社長は前事務所長の宮本毅信《たけのぶ》。住友特殊金属が全額出資する現地法人なので、株主総会と言っても内輪の四名の承認手続きだけで、すぐ終わる。終了すると、岡田はいきなり宮本に聞いた。

「この間、佐川と言う元富士通の研究者を採用したんだよ。彼が言うに、希土類・鉄系で一五メガの磁力が出る永久磁石を見つけた。コバルトが要らないので、グラム一〇から二〇円でできると言うんだ。宮本君、そんな一五メガの磁石市場はあるだろうか？」

当時の永久磁石の性能と価格を表6に示すが、佐川が八二年四月に持ってきた鉄系磁石の磁力（一五メガ）と想定価格（一〇～二〇円）は、アルニコ磁石とサマリウム・コバルト磁石の中間に位

表6　1980年代の磁石特性[47]と価格イメージ

ネオジム磁石は86年ころの数値。佐川が持参したネオジム磁石の最大磁気エネルギー積は15メガでサマリウム磁石より低かった。

	残留磁束密度 B_r (kG)	保磁力 H_{cj} (kOe)	最大磁気エネギー積 $(BH)_{max}$ (MGOe)	価格 (円/g)	特徴
アルニコ磁石	11.5	1.6	11	6	高磁力 温度に対して安定
フェライト磁石	4.4	2.9	4	0.8	低磁力 安価、錆びない
サマリウム磁石	11.2	6.7	30	40	高磁力 高価、耐熱・耐食性
ネオジム磁石	12.5	12.9	36	30	最高磁力 高強度、錆びやすい

置していた。

宮本がその時どう答えたかわからない。しかし、彼が八二年八月、米国法人の社長を後任の高間に譲って、帰国すると、この磁石は最大磁気エネルギー積三四メガの世界最強の永久磁石になっていた（第六章）。宮本は、帰国するなりこの新しい磁石を応用した製品を開発するように命じられ、翌八三年四月には新磁石の市場開拓を狙ったVプロジェクトを発足させた。

宮本らは早速、「サマリウム磁石はグラム四〇円、ネオジム磁石はグラム二〇円」と売値を仮設定して、戦略を練り始めた。

「ネオジム磁石はサマリウム磁石より磁力が強いので小さくてすむ。また資源問題から見て安定で、原料は安い。ただ、耐熱性に限界があるのが弱点である。戸外で使う用途は当面無理だ。室内で、しかも常温付近で使う用途は何か。これから伸びが期待できるコンピューター関連と医療だ。まずはハードディスクの磁気ヘッド駆動装置（ＶＣＭ）をターゲットにしよう。」

HDDとボイスコイルモータ

ハードディスクドライブ（ＨＤＤ）は大容量の記録装置で、二〇〇〇年以降はテレビの録画にも広く普及しているが、元々はコンピューターの記録装置として発達してきた機器である。

その基本構造を図49で説明しよう。データはアルミニウムあるいはガラス製ディスク上の磁性膜に磁気の形で記録されている。回転しているディスク上を、磁気ヘッドが動いて磁気で0か1を記録し、またその読み取りをする。

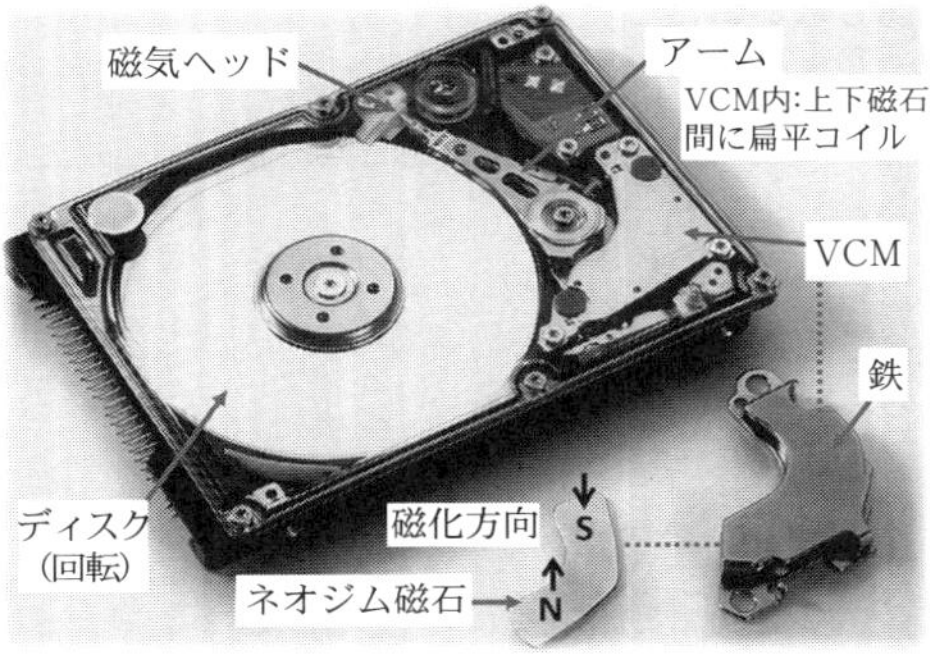

図49　2000年ころのHDDとVCM
磁気ヘッドが左右に動き、ディスク上のデータの読み／書きをする。VCMは磁気ヘッドの駆動部のこと。

その磁気ヘッドを搭載したアームは、初期は前後にリニア（直線）駆動していたが、後には軸（ピボット）を支点に左右にスイングするようになる。このアーム駆動部をボイスコイルモータ（ＶＣＭ：Voice Coil Motor）と呼んでいる。

音響スピーカでは、永久磁石と継鉄（ヨーク）が作る磁界中に磁界と直角方向に電気を流すことで、「フレミングの左手の法則」に応じた力を発生させて、スピーカーコーン（ダイヤフラム）を震わせ、音を出しているが、初期のリニア駆動はこのボイスコイルとまったく同じ動きであった（図50）。

最初のＨＤＤは一九五六年にＩＢＭ社から発表されたＩＢＭ−３５０ ＲＡＭＡＣである。これは、直径二四インチ（六一センチメートル）のディスクを五〇枚搭載し、人の身長ほどの高さであったが、記録容量は五ＭＢ（メガバイト）しかなかった。

住友特殊金属は、六五年ころから「ディスクアクチュエーター用磁気回路」という名称でこのＨＤＤの磁気ヘッドの駆動部品（ＶＣＭ）をアルニコ磁石やフェライト磁石を使って、山崎製作所で組み立て生産していた(2)。

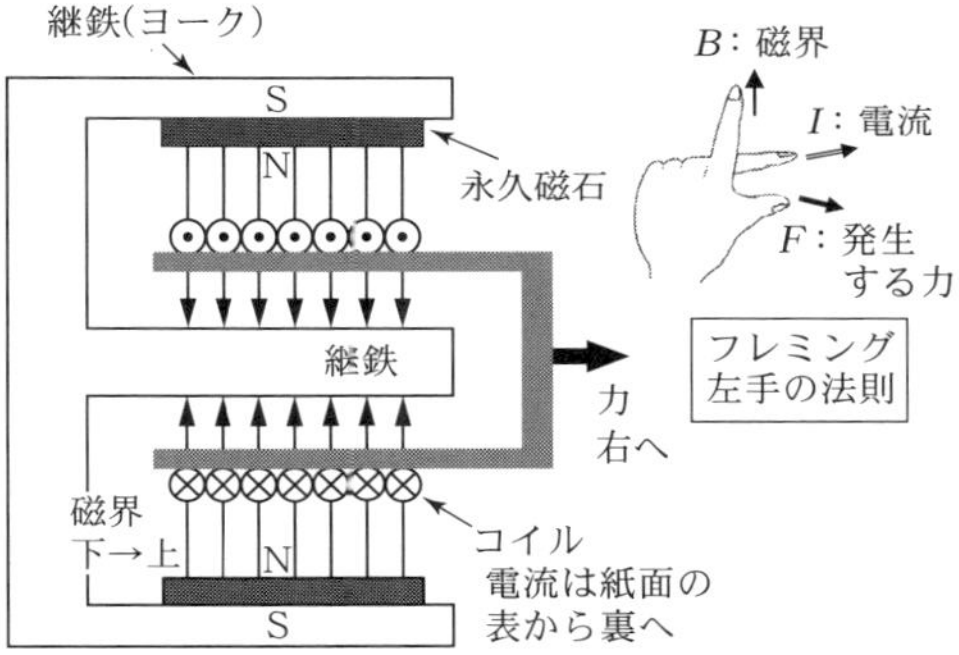

図 50　初期の VCM の構造（リニア駆動）[(2)]
上下方向の磁界中を電気が表裏方向に流れると、磁気ヘッドは左右に直線運動する。

当時のＨＤＤは大型計算機用（メインフレーム用）で、記録部分のディスクは交換できるようになっていた。しかし、七〇年代後半にはウインチェスター型と言って、ＨＤＤは密閉筐体《きょうたい》に閉じ込められ、ディスクの交換ができない精密機器に変わっていった。計算機自体も、新たにミニコン市場が現れ、そのミニコンに特化してディスク寸法を八インチ（二〇センチメートル）まで小さくしたＨＤＤが出現した。

この時、磁気ヘッドの駆動は、ステッピングモータが主流となり、一方ＶＣＭでは小型化が指向され、サマリウム磁石

表７　HDDのディスク径、駆動装置、磁石の変遷
小型化するにしたがい、VCMにネオジム磁石が使われるようになっていった。
(SM：ステッピングモータ、VCM：ボイスコイルモータ)

開始年	用　途	ディスク径	駆動装置	使用磁石
1965 ～	メインフレーム	14　inch	VCM	アルニコ, フェライト磁石
1978 ～	ミニコン	8　inch	SM →(VCM)	(フェライト、 サマリウム磁石)
1980 ～	デスクトップ	5.25 inch	SM → VCM	同上→ ネオジム磁石
1985 ～	ラップトップ	3.5　inch	VCM	ネオジム磁石
1990 ～	ノート	2.5　inch	VCM	ネオジム磁石

が使用され始めた（表7）。ただ、この七〇年代末ころ、住友特殊金属はサマリウム磁石の生産で後れを取っていたため、このＶＣＭ市場での出番は少なくなっていた。

ＨＤＤが個人ユーザーに使われ始めるのは、一九八〇年にシーゲート・テクノロジー社が型番ＳＴ－５０６のＨＤＤを発表して以降のことである。

シーゲートはＩＢＭを退職したシュガートが一九七九年に設立した会社で、このＨＤＤは、従来のミニコン市場ではなく、デスクトップ・パーソナルコンピュータ（机の上に置けるパソコン）市場を狙ったディスク径が五・二五インチ（一三・三センチメートル）の小型ＨＤＤであった。

ディスク径が小さくなったので、記録容量は八インチＨＤＤの五分の一以下の五ＭＢしかなかった。また磁気ヘッドの駆動には安価なステッピングモータが使用されていたので、アクセスタイムはＶＣＭより劣っていた。しかし、ＨＤＤの体積は四分の一と減り、価格は三分の二であった。これが爆発的に売れ、ＨＤＤに新しい流れを作った。

八〇～九〇年代のＨＤＤ（ハードディスクドライブ）の進化の過程は、クリステンセンの「イノベーションのジレンマ」[48]に詳しい。彼に言わせると、この五・二五インチのＨＤＤは、新規参入会社により起こされた「破壊的イノベーション」の例である。これに対し、従来から行われていたのは、顧客の要望に沿って記録容量やアクセスタイムを向上させようとする「持続的イノベーション」なのである（図51）。

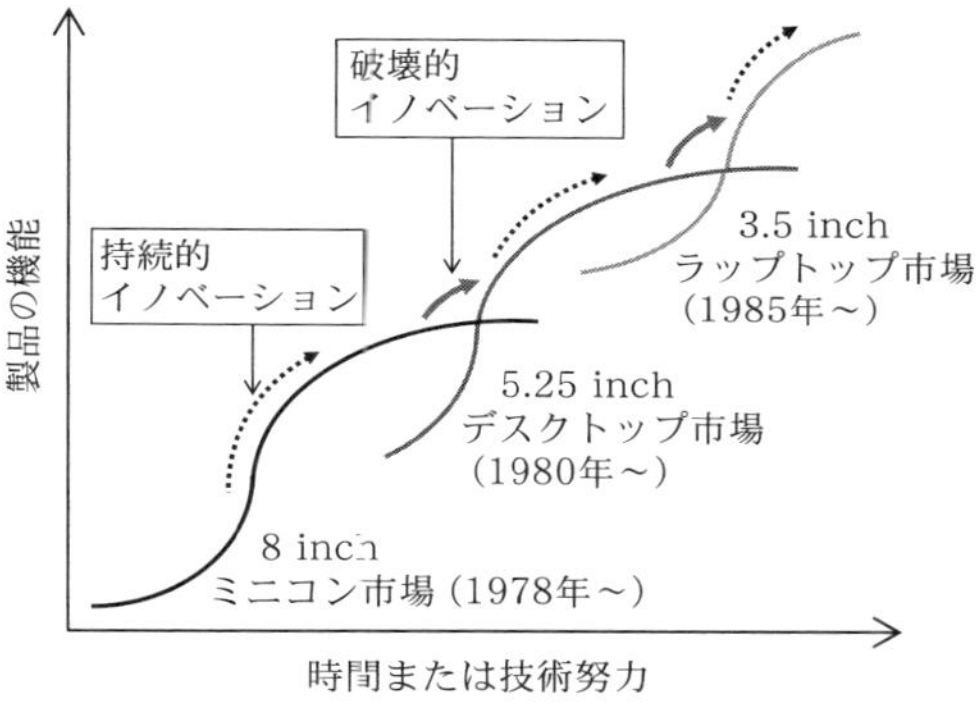

図 51　HDD 業界におけるイノベーション
磁気記録密度の向上により、HDD のディスク寸法が小さくなり、計算機の市場が急速に変化した。

すなわち、真の（破壊的）イノベーションとは、使う側の要請の延長にあるのではなく、造る側の「価値基準を変えようとする意志」なのである[48]。ところが、優良な企業ほど、自社の商品のレベルアップに目を奪われ、小さな新しい市場への参入が遅れてしまう。これを打破するには、社内組織ではなく、「新しい価値基準を持った別会社で遂行する必要がある」と彼は言うのである。

実際、本書で紹介した希土類・コバルト系から希土類・鉄系永久磁石への「破壊的イノベーション」は、磁石メーカーではない富士通研究所で種ができ、サマリウム磁石で遅れを取っていた住友特殊金属で育ち、事業化されたのであった。

ボイスコイルモータの組立品事業

「これからはこの五・二五インチHDDが伸びるであろう。磁気ヘッドの駆動は、ステッピングモータよりVCM（ボイスコイルモータ）の方が優れている。このパソコン用五・二五インチHDDにネオジム磁石を使ったVCMの磁気回路を提案しようではないか。ネオジム磁石の強い磁界でヘッドの応答性は上がるし、サマリウム磁石より安い。」と宮本らはこの五・二五インチHDD用VCM組立品（アッセンブリー品）販売の作戦を練り始めた。

まずは磁気回路の設計である。最小の体積で、最大でかつ均一な磁界強度を作るための継鉄や磁石の形状と配置が検討された。ネオジム磁石の表面処理にはニッケルめっきを採用しようとするが、腐食問題があり、怖くて使えない。少しでも汚れ（コンタミネーション）があるとHDDがクラッシュを起こす。やむなくフェライト磁石で五・二五インチ用VCMの組立品を提案し、NEC向けなどに、八四年から量産し始めた。

しかし、HDDメーカーから見ると強力なネオジム磁石を使ったVCMはそれだけ小さくなるので魅力があった。八五～八六年にはNEC、シーゲート、マイクロポリスやマックスター向けに、ネオジム磁石を使った五・二五インチHDD用VCM組立品の生産が始まった。

VCMの構造も図50のリニア駆動からスイング駆動になっていった（図52）。その後IBM、日立製作所、東芝（八四年社名変更）向けなども加わり、九〇年にはVCM組立事業は年間販売額六五億円まで達し、大成功となった（図53）。

この他に顧客自身がＶＣＭを組み立てるためのネオジム磁石単体販売もほぼ同額あったので、ＶＣＭ用途だけで年一〇〇億円以上の売上高になった。なお当時の表面処理はエポキシ樹脂塗装が主で、ＩＢＭ向けなどは認定された外注業者での電着塗装が行われた。

しかし、九一年にこの五・二五インチＨＤＤ市場は急減することになった。八五年頃から出始めたラップトップ（膝の上に乗るサイズで折り畳み式）パソコンが普及し、磁気記録密度の上昇により、ＨＤＤの寸法は三・五インチ（八・九センチメートル）にサイズダウンしたのであった（前出の表7）。

後述するように、八〇年代前半に八から五・二五インチへの転換に乗り遅れ、苦汁をなめたカンタム社などが、今度は携帯性を売りにした三・五インチで、次の「破壊的イノベーション」を起こし、五・二五インチＨＤＤで実績のあったシーゲートを苦しめることになった。

このような激しい変化は同時に、ネオジム磁石に、より高い磁力とより信頼度の高い表面処理を要求した。また実施権を許諾したライセンシー各社の製品も出始め、ＶＣＭ市場は激しい品質、

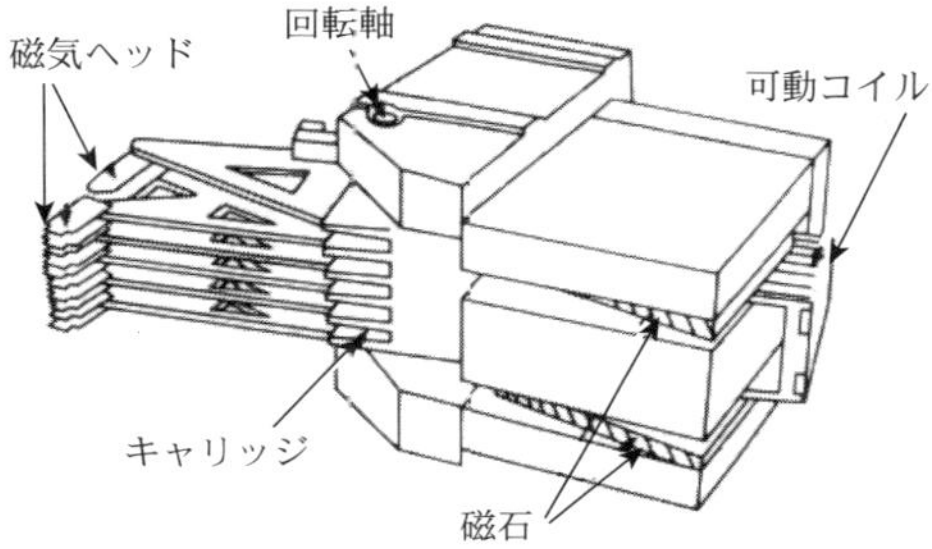

図 52　初期のスイング駆動の VCM [(2)]
コイルに電気を流すと、磁気ヘッドが左右に動く。

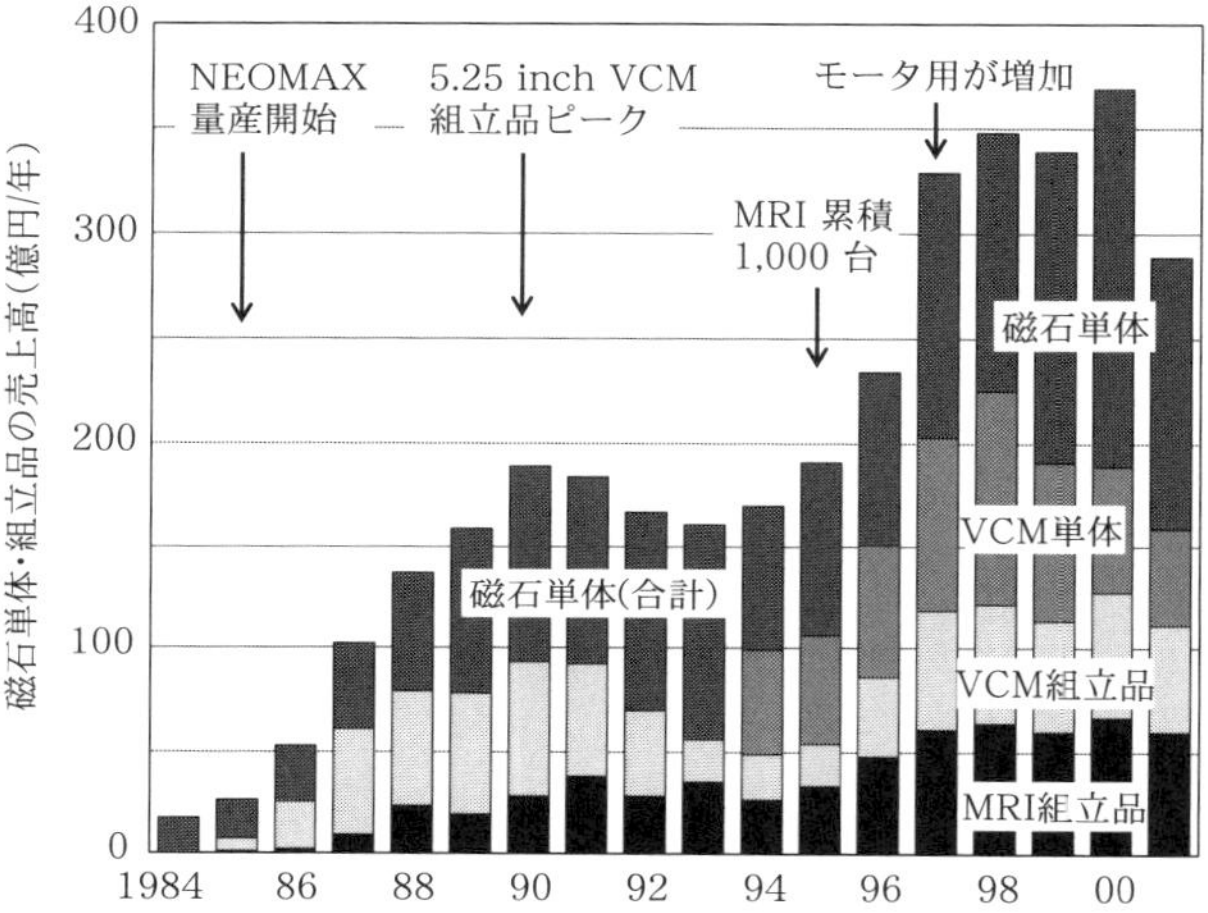

図 53　住友特殊金属の希土類磁石売上高の推移
磁気回路の組立事業は、90 年ころ磁石売上高の半分を占めたが 93 年にいったん減少し、再び MRI などで増加した。

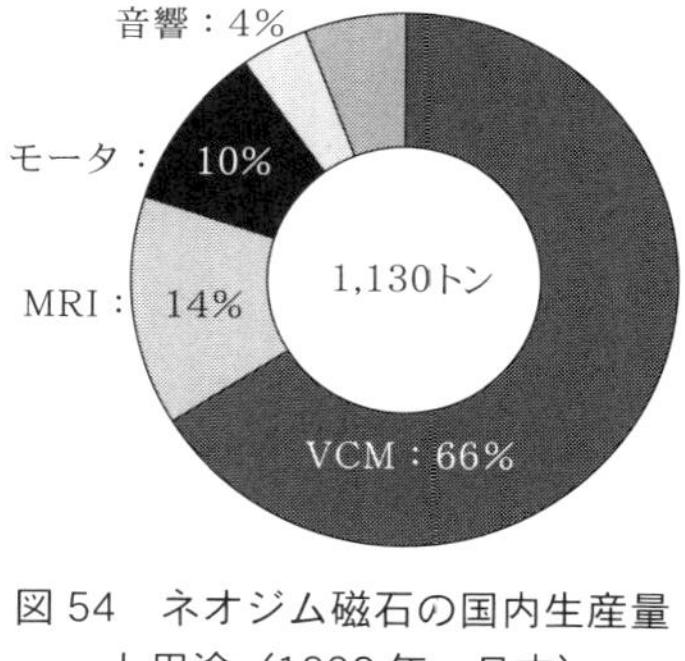

図 54　ネオジム磁石の国内生産量と用途（1992 年、日本）
用途の 2/3 は HDD の VCM 用であった。

コスト競争になっていった。

九二年には Windows3.1 が発売され、パソコンが爆発的に普及したが、この時ＶＣＭ用磁石の九八％はネオジム磁石となり、ネオジム磁石の需要の三分の二をＨＤＤ用ＶＣＭが占めるようになった（図54）。新磁石は最大の市場を得たのである。

ＭＲＩ装置：三洋電機

ネオジム磁石のもう一つの新しい用途は、ＭＲＩ（Magnetic Resonance Imaging：磁気共鳴画像診断）装置であった。これは体内の水分子中水素原子の磁界内での動きが、病変部と正常部で微妙に違うこと*を利用して、癌の診断や脳の検査などに使われる画像診断装置で、一九七三年米国のローターバーがそのＮＭＲ（核磁気共鳴）信号の画像化（マッピング）に成功したことから始まっている。このローターバーと七七年に高速の撮影法を発展させた英国のマンスフィールドには、二〇〇三年ノーベル医学生理学賞が与えられている。

＊高い磁界をかけることにより、細胞内の水素原子の自転の向きが揃う。そこに横からパルス磁界をかけると自転の向きは一瞬傾き、元に戻ろうとする時にＮＭＲ信号（微弱な電磁波）を出す。この戻るまでの時間（緩和時間）を測定すると、病変部では正常部より長い。

七八年、英米でＭＲＩによる人体の画像撮影に成功したとの報が世界を駆け巡った。八一年にはＭＲＩの国際学会が発足し、八三年には、電磁石で磁界をつくる常電導式ＭＲＩが日立製作所と東京芝浦電気から発売された。磁界の強さ（磁束密度）は〇・一五テスラ（Tesla）であった。問題は、磁界を発生するための電磁石は膨大な電力を消費する上に、その電気抵抗による発熱を冷却するためにコストがかかることであった。磁界を永久磁石で出せれば、これらの問題を解決することができる。

この永久磁石式MRIは、「もう一人のMRI発明者」であるダマディアンが代表を務めるフォナー社から八〇年に発売された。その改良品が八二年に中津川市民病院に納入されたが、重量は一〇〇トンで磁界は〇・〇四七テスラ（電磁石式の三分の一）であった。その後、ダイアソニック社（八九年東芝が買収）からも〇・〇六四テスラの永久磁石式MRIが発売され、東大での臨床評価が行われたが、いずれもフェライト磁石を使用していたため、磁界強度は低く、重いため、あまり普及しなかった(49、50)。

一九八三年の夏、宮本は三洋電機（現パナソニック）中央研究所の山野大《まさる》所長（後に副会長）から電話を受けた。

「お宅の新聞発表を見て思ったのですが、あのネオマックス磁石を組み立ててMRIはできないでしょうか？　磁力は強いし、冷却装置が要らないので、かなりコンパクトなMRIができるのではないかと思うのですが。」

三洋電機では、山野が当時研究員であった桑野幸徳《ゆきのり》（後に社長）に、「これからはエネルギーの時代やで。アモルファス薄膜材料を電子部品としてではなく、エネルギー材料として見直せ。」と、アモルファス太陽電池の開発に邁進させ、その結果、八〇年に世界初の「太陽電池電卓」を実用化させていた(51)。

山野は、宮本にとって京都大学理学部物理学教室の八年先輩で、また宮本の上司の岡本雄二（後に社長）とは理学部同期の仲であった。三洋電機は冷蔵庫のドアのゴムに永久磁石を埋め込んだ吸着扉式冷蔵庫を業界で初めて発売したが、その吸着磁石に適切なフェライト磁石を提案し、供給したのが岡本であった。

宮本は「なるほど、その通りですね。ネオマックスなら小さなＭＲＩができますね。やりましょう。」とすぐ回答した。

宮本は社長の岡田から新磁石の販売先拡大を強く要請されていた。岡田の指示は明確であった。「赤字でもいい。少しでも多くのお客さんに新磁石を使ってもらえるように、用途を探せ。」ＨＤＤのＶＣＭ用は腐食問題からなかなか採用が決まらない。時間がかりそうだ。ＭＲＩは病院で使われるので、常温使用でかつ腐食問題もない。量も見込める。地獄で仏に会った感じがした。

早速、山野所長の部下で同じ京大物理学教室の一年先輩である矢崎部長と宮本の部下の櫻井が担当となり、「ＭＲＩ三洋電機–住特金（ＳＳ）研究会」が発足した。毎月、淀川を挟んで山崎と枚方《ひらかた》で交互に会合を持ち、均一な磁界を得るための最適な磁気回路を議論した。そして八五年三月には五分の一寸法のＭＲＩ模型を作り、蓮根の鮮明なＭＲＩ画像の撮影に成功した。

八月には三洋電機と共同で、この画像を新聞発表し、さらに九月には磁界強度が〇・一五テスラで円筒形状のＭＲＩ–一号機の磁気回路を関西医大に約五、〇〇〇万円で納入した。常電導式並の磁界強度を電力不要な永久磁石式で達成したのであった。

据え付けが完了した十月十五日は、折しも阪神タイガースが二十一年振りのリーグ優勝を決めた日で、飲み屋で両社の担当者が二つの祝いを喜びあったと言う。八五年十一月二十八日付け日経産業新聞の記事には以下が掲載されている。

住友特殊金属は二十七日、永久強力磁石の「ネオマックス」を組み込んだ映像診断装置用磁気回路を開発、受注活動を始めた、と発表した。(中略)映像診断装置では、従来はエックス線を使用するのが主流だったのに対し、磁気回路を使うと、(一)邪魔になる骨の陰影が映らない、(二)すい臓などエックス線でとらえられない臓器も映し出せる—などの利点がある。

映像診断装置用磁気回路はすでに数種類開発されているが、従来の回路(注:常電導式、超電導式)に比べ、住特金の回路は永久磁石であるため保守が不要で、磁力が漏れず他の機器に影響を与えないのが特徴。同社では受注開始に先立ってこのほど山崎製作所内に約六億円を投じて製造ラインを完成している。(一部修正・加筆)

関西医大向けのMRI装置全体は翌八六年七月に完成し、十一月には北海道の中村記念脳外科病院にも納入された。

しかし、三洋電機の社長の反応は良くなかった。三洋電機が医療分野に参入することに反対であった。家電メーカーが医療機器分野に進出するにはハードルが高すぎたようである。残念ながら、その後これ以上の三洋電機とのMRI共同開発は進まなくなった。

ＭＲＩ装置：日立メディコ

一方、日立製作所では八五年に前記の常電導式のＭＲＩ（磁界強度〇・一五テスラ）を東京女子医大に納入したが、この常電導式ＭＲＩに限界を感じ、超電導式ＭＲＩ（〇・五と一・五テスラ）の開発に舵を切っていた。超電導式は電気抵抗がゼロなので抵抗発熱はないが、液体ヘリウムでの冷却を必要とするため、設備が大きくなり、多大な維持費がかかる難点があった。

日立グループの日立メディコ社は、元々レントゲン装置の製造会社で、七五年に国産初の医療用Ｘ線ＣＴ装置を開発し、業績を伸ばしていた。会社としては、もう一つの柱として永久磁石を使ったＭＲＩを事業化したいと考え、これを進めたのが社長の木村であった(52)。

日立メディコは、その社長方針で日立製作所および日立金属と永久磁石式ＭＲＩの共同開発を進めたが、うまくいかなかった。永久磁石にネオジム磁石を使用するとコストが合わなかった。開発が暗礁に乗り上げかけた八五年の八月、三洋電機と住友特殊金属による「蓮根のＭＲＩ画像」の新聞発表があった。これを見て木村は、以前に電子顕微鏡の開発で交流があった住友特殊金属の青柳哲夫専務（後に社長）に共同研究を持ちかけた。

八五年後半から両社間で「ＭＲＩ－ＨＳ研究会」が始まった。住友特殊金属は、その年の暮れには四本の柱構造の磁気回路を完成し、プロトタイプを日立メディコに納入した。磁界強度は〇・二テスラまで向上し、八六年三月には鮮明なＭＲＩ画像の撮影に成功した。

日立メディコは、これをシステムとして仕上げ、八七年二月には臨床評価機として日立病院に収めた。良好な評価を得たので、年末には「コストパーフォーマンスに優れた永久磁石式ＭＲＩ」としてＭＲＰ−20を発売し、関東脳外科病院に納入した。これは八八年の十大新製品として日刊工業新聞から表彰された。

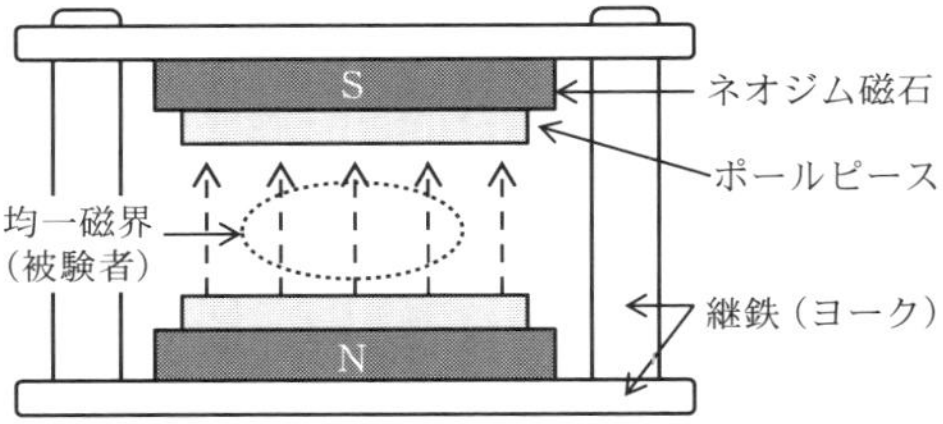

図 55　永久磁石式 MRI の基本構造
被験者が入る空間の磁界強度を均一にするのには高度な磁気回路設計と調整技術が必要であった。

この永久磁石式ＭＲＩでは、被検体が入るスペースの上側と下側に多数のネオジム磁石が組みつけられ、均一な磁界空間がつくられる（図55）。鉄製の柱は磁路（磁束の帰り路）の役割となる。フェライト磁石のＭＲＩでは磁石二一トン、磁気回路総重量七〇トンが必要であったが、ネオジム磁石を使うことで磁石は十分の一の二・六トン、総重量は三分の一の二四トンになった。これはネオジム磁石の磁力がフェライト磁石の九倍高いから実現できたのであった。

これらの開発の過程で、ＭＲＩ装置会社から住友特殊金属にネオジム磁石のみの納入を要請された。しかし、それを宮本は断っている。

「私どもは磁束密度がこれこれ、最大磁気エネルギー積がこれこれという性能の磁石を売るのではありません。均一で、変動がｐｐｍレベルでしかない磁界空間を売るつもりです。磁石単体での販売はできません。」

住友特殊金属は、すでにＶＣＭの組立事業や磁気ヘッドの組立事業を始めていたが、新たにＭＲＩの大型品組立専用工場を八五年に六億円かけて山崎製作所内に立ち上げた。

五〇ミリメートル立方のネオジム磁石ブロックを養父工場で製造し、簡易防錆の後、ドラム缶に入れて山崎製作所に送られた。これを四つ合わせて一〇〇ミリメートル立方とし、それをさらに二～三段重ねて大きなブロックにする。これに大型のコンデンサーを使って大電流を流して着磁し、特別の装置で磁気回路に組み立てるのである。

実際このように着磁された大きなネオジム磁石の扱いは一般の顧客では無理であった。日立メディコでは当初磁気回路の組み立てを自社で試みたが、「ジャッキが少し動いたかな」と思った瞬間、磁石同士が急激に吸着し、引き離そうにも引き離せなかったらしい(52)。

また、被検者が入る高さ五〇〇ミリメートル、幅一五七〇ミリメートルの空間の内、二〇〇ミリメートル径（後に四〇〇ミリメートル径）の磁界空間には六〇ｐｐｍ（〇・〇〇六％）以下の磁界変動に制御する必要があった。これには長年の経験に裏打ちされた高度の磁界調整技術と調整用磁性材料が必要であったため(53)、実質的に住友特殊金属の独占事業となった。

素材事業は一種の設備事業であるので、地域に根を生やし、技術変化も緩やかである。しかし、組立事業はいったん設計が決まると、設備も作業も比較的単純で、ＶＣＭ組立で見てきたように変化が激しい。磁気回路の開発部門は山崎に置きながら、ＭＲＩ組立工場はその後、一部埼玉県（川口市）、次いで佐賀県（大町町）に移ることになった。またＶＣＭの組立工場はフィリピンやタイに移っていった。

ＭＲＩの主流である超電導式は高い磁界強度は得られるが、超伝導線のコイルのトンネルの中に人が入るので、圧迫感があり、磁界は人体の身長方向である（図56）。一方永久磁石式は開放感があり、また磁界は人体の前後方向なので、一・四倍の感度が得られる利点があった。またコンパクトでランニングコストが安価なため、日本と米国を中心に急速に普及していった。

八八年には累計販売百台、九五年に千台、九八年に二千台となり、九五年には日本のＭＲＩ設置台数の二〇％を占めるに至った（図57）。

ＭＲＩの構造は、当初四本柱であったが、九四年には二本柱に（図58）、二〇〇二年にはより開放感のある一本柱になり、磁界強度〇・四テスラ、総重量一三トンにまで進化していった。

顧客は、日立メディコ以外に、ＧＥ、シーメンスなどにまで広がった。二〇〇七年の統計では、国内ＭＲＩ設置台数五、八〇〇台、内ネオジム磁石式一、八〇〇台、世界では永久磁石式が七、八〇〇台*あると推測されている。

＊日立メディコは二〇一〇年九月に、永久磁石式ＭＲＩの累計出荷が（自社製だけで）五、〇〇〇台を越えたと発表している。なお日立メディコ社は、二〇一六年四月日立製作所の一部門になり、製造部門は日立ヘルスケ

ア・マニュファクチャリングとして分離された。

ＭＲＩ装置組立事業は医療用途と言うことで、他社の参入を抑え、過当競争に巻き込まれない優良な事業であった。競合は超電導式ＭＲＩであるが、大病院向けと中小病院向けという棲《す》み分けがなされてきた。ただ近年、より高度な医療を求める時代の中で、永久磁石式ＭＲＩの市場は徐々に飽和してきており、全身ＭＲＩから部位ＭＲＩなど新しい展開が模索されている。

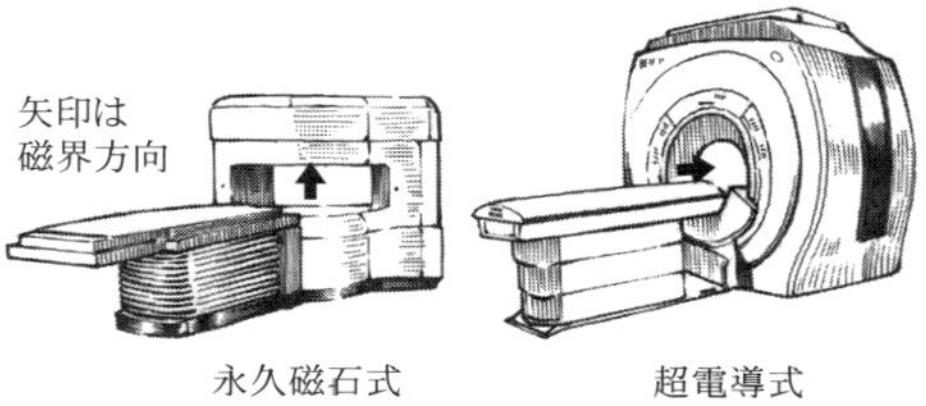

図 56　最近の MRI 装置 2 方式と磁界方向

永久磁石式は磁界強度が低いが、開放的で使いやすい。

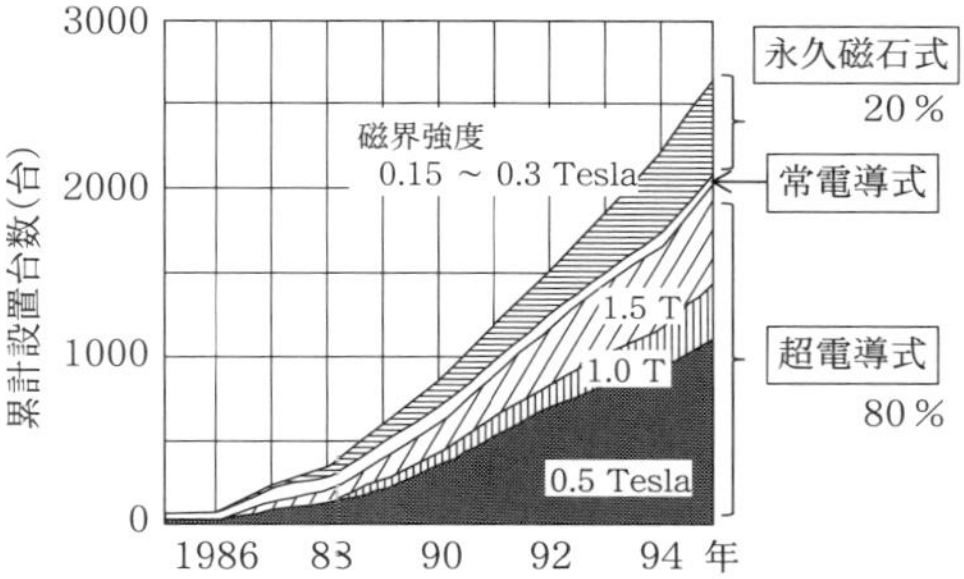

図 57　MRI の設置台数の推移（日本）(54)

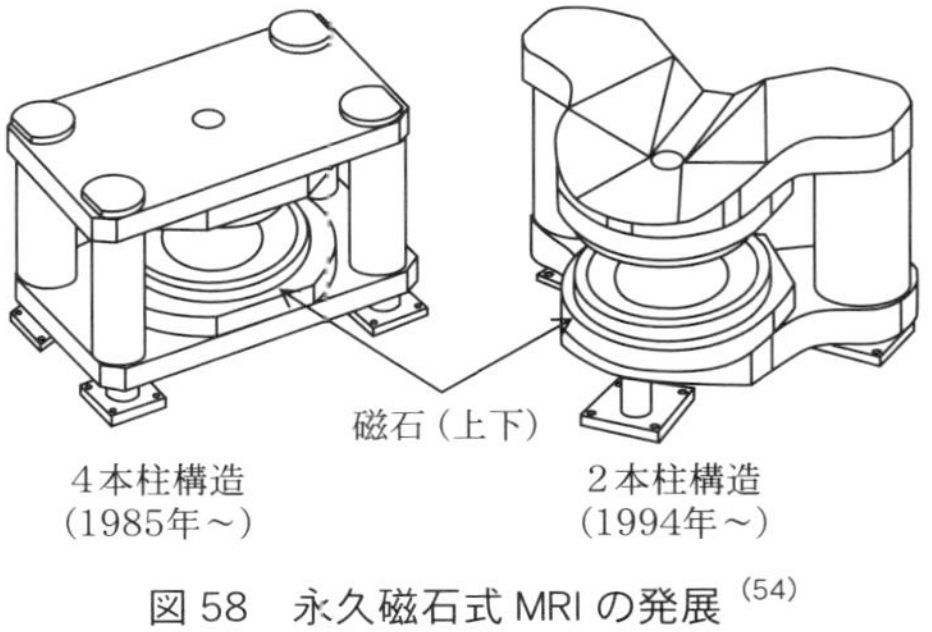

図 58　永久磁石式 MRI の発展 (54)

より開放感と軽量化を求めて、4 本柱から、2 本柱になり、2002 年には 1 本柱になった。

ＭＲＩ装置：特許訴訟

特許の重要性を示す例として、世界で初めて永久磁石式ＭＲＩを開発したダマディアンについて述べてみたい。彼は「ノーベル賞を逃した男」として有名である。

ダマディアンは一九三六年生まれの大柄なアルメニア系米国人で、大学では数学の専攻であったが、その後医学に転じた。彼は、生きている細胞内のナトリウムとカリウムイオンの研究から、七〇年マウスの核磁気共鳴（ＮＭＲ）信号が正常組織と癌組織で異なり、癌細胞では長く持続することを見つけ、七一年、三十五歳の時、「核磁気共鳴による腫瘍の発見」と題した論文を発表した。また翌年にはその特許を出願し、七〇年代末には特許が成立した。そこには「人体スキャナ」が提案されていた(55)。

その二年後の七三年、ローターバーが「ＭＲＩ画像」をネーチャーに発表し、世界がＭＲＩに注目した。ここでは、強力な磁界中、傾斜磁界（位置により強さの異なる磁界）をさらに与えることで、ＮＭＲ信号の空間位置を知る方法が組み込まれていたため、信号の画像化（マッピング）ができたのであった。

七七年、四十一歳になっていたダマディアンは、まず自分が強い磁界中に入って、磁界は人体に有害でないことを確かめ、次いで助手を実験台にして世界初の人間全身の断層画像を撮影した。*

*その装置はスミソニアン博物館に収蔵され、彼はＭＲＩ全身スキャナの発明者として八八年米国技術功労賞な

どを受賞している。

彼は、前述のように、七八年にMRI装置会社（フォナー社）を立ち上げ、八〇年から販売を開始するが、八七年ジョンソン&ジョンソンとの特許裁判に敗れ、また事業でも九〇年頃シーメンス、フィリップス、さらに後発のGEなど大手医療機器会社との競争に敗れた。

さて、ここで問題の特許訴訟である。一九八五年、ミノルタ（現在のコニカミノルタ）は世界初の自動焦点（オートフォーカス）一眼レフカメラ（α-7000など）を発売し、一世を風靡《ふうび》した。その発売から二年経った八七年、米国のハネウエルは、ミノルタの自動焦点機構が自社の特許四件を侵害し、技術移転に関する契約にも違反していると裁判を起こした。

そして五年後の九二年連邦地方裁判所は、ミノルタによる二件の特許侵害を認め、両社和解交渉の末、ミノルタは利子を含め和解金一億二七五〇万ドル（約一六五億円）をハネウエルに支払うことになった。* ハネウエルは、さらにキヤノン、ニコンなど他のカメラメーカーにも同様な請求をし、合計四〇〇億円以上受け取ったと言われている。

*この多額の支払いは、ミノルタが二〇〇六年カメラ・レンズ事業から完全撤退する遠因となっている。

ダマディアンはこの裁判結果に刺激された。これまでのMRI事業の敗北を取り戻そうと、このハネウエルの訴訟を担当した弁護士にMRIの特許侵害訴訟を依頼した(56)。

「MRI装置メーカー数社は、私のMRI信号検出のソフト特許二件を侵害している。賠償金を請求する裁判を起こして欲しい。私は現在支払う金を持っていない。費用の支払いは成功報酬でお願いしたい。」

その弁護士はこの要請を受け、九二年に当時超電導式ＭＲＩ装置などでトップメーカであったＧＥと日立グループ（日立メディコを含む）を四件の特許侵害で訴えた。

彼は大変敏腕の弁護士であったらしい。九五年五月には裁判所から、ダマディアン側の権利を認めるとの評決が出た。すると、八一年からＣＥＯ（最高経営責任者）としてＧＥを牽引してきたジャック・ウエルチから、会いたいとの電話があった。早速ダマディアンがＧＥ本社に赴いたところ、ウエルチは一件の特許侵害を認め、「〇・八億ドル（約九六億円）で和解しようではないか。」と提案してきたと言う。ダマディアンは「二件とも特許侵害が認められないと和解に応じられない。」と、これを拒否し、結局再度裁判になった(56)。

そして九七年二月、連邦控訴審裁判所から、「ＧＥ社は特許権侵害としてダマディアン側に一億ドル（約一二〇億円）の支払いを命じる。」との決定が出て、結局ＧＥは多額の和解金を支払うことになった。

ダマディアン側は、日立グループとは九五年に和解したが、さらにシーメンスやフィリップスなども訴え、いずれとも和解になった。ＭＲＩ装置メーカーから支払われた多額の和解金の多くは弁護士の方に行ったと言われている。

裁判を起こす前、ダマディアンは一人の研究者として住友特殊金属の山崎製作所を見学していた。

その一方、永久磁石式ＭＲＩの特許も出願していた。住友特殊金属は、磁気回路の販売にあたり、取引基本契約書に特許侵害時の補償条項を入れていた。そのため、無傷ではなかった。

新しい事業を始める際、自社技術と既存技術を十分調査したとしても、似たような技術が、どこかで誰かがすでに考え、実施され、特許が出願されていることはよくある。辣腕の弁護士がいると、その新しい事業が実を結び、利益が出るころを見計らって、先行権利が主張され、多額の支払いが必要になる。まさに、「インビジブル・エッジ（見えない刃）」[57]により利益が削り取られるのである。

ダマディアンは類《たぐ》い稀《まれ》な確信と行動力でＭＲＩの世界を切り開き、多額の富を得たが、二〇〇三年には、前述のノーベル賞の受賞を逃した。ダマディアンとその仲間は「今年のノーベル医学生理学賞は恥ずべき間違いを犯した。」と、ノーベル賞メダルを逆さ向きにした全面意見広告をニューヨーク・タイムズ紙などに出し、「ダマディアンこそが同賞を受賞する権利がある。」と主張した。

これに対し、ノーベル賞の医学生理学部門の選考委員会のあるスウェーデンのカロリンスカ研究所は訂正する考えがないことを強調し、マスコミや大手の研究機関もそれに同調した。栄誉は理屈ではない。感情の産物なのであろう。

CDプレーヤーのピックアップ

重量は小さいが個数が多いのが、CD (Compact Disc) プレーヤーのピックアップ用磁石である。CDは、ソニーとフィリップスにより共同開発され、八二年十月に販売が開始されるが、その音質の良さから、急速に発展し、メディア（記録媒体）生産金額では八七年にレコード盤とカセットテープを抜き[58]、音楽業界にイノベーションを起こした（図59）。

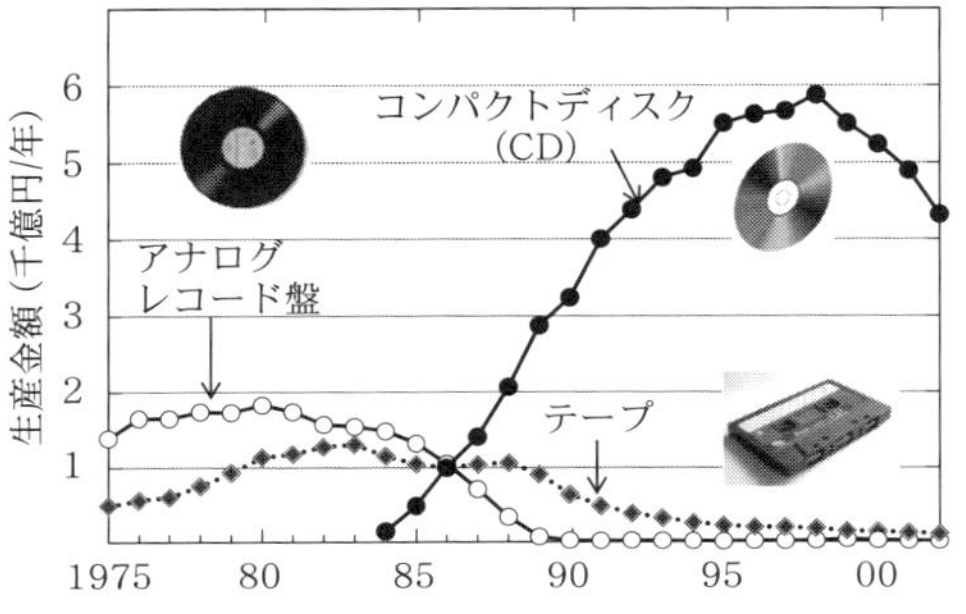

図 59　音楽メディア生産高の推移

80 年代後半、CD は急拡大し、カセットテープを過去のものにした。

CDプレーヤーでは、CDの信号面にレーザー光を照射し、その反射光からデータを読み取るのであるが、回転するCD面が揺れるので、それに追随して、光の焦点を盤面に結ばせるため、レンズ部を上下に迅速に駆動させる必要がある。このレンズの駆動は、VCMと同じく、磁石が作る磁界中のコイルに電気を流してなされる。

磁石には、当初フェライト磁石が使われていたが、その後一ミリメートル厚みで一グラム以下の小さなネオジム磁石二個が使われるようになった（図60）。強力磁石の使用により、CDプレーヤーの応答性を上げ、またコンパクトにできたのであった。

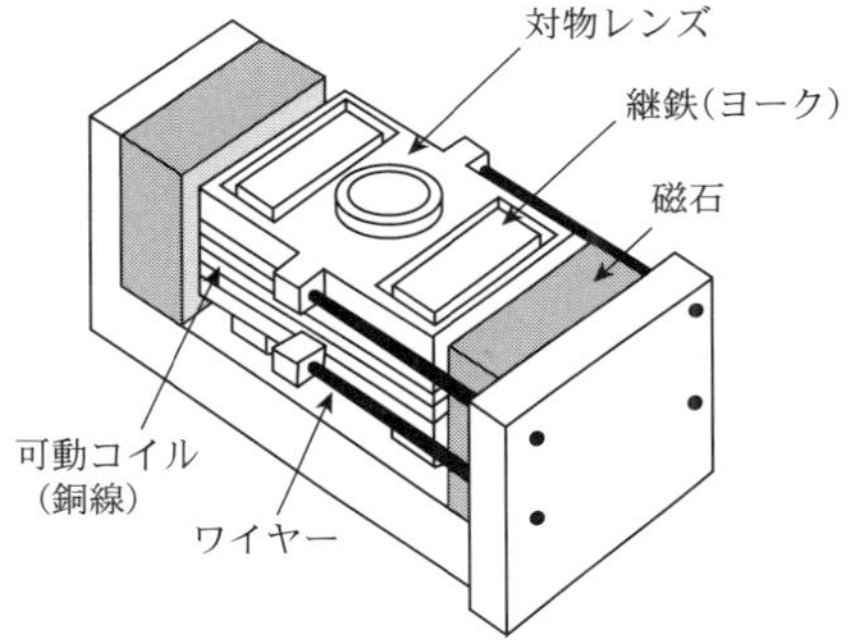

図60　CDピックアップの構造(59)
コイルに電気を流すと、レンズが上下に動き、焦点を合わせる。

ネオジム磁石は、ＨＤＤ、ＣＤおよびＤＶＤなど、情報の記録・読み取りに関連した九〇年代のＩＴ(Information Technology)社会の発展を支え、また支えられて成長した。
その一方、九〇年代中ごろからの地球温暖化対応は、ネオジム磁石に「省エネ」という新しい活躍の場と社会的使命を与えた。二〇〇〇年前後から永久磁石を使用した高効率モータの時代が訪れる。

12　米国特許の壁

ＧＭ社の戦略

一九八五年十月、住友特殊金属に米国のＧＭ（ゼネラルモーターース）社の日本代理人から電話があった。大阪市内のホテルで会いたいというのである。何かと思いながら担当者がホテルに行くと、その代理人から一通の封筒を渡された。ここには以下が記載されていた。

「住友特殊金属㈱と住友商事㈱がネオジム－鉄－ホウ素磁石を米国内で販売することは、米国内で出願中のＧＭ社の特許を侵害するものである。」

米国では八一年にレーガン政権が誕生してから、強いアメリカが指向され、「プロパテントの時代、特許重視の時代」になっていた。すなわち、国内産業保護のため特許制度や特許権を重視していくのである。八五年十月には、インスタントカメラの特許侵害訴訟上告審で、コダック社はポラロイド社の七つの特許権を侵害していると見なされ、約六億ドル（一、二〇〇億円）の損害賠償請求とコダックの製品やプラントの差止めが認められていた。

八一年にＧＭの会長に就任したロジャー・スミスは、「競合する会社とは特許でクロスライセンスをするか、潰す。」と宣言し、八四年二月にトヨタ自動車と合弁でカリフォルニアに小型車生産会社NUMMIを設立する一方、トヨタと訴訟を起こし、一審でトヨタが勝ち、二審でトヨタが負け、結局和解となったとの話も聞こえてきていた。

八〇年、米国ではアルビン・トフラーの「第三の波（The Third Wave）」[60]がベストセラーになっていた。トフラーによると、人類はこれまで「大変革の波」を二度経験してきている。第一の波は農業革命（人類が初めて農耕を開始した新石器革命）で、第二の波は十八世紀からの産業革命である。これからは、第三の波として情報革命による脱産業社会（脱工業化社会）が押し寄せると言うのである。

ロジャー・スミスはこれに乗って、「これからはエレクトロニクスを軸に会社を変えて行く。」と矢継ぎ早に施策を打っていた[61]。彼の言うエレクトロニクス変革とは、コンピューター経営、工場のロボット化、そして自動車の電動化であり、電気自動車（EV）も視野にあった。

彼はGM研究所のクロートが八二年に発明したメルトスピニング法（溶湯超急冷法）によるネオジム-鉄系磁石に期待した。サマリウムやコバルトなど希少金属を使わなくても強力な磁石ができる。これを使えば自動車が軽量、小型になり、燃費規制対応の武器になるとして、その磁石を製造するための子会社（部門）を設立した[61]。

この磁石粉は「マグネクエンチ（Magnequench）磁粉」と名付けられた。溶融したネオジム・鉄・ホウ素合金を高速で回転するロールに吹き付けてリボン（薄帯）を造るのであるが、ロールの回転数を調整して、結晶とアモルファスの中間の状態の組織にする。これを粉砕して磁粉にすれば、次の三種類の磁石を造れるとされていた(21)。

（1）粉末を樹脂に練り込んで固める（等方性ボンド磁石：MQ－1）、

（2）粉末を熱間（七〇〇℃）で圧縮して固める（ホットプレス磁石：MQ－2）、

（3）それを熱間加工して結晶方向を揃えて固める（異方性ダイアップセット磁石：MQ－3）。

八六年には自動車の始動モータ用に（1）の等方性ボンド磁石（MQ－1）が採用され、その年の秋にはGM子会社のデルコ・レミー社でその生産が始まっていた。

三菱金属（現 三菱マテリアル）は八六年九月、米国の希土類原料メーカと米国ピッツバーグ市に合弁会社（ネオメット）を設立し、ネオジム原料をデルコ・レミー社に供給する体制を作り上げた。

大同特殊鋼は、翌八七年二月、GMからMQ－1磁粉を購入して樹脂と混ぜ合わせ、射出成型または圧縮成型でボンド磁石を量産する工場を名古屋に新設、稼働させ、販売を始めた。当時のボンド磁石の磁力は焼結磁石の四分の一、価格も四分の一で、同じ磁力なら同等との評価であった。

一方焼結磁石では、前に述べたように、住友特殊金属との特許実施権許諾契約のもと、八六年からTDK、日立金属、信越化学工業、バキュームシュメルツなどでその生産準備が進められていた。

各社は、新しいネオジム焼結磁石や磁粉の将来性を見越し、事業投資をしながらも、住友特殊金属とGMの特許係争の行方を見守ることになった。

「ＧＭの特許は液体から超急冷した磁粉なので、我が社の焼結磁石とは全く違う。またNd–Fe–Bの三元系特許は我が社が先願なので問題ない。」と住友特殊金属の特許部門は思っていた。八五年の五月にはＧＭから警告状が郵送されてきていたが、無視していたようである。

実際、ＧＭが日本に出願した特許（二元系と三元系）は、八二～八四年に公開されていたが、審査中であった。一方、住友特殊金属の基本特許は八五年八月に欧州で成立し、八六年八月には日本でも公告となるのである。

社長の岡田は、「私は法学部出身なので法律には詳しい。」と言って、自らが長になり、特許実施権許諾条件を議論する「ライセンス委員会（○Ｌ委員会）」を八五年夏に立ち上げていたが、十月に警告状が手渡されてからは、議論にＧＭへの対応が加わった。

何しろ相手は天下のＧＭである。弁理士加藤朝道と住友商事法務部主任の渋谷年史《としふみ》の協力の下、ニューヨークのＰＷＦ法律事務所、バーンズ事務所と住友特殊金属の特許部門は頻繁に会合を持ち、対応を検討することになった。

そうこうしているうちに、二年後の八七年十月、ＧＭはイリノイ州の地方裁判所に「住友」を特許侵害で提訴し、特許係争になった。

七十二歳になっていた会長の岡田典重には荷が重すぎた。また毎月一億円もかかる米国弁護士費用を考慮すると、早期解決が必要であった。翌八八年一月には、副社長の青柳哲夫にこのＧＭとの係争問題を任せることにした。

特許係争の争点

ここで、両社の主要特許リスト（表8）を参考に、米国特許法の下では「ネオジム磁石の特許権保有会社はどちらなのか。」を探っていこう。争点は表9に示す三点であった。

GM提訴の根拠になったのは、表8の三元系特許（c）ではなく、その一年前に出願され、成立していた二元系特許（b）であった。* この二元系特許のクレーム（特許請求の範囲）は「メルトスピニングで造られる希土類-鉄合金で保磁力の高い強磁性体」で、ホウ素（B）の添加に関しては一切記載されていなかった。

＊いずれの特許のクレームにも、希土類として「Nd、Prその他、または混合物など」と記載してあるが、ここでは代表して「Nd」と記載する。

しかしGMは、この二元系特許はホウ素を含む三元系磁石まで含むパイオニア発明であると主張していた。なぜなら米国特許では古くから「均等論」が認められていたからである。「均等論」とは、「特許発明の技術的範囲には、特許請求の範囲の記載を超えて、その記載と均等と評価される技術的構成まで含まれる。」という考え方であった。* 同じ強力磁石の構成要件なら二元系は三元系より上位概念だと言うのであった。

＊日本ではこの「均等論」が認められるのは、九八年の「軸受けのボール保持機構」に関する最高裁判決以降のことである。

表 8　ネオジム磁石の主要特許

GM は (b) 395 特許を根拠に住特金に警告状を送ってきたが、住特金は分割① 723 特許を成立させ、特許係争を有利にした。分割⑤ 651 特許は 2014 年まで有効となった。

●米国特許係争で重要．◎権利延長で重要

	日本特許	米国特許
(a)　住友特殊金属 (三元系) 最初の特許	●出願：S57-145072 (1982.08.21) ・公開：S59-46008 (1984.03.15) 特許公告：S61-34242 (1986.08.06)	→優先権出願 510,234 (1983.07.01)
		●分割① Filed (1987.02.10) USP：4,770,**723** (1988.09.13)
		分割②③④
		◎分割⑤ Filed (1995.06.07) USP：5,645,**651** (1997.07.08)
(b)　GM(Nd-Fe) (二元系)	← ・公開：S57-210934 (1982.12.24) 特許公告：H01-052457 (1989.11.08)	● Filed (1981.06.16) USP：4,496,**395** (1985.01.29)
(c)　G M(Nd-Fe-B) (三元系)	← ・出願：S58-160620 (1983.09.02) ・公開：S59-64739 (1984.04.12) 特許公告：H03-052528 (1991.08.12)	● Filed (1982.09.03) USP：4,851,**058** (1989.07.25)
		分割① Filed (1983.06.24) USP：5,056,**585** (1991.10.15)

表 9　特許係争の焦点

最後は結晶学で論争することになった。

1)　請求範囲解釈	GM の Nd-Fe 磁石 (二元系) 特許は、 Nd-Fe-B 磁石 (三元系) 合金まで権利は及ぶか？
2)　文言解釈	“Comprised of” や “Consisting essentially of” は、 “Include” と同じ意味か？
3)　結晶学 (三元系)	GM の “Finely crystalline phase” は、 “Crystalline alloy” を含むか？

第二の争点は、特許のクレームに何度も記載されている“Comprised of”や“Consisting essentially of”の解釈問題となった。これらは「○○より構成される」や「本質上○○より成る」と一般には訳されるが、“Include”「含む」と同じなのか、すなわち希土類元素と鉄が存在すれば、まったく記載のないホウ素を含んだ合金も特許範囲に含まれるのか、が議論になった。

しかし、いずれの英語表現も“Include”と同じ意味で、文言解釈でもGM側に分がありそうな状況であった。

さらに、三元系特許（c）は、住友特殊金属特許（a）より十三日遅れた九月三日の出願であったが、八月十五日に発明者のデクラレーションされていた。すなわち「私はこれこれを発明しました。」と特許庁に宣言したのは住友特殊金属の出願日より早かった。明細書はできていたが、女性弁理士が夏休みを取っていて出願手続きが遅れていたとの主張であった。

日本特許は「先願主義」で、先に出願した方に特許権があるが、米国特許は「先発明主義」で、どちらが先に発明されたかであった。当時の特許制度では、この「先発明」は米国内でなされた発明に限られていたので、佐川が特許出願の半年以上前に富士通でNd－Fe－Bの組み合わせを見つけていても、それは先発明として認められなかった。*

*その後一九九六年一月から、日本での発明も認められるようになった。

このGMの三元系特許のクレームでは、明確にホウ素の添加が記載されていたが製造法はメルトスピニング法しか記載されていなかった上に、ホウ素は磁気特性の安定化のために添加されるだけで、住友特殊金属の特許に記載してある「新規のNd–Fe–Bの三元化合物の存在」には一言も触れていなかった。

弁理士の加藤朝道は「合金組成では先発明主義の米国に負ける。しかし、先方は微結晶、こちらは安定した化合物結晶。この化合物で攻めればいける。」と思った。

そこで、GMの特許明細書にある「アモルファスないし微結晶（Finely crystalline phase）」がどこまで住友特殊金属の焼結法による安定な化合物結晶（Crystalline alloy）を含むかということになった。

すなわち、図61で示す物質のX線回折のプロファイル（形状）が連続的でブロード（アモルファスか微結晶）か、シャープで尖っている（結晶）か、あるいはその中間かと言うような細かな議論になっていった。

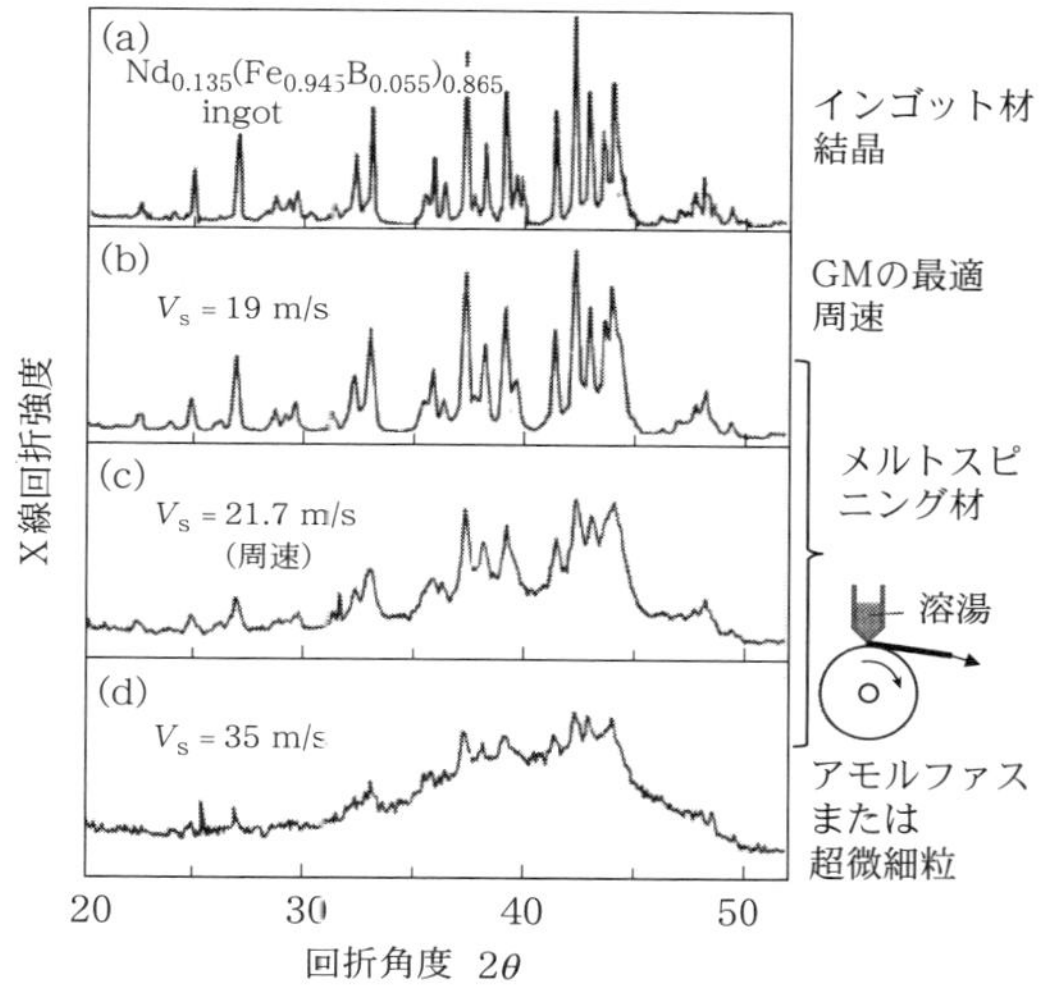

図61　X線回折線の形状（Croatの論文[31]から）

GMのクロートは（b）の微結晶が最適としていたが、焼結磁石は（a）の結晶であった。原子位置の周期性が増すほど回折線はシャープになる。

このような係争と並行して、発明者の一人である藤村は弁理士の加藤の指導を受け、米国での特許成立に奔走した。副社長の青柳からは「特許の数を増やせ」との指示が下り、彼らは米国出願特許を分割して再出願し、早期の特許成立を目指した。
その結果、最初の分割特許(①723特許)は八八年九月十三日、まさに後述するGMとの特許係争中に成立し、交渉を有利に導くことになった。

和解へ

ここで、当時副社長としてGMとの交渉に当たった青柳哲夫の自叙文(62)から、その交渉の過程を原文のまま紹介しよう。

当社が新強力磁石ネオジム-鉄-ホウ素系焼結磁石の開発に成功し、ネオマックス磁石と命名(商標登録)、世界最強の磁石として公表したのは一九八三年六月であった。ところが一九八五年五月、米国GM社は「住友特殊金属㈱および住友商事㈱がネオマックス磁石を米国内で販売することは、米国内で出願中のGM社の特許を侵害するものである」との警告状を当社に送ってきた。

GM社は、当社のネオマックス磁石発明とほぼ同時期、ネオジム-鉄-ホウ素系合金の溶融体を超急冷して作成した箔粉をさらに微粉末に粉砕して樹脂と混合し、これを成形してボンド磁石とする方法を開発していたのである。

この超急冷微粉末（を使用した）ボンド磁石は等方性であり、当社の焼結磁石とは製造法も全く異なり、磁石特性も異方性で強力なネオマックス磁石とは比べるべくもないものであった。

ところが、その後この問題は、両者間の特許係争問題にまで発展し、特にGM社は八七年十月イリノイ州の地裁に〝住友〟を特許侵害で提訴するという行為に出るなど、日米両国間の特許制度や特許に関する考え方の違いから、二年以上に及ぶ交渉を経てドロ沼化の様相を呈してきた。

八八年一月、当時技術統括の副社長であった私は、岡田典重会長より、本件のネゴリーダーとしてその解決にあたれとの特命を受け、三年越しになろうとするこの係争問題に初めて直接関与することになった。

私がGM社との交渉に初めて出席したのは、八八年二月十日から十一日、GM社の関連会社であり本件の火元であるデルコ・レミー社の磁石製造部門マグネクエンチ工場（インディアナ州アンダーソン市）においてであった。

当方からは、私の他、開発担当の日匚章常務、横倉勝米国住友特殊金属社長、金本好司特許課長、渋谷年史住友商事法務部主任と、ニューヨークのPWF法律事務所のJ・グリーンフィールド氏他弁護士団、また先方からは、GM社を代表してデルコ・レミー社社長に着任早々のホミー・K・パテル氏とGM本社の弁護士団関係者であった。

このミーティングに先立ち、一月二十五日GM社は〝住友〟をシカゴ地裁に提訴するという行動に出ていたが、ミーティングそのものは、当方副社長の出席を歓迎してか、比較的友好的な雰囲気の中で交渉ができ、二日間の交渉の結果、お互いに和解の方向で大筋合意の感触をつかむところまで進み、ミーティング後マグネクエンチ工場の見学まで許可してくれた。

その後両社は、連絡を取り合いつつ和解のための具体的ドラフト作りに入るのであるが、両社それぞれの製品の定義、相互の特許許諾範囲のロイヤルティ、ライセンシー（特許実施許諾者）の数と取り扱い等々の問題でなかなか合意に至らず、そのような状況の中で八八年九月十五〜十六日、シカゴで話し合いが持たれることになった。

私は、このミーティングを最後のものにしたいと思ってシカゴに乗り込んだが、たまたまミーティングの前々日の九月十三日、当社がかねてから米国に出願中の焼結法に関する特許（表8（a）分割①）に対し公告決定が降り、これを受けて十五日にはシカゴ地裁にGM社を逆提訴するという戦法に出た。このような経緯から、両社がっぷり四つに組んだ形となった十五日のミーティングは当然難航した。

その夜、日本の本社に電話で報告する私に向かって、トップ弁護士のグリーンフィールド氏は横から「ミスター・アオヤギ、グッド・バイだ！（つまり、〝この場は引き揚げて日本に帰れ〟の意）」と告げた。私は岡田会長、小倉社長に、もう一日粘って必ず解決して帰る旨を伝えて受話器を置いた。

第一日目ミーティングで、新任のパテル社長を前に若い担当者のスタンドプレー的な発言が気になっていた私は、眠れない夜を過ごした翌朝一番に、グルーンフィールド弁護士に、「今日のミーティングでチャンスをとらえて、パテル社長との〝一対一のトップ会談〟を申し入れ、一気に和解に持ち込みたい」という提案をした。彼は、この弁護士抜きのミーティングの提案に一瞬怪訝《けげん》な表情をして難色を示したが、直ぐ私の真意を汲み同意してくれたばかりか、早速作戦会議を開き、彼の適切なアドバイスを胸に我々は第二日目のミーティングに臨んだ。

二日目のミーティングも初めから硬い雰囲気に包まれてスタートしたが、頃合いを見て〝一対一のトップ会談〟を提案した時、パテル社長はそのことを待っていたかのような様子で同意した。以心伝心だったかもしれない。

パテル社長とのサシの話し合いは、その日の午後、住友商事法務部渋谷主任を通訳に、わずか二十分ほどで終わった。

和解の要旨は、「両社にすべての特許紛争の法的措置《そち》を取り下げ、中止すること」を前提に、「両社は相互に相手の特許を尊重し、住友はネオマックス磁石を、GMはマグネクエンチ磁石を、全世界において自由に製造・販売する権利を互いに認める」ことを基本とし、相互のライセンシーに対する保護条項を確認して、合意に至ったものである。

図62　GMとの調印式[62]（1988年11月）
前列左から二人目が青柳哲夫

パテル社長は、二人の話し合いがあまりにも短時間で済んだのでは若い人達に何を言われるか判らないから、少し時間稼ぎに他の話をしようと言うので、今回の和解を機にGM社と住友で協力して何かできることはないか、など暫く話し合ってから、ミーティング・ルームに戻ったものである。

ミーティング・ルームに戻り、渋谷主任が蕩々《とうとう》とバイリンガルで和解の内容を説明したの時の、一同の喜びと興奮に湧いた情景は忘れられない。

かくして、三年半にわたったGMとの特許係争問題は円満解決の形で決着し、一九八八年十一月十一日、インディアナ州インディアナポリス市内のホテルで調印式の運びとなった（図62）。時あたかも米国ではベテランズ・デイ（復員軍人の日、第一次世界大戦休戦記念日）であった。

ところで、GM社との折衝をはじめ、ライセンシーとの特許実施権許諾契約や特許権侵害対策等々の作戦会議は、社内で法律に最も精通しておられた岡田会長を長とする○L委員会を中心に、住友商事㈱法務部、加藤・牛久特許事務所（現加藤内外特許事務所）、ニューヨークPWF法律事務所およびバーンズ事務所等の強力なバックアップの下に行われ、上記GM社との円満和解は、この態勢と総力結集による成果であったことは言うまでもない。

三年半の係争とは言え、私が直接係わったのはわずか七ヵ月に過ぎなかったが、その交渉を通じて実に多くのものを学ぶことができ、またと得難い良き経験であった。

交渉の結果については、当時、日米間には、半導体や光ファイバー、カメラ自動焦点機構等々数多くの特許係争問題が取り沙汰され、それにまつわる数百億円にも及ぶ和解金が新聞紙面を賑わせていた頃であっただけに、当社の場合和解金も全くなく、特許実施権が確立し守られただけでなく、八社（当時）に及ぶライセンシーの保護も全面的に認められたことは、本件の折衝に当たった者として実に欣快《きんかい》極まりないものであった。

また、グリーンフィールド氏がいみじくも、「〝和解〟とは当事者双方の勝利でなければならない。」と言ったこと。そして、彼が〝一対一のトップ会談〟に難色を示しながらも、後に手紙で「日本的な発想と方法に大いに学ぶべきものがあった」と書かれてきたことが、強い印象として残った。

（二〇〇一年八月記）

青柳は新聞記者に「米国人にとって、訴訟は日常茶飯事だが、あわてずに対応するのが成功の秘訣」と言っている。青柳は半年後の八九年六月社長に就任した。住友特殊金属の設立からの生え抜きの鋳造技術者で、満を持しての就任であった。

この和解で「住友特殊金属とGM社は相互の商品の製造と販売を世界中で認める一方、それぞれの製品の得意とする需要先を侵さない。」と言うことになり、地域、製品別にお互いの権利が認められた。

その後、両社共同で権利を侵害する違法磁石の提訴を行うなどして、米国では住友特殊金属の特許権が実質的に二〇一四年七月まで続くことになる。

クルーシブルとの特許係争

ほっとしたのもつかの間であった。翌八九年、クルーシブル社が裁判所に住友特殊金属を特許侵害で提訴し、突然訴状を送ってきたのである。これはクルーシブル社へのネオジム磁石の実施権許諾交渉中の出来事であった。

クルーシブル社は各種金属や磁石を生産する会社で、戦後間もないころ住友特殊金属がアルニコ磁石製造法の実施権を購入した会社でもあった。

その会社の一技術者が、八三年の佐川の米国発表を聞いて、八五年五月に米国に改良特許を出願し、八六年五月にその特許を成立させていた(63)。

その特許請求の範囲は、通常のネオジム磁石の合金組成に加えて酸素を六〇〇〇ppm(〇・六%)

以上含むというものであった。磁石中の酸素量が多いと、湿気のある雰囲気に放置しても、水がネオジム酸化物を造る時に遊離される水素が発生しないので、「磁石の崩壊」が起きないというのであった。

一般にネオジム磁石の磁石性能には酸素は不必要で、極力少なくするのであるが、ネオジムは大変酸素と結び付きやすいため、製造の過程で多少は酸化されてしまう。実際、当時製造中の磁石には酸素が六〇〇〇ｐｐｍ以上のものが一部あった。

この係争も厳しいものであった。特許権者同士の和解は公明正大でないと、独占禁止法に抵触することになる。また、他のライセンシー（実施権許諾会社）に対し不公正になる。交渉の結果、九〇年、クロスライセンスの形でネオジム磁石の製造実施許諾権を与えることで落ち着いた。この係争ではお互い得るものは少なく、住友特殊金属は多額の弁護士費用を使った。

発明から七～八年で、研究開発費、試作設備費および特許訴訟費の総額は百億円を超えた。これらの費用は、当時会計上および税務上で認められていた「研究開発費の繰延資産」として、全額を十年かけて償却された。

サブマリン特許

「住友特殊金属の特許権はなぜ三十二年間も維持されたのであろうか。」

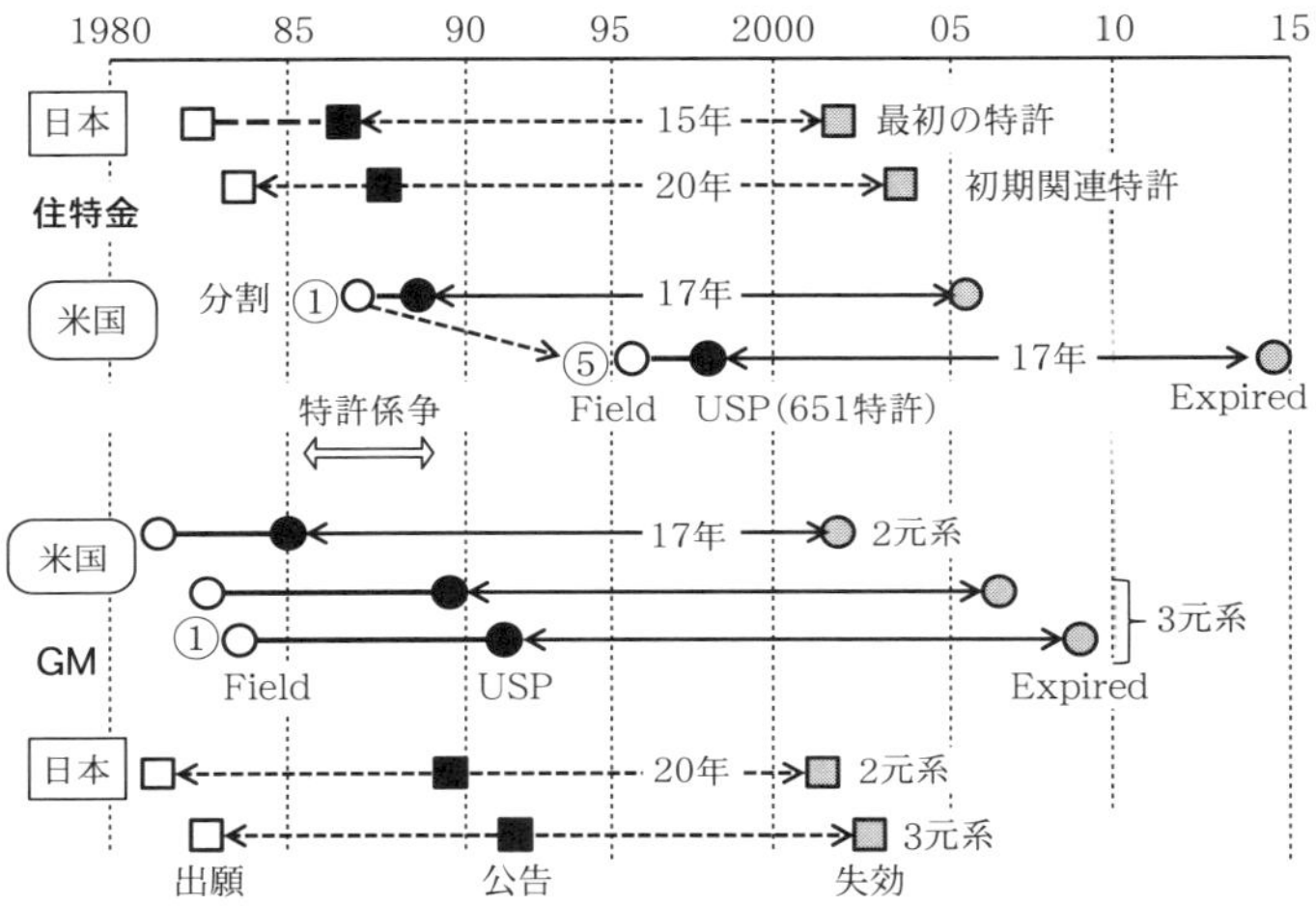

図 63　主要特許の有効期間

住特金の 651 特許は 97 年に米国で成立し、2014 年まで有効となった。

これを日米における出願（Filed）－公告（USP）－失効（Expired）の流れ（図63）から説明しよう。

藤村と加藤は米国出願特許を四度にわたって分割をし、その一部は早期に成立させたが、最後に分割した特許（⑤651特許）は九五年に出願され、九七年七月八日にUSP発行（成立）された。これは希土類・鉄・ホウ素・その他からなる正方晶化合物の特許で、ネオジム磁石の基本的な特許であった。

当時の米国の特許の有効期間は「特許発行から十七年」*であったので、この651特許は二〇一四年七月まで有効な特許となった。

＊一九九五年六月以降は、日米とも有効期間は「出願から二十年」になるが、それ以前に出願された特許は、発行（公告）後、米国は十七年、日本は十五年であった。

一九九八年夏、住友特殊金属はマグネクエンチ社と共同で、台湾の磁石メーカなど十五社がネオジム磁石の特許を侵害していると米国ＩＴＣ（国際貿易委員会）に提訴した。一年後の九九年十二月、ＩＴＣはこの６５１特許が二〇一四年まで有効なことを認めた上、提訴先の十五社以外も含めて米国への輸出を禁じた。その結果、特許侵害による米国輸出が発覚した場合、輸出メーカは懲罰的な賠償命令を受けることになった。

すなわち、ネオジム焼結磁石の初期の主な日本特許は二〇〇三年に失効したが、米国では二〇一四年まで三十二年間その権利を維持し、それまでネオジム磁石を組み立てた製品を米国に輸出すると違法となった(45)。

このように分割と審査に時間を使い、結果的に特許の権利化を遅らせ、延ばすことを「サブマリン特許」と言う。この例として「キルビー特許」が有名なので紹介する。

米国テキサス・インスツルメンツ（ＴＩ）社のジャック・キルビー（二〇〇〇年ノーベル賞受賞）は一九五八年七月半導体集積回路（ＩＣ）の基本概念を着想し、米国では五九年二月に特許出願、六四年に登録された。この特許は八〇年代初めに米国では失効したが、日本では事情が違った。

ＴＩ社は、六〇年に日本に特許出願し、六五年に公告、審判を経て一部は七七年に特許登録され、八〇年に満了となった。しかしＴＩ社は六一～六四年に、九件の分割出願を行い、全て拒絶査定となったが、七一年に内一件を再分割（孫分割）出願した。この孫分割が八六年に公告、八九年に特許登録され、二〇〇一年（公告から十五年）まで権利が有効になった。すなわち、元々の特許の出願から四十一年間生き延びることとなった。

この間にＤＲＡＭなど半導体の集積回路は社会生活に浸みわたり、半導体集積回路を製造する日本の各社はＴＩ社と同時に開発したフェアチャイルド（Fairchild）社に対し、合計で数千億円ともいわれる多額の特許使用料（ロイヤルティ：八・五％）を支払うことになった。* 例えば、東芝は九一年ＴＩに毎年百数十億円を支払う契約をした。

＊当初ＴＩとフェアチャイルドとの間で特許権係争があったが、六六年に両社で協力して新規参入会社に特許使用料を請求する取り決めをしていた。

しかし、富士通だけは支払いを拒否して、九一年に東京地裁に提訴した。東京高裁は「親出願と孫出願が実質的に同一だから、孫出願は認められない。すなわち権利は無効である。」と判断し、二〇〇〇年に最高裁も同じ判断で富士通が勝訴した。しかし、東芝等が支払った多額のロイヤルティは、契約上返却されることはなかった(64)。

13　発明六年後の佐川と岡田

佐川の退社

八六年夏、住友特殊金属としてサマリウム磁石よりネオジム磁石を伸ばしていくとの方針が示されて以降、養父工場でのネオジム磁石の生産は順調に増え、ＶＣＭやＭＲＩ用途など市場は拡大していた。生産現場ではＲ／Ｄ法による新原料の活用や加工工程の自動化など、品質向上とコストダウンが課題になり、サマリウム磁石の生産で経験を積んだ技術者たちが総出で取り組んでいた。

佐川はやっと会社に貢献できた、岡田社長に恩返しできたという喜びを感じたが、その反面、周りの人々が動き出し、自分の居場所が無くなってきたと感じるようになった。佐川は、国内外の学会には必ず出席し、新磁石の研究発表は行ったが、生産現場に足を運ぶことはあまりなかった。

一方、ネオジム磁石の性能は、八五年に最大磁気エネルギー積五〇メガを達成してから伸び悩んでいた。理論値の六四メガまでまだ余地があった。

岡田は社長を退任して会長になり、関心は財務関係、増産投資と急激な円高に対応した海外生産などに移っていった。例えば、フロッピーディスクの磁気ヘッド組み立て事業は、年五〇億円の売上げながら高収益の事業であった。ところが急激な円高のため海外シフトが検討され、八六年秋には台湾に工場を移転する決断をしていた。

佐川は、新磁石の開発の成功に、会社が今後自分をどう処遇してくれるか、人事部門に聞いた。特別な昇進の道はないかと探ったわけである。人事部門の担当者は、特別な配慮をすることなく、「何年後に部長になり、その何年か後に役員になり、給料はどれだけになるでしょう。」と型通りに答えた。

「岡田会長は何も考えてくれていないのだろうか？　今後何年間か上司の指示を受けて仕事をし、昇進してもこれだけしか貰えない。十年頑張ってもあの上司レベルの権限とこの給料かと思うと情けないな。それなら会社にいる必要はない。自分で会社を興して好きなことをやった方が良い。」と心を決めた。


GMとの特許係争中の八八年三月、佐川は住友特殊金属を退社し、ベンチャー会社「インターメタリックス（Intermetallics）」を立ち上げた。四十四歳の時であった。桂離宮近くの住宅地（京都市西京区）に事務所と実験室を作った。社名のインターメタリックスは金属間化合物と言う意味である。$Nd_2Fe_{14}B_1$という新しい金属間化合物の発見が新しい強力磁石を生み出したわけであるから、そこから名前を取った。

佐川は、「保磁力の機構を明らかにすれば、ネオジム磁石の性能はまだまだ上がるはずである。究極性能のネオジム磁石を造るのが自分の使命である。」との信念のもと、基礎研究面で国内外の学会で磁石研究の必要性を語り、研究仲間を集め、活躍の場を広げた。フランス、グルノーブルにあるユジマグ社や、住友軽金属と昭和電工のコンサルタントにも就任した。

日本の大企業では会社の中で余りにも大きい仕事をした人を処遇する人事システムがない。特定の人に同年代の社員の一桁以上の報酬や処遇を与えると同年代で頑張っている社員の士気を削ぐことになる。年功序列を基本とした人事システムが崩れる。社員の結束という日本の会社の長所が失われるからである。

今から考えると、磁石の研究所を設立し、佐川に役員待遇の所長かフェローに就任してもらう方法もあったかもしれない。* しかし、当時はそのような処遇例はあまりなく、また佐川自身、途中入社であるので会社への忠誠心は希薄で、さらに「人に仕える」との性格ではなかった。自由に磁石の研究をしたいのである。そのように考えると、佐川の退社は必然の成り行きであったかもしれない。

*二〇〇二年ノーベル賞を受賞した島津製作所の田中耕一氏は、受賞の翌年に田中耕一記念質量分析研究所長（執行役員待遇）に就任し、研究所は会社だけでなく国内外の質量分析のメッカとなっている。日亜化学の中村修二氏は、九三年高輝度青色LEDを開発した後、九九年九月に窒化物半導体研究所所長になったが、その三ヵ月後に退社している。

退社することは、これまでの曖昧な雇用関係から、会社と個人との関係になる。使用人側であった技術開発担当役員は、従業者であった佐川が研究開発中の新磁石の成果を競合他社に持ち込むことを恐れた。

一方、佐川は、職務発明に対し従業者が受け取るべき「相当の対価*」について、友人の弁護士に相談した。その友人から「佐川さんの貢献は大きいので、かなりの金額をもらえるはずです。会社側は貢献度を少なく言ってくるはずだから、徹底的に戦うべきです。」とのアドバイスを受けた。


*日本の特許法では、職務発明を行った場合、発明者は「相当の対価」を使用者側から受け取る権利を有するとされていた。二〇一六年四月の改正で、「相当の利益」に変わり、特許の帰属も、雇用契約等により、使用者側にすることが可能となった。米国では、一般に雇用契約による対価となっていて金額は低い。


交渉の結果、佐川はそれまでの技術蓄積を会社に残し、また研究中の新磁石のアイディアは特許申請をした際に、その優先実施権を会社に譲る旨の覚書を交わして退社することになった。そのアイディアは三年後佐川から二件の特許として出願された。

また同時に会社側は佐川が興した社外のベンチャー会社に十五年間にわたって一定額の「ネオジム磁石の研究委託」をするということで、「相当の対価」の問題は落ち着き、円満退社となった。

住友特殊金属側が佐川の会社に対する多大な功績を認め、また佐川はネオジム磁石とその後の発明が職務発明であることを認め、お互いが歩み寄った結果であった。佐川の退社後も、会社と佐川の友好な関係はしばらく続いた。この委託された研究の成果報告会は毎年山崎製作所で開かれた。

佐川を慕って住友特殊金属に入社し、佐川が去った後、退社した若手研究者もいた。発明当初のメンバーは相前後して他部門へ転出した。

藤村節夫は八八年四月特許部門に移り、ネオジム磁石の特許網に綻《ほころ》びや裂け目がないことに目を光らせ続けた。一旦綻びが生じれば、そこから裂け目が大きくなるからである。違法磁石に目を光らす一方、さらなる特許出願と特許権益を拡大することに奔走し、特許権利を持続させた。

松浦裕は、八六年に養父工場に移り、アルミ蒸着や新磁石の生産技術を立ち上げ、九〇年東京技術部を経て、米国での磁石販売などに注力した。

山本日登志は、八八年に東京技術部に移った後、米国に移り市場開拓や国際会議などを仕切った。

佐川の退社に伴い、ネオジム磁石の研究開発は、マグネット開発室の濱村敦に、その後石垣尚幸に託された。その下で、基礎研究は広沢哲らが、高性能化や生産技術はフェライト磁石の開発から移った金子裕治や新入の徳原宏樹らが推進した。そして、九〇年代前半にストリップキャスティング(SC)という新しい合金製造法が出現し、ネオジム磁石の特性はもう一段向上する。

岡田時代の終焉

一九八六年の六月、岡田典重は社長の座を小倉副社長に譲り、会長に就任した。岡田は七八年から十一年間の社長・会長時代、会社の売上高を二百六億円から約三倍の五九二億円にし、堅調な黒字体質にした(図64、65)。

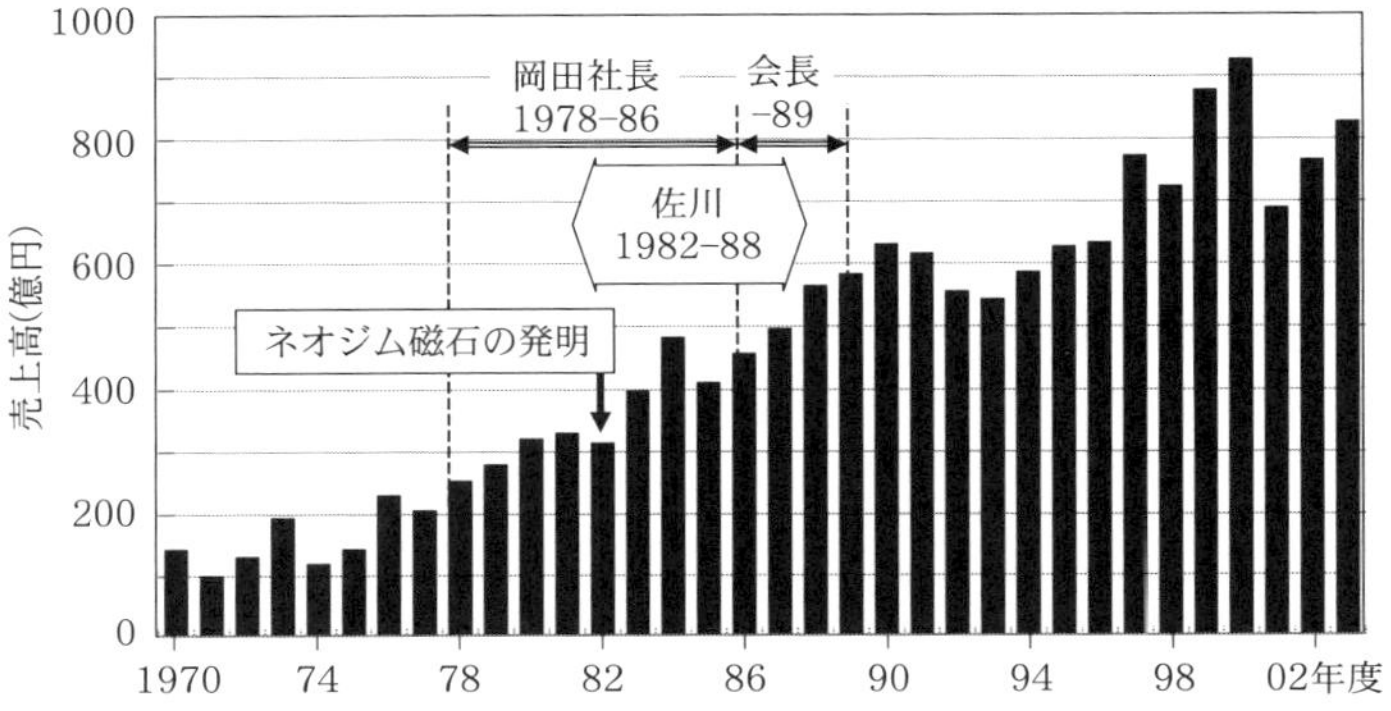

図 64　住友特殊金属の売上高推移
岡田の社長、会長在任中、売上高は 3 倍になった。

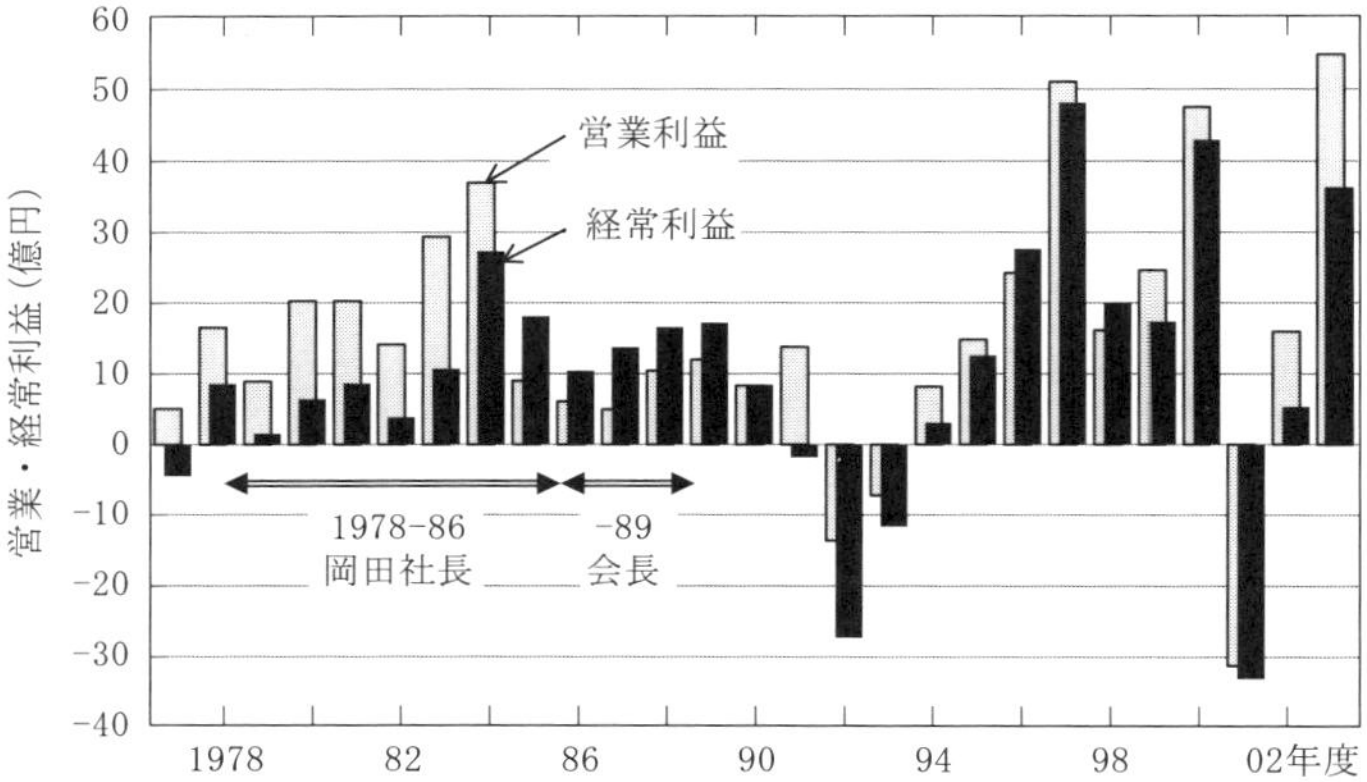

図 65　住友特殊金属の営業・経常利益推移
岡田社長就任以降堅調な経常黒字であったが、92 年に経常赤字となった。

また新しい事業の芽として、ネオジム磁石だけでなく、ＨＤＤの磁気ヘッドの基板（AlTiC セラミックスウエハー、通称アルチック）を育てた。この事業は、八八年度の売上高一八億円から始まり、九七年度には九八億円まで成長した。岡田は会長になっても資料を端から端までチェックする性格は変わらなかったが、より財務問題に傾注していった。

年号が平成に変わった八九年六月、岡田は体力に限界を感じ、会長からも身を引いた。社長には小倉隆夫に代わって副社長の青柳哲夫が昇格した。

その半年後の十二月六日、岡田は永眠した。戦後の日本鉄鋼業の躍進を支え、その安定期には電子部品産業の発展を先導した七四年の生涯であった。岡田の学習意欲は最後まで衰えなかった。床に伏したままでも、英字新聞を読み、ドイツ語のテープを聞いていたと言う。

亡くなる一ヵ月前の十一月十日にはベルリンの壁が崩壊し、東西冷戦が終結していた。年末にはレーガン大統領は高い支持率のまま任期を全うし、一年後にはサッチャー首相は求心力を失い退任した。

岡田が亡くなった年の十二月二十九日に、日経平均株価は史上最高値の三八、九五七円を記録し、翌九〇年の大発会から下落に転じ、九一～九二年からバブル崩壊が始まった。

本社ビルの北側にある住友銀行では、磯田一郎会長が「向こう傷を恐れるな」と大号令を発し、八八年には収益力で都銀一位を奪回していたが、イトマン事件を引き起こし、九〇年十月に引責辞任した。

住友特殊金属の翌九〇年度の売上高は六三一億円と過去最高であったが、九一年度から三年間は財務面での苦労が続くことになった。

まず八六年五月発行のワラント権付き社債（約一二〇億円）は、ワラント（新株購入権）が行使されることなく、九一年五月に社債の償還時期を迎えた。これは銀行からの借入金で返済された。八九年九月発行のスイスフラン建て転換社債（約一七〇億円）は、九一年九月に割増償還が必要となり、吹田製作所の土地の七〇％を一〇五億円で売却するなどして対応した。

さらに、余剰資金を運用していた金融子会社の清算などで九一年度は経常赤字になった。株価暴落と市況悪化で、金利負担が増し、金融収支が逆回転したのであった。九一年六月、社長は青柳から岡本雄二に代わった。

九一年の十月二十七日の朝日新聞には、「転換社債・ワラント債に走った企業に償還請求」、「資金調達へ土地放出」と題した記事で吹田製作所の写真が掲載された。また民放テレビの報道番組では、ニュースキャスターに「バブル崩壊で、これがただの紙切れになるのです！」とワラント債を振りかざして騒がれたこともあった。しかし住友特殊金属では早めの対応で、ワラント権付き社債の償還は終了していた。

翌九二年八月には子会社のコーラル㈱*が解散となり、その貸倒引当金と売上高減などで、九二年度は二七億円の経常赤字となり、無配となった。世の中では、八九年末に付けた日経平均株価

三九、〇〇〇円は九二年八月に一五、〇〇〇円以下になり、不動産価格が暴落し、「肌で感じるバブル崩壊」が始まっていた。

＊コーラルブランドのスピーカは、手作りの良さで、オーディオマニアには愛用されていた。住友特殊金属は一九六〇年に資本参加したが、コーラルは八七年にはオーディオ部門から撤退し、ＭＲＩの組み立てなどを行っていた。

このような経済環境の中、経営層は厳しい対応を迫られたが、社員は委縮することなく、生産と技術開発は維持された。ネオジム磁石事業への期待と岡本社長のリーダーシップが社員を支えたように思われる。

そして九三年の春から市況は急速に回復した。九二年八月に一、〇〇〇円以下になっていた住友特殊金属の株価は九三年八月には二、三〇〇円になった。九三年度は、経常損益は赤字ながら最終損益は黒字に転じ、九六年度には配当を復活した。岡田社長の積極経営が一時裏目に出て、金融面で苦労したが、かえって会社の財務体質を強固にすることになった。

九五年、九七年には円建て転換社債を発行し、資金を得て順調に業績を伸ばし、二〇〇〇年度には売上高は過去最高の九二七億円になった。

その意味で、岡田は後輩に「美田」を残したと言えるであろう。

遺族によると、九一年から九年間社長を務めた岡本雄二は、毎年岡田の命日には遺族を弔い、「いま会社があるのは、岡田典重さんのお陰です。」と感謝の意を表していたとのことである。

14　九〇年代の進展

三・五インチＨＤＤ

日本では一九九〇年代は「失われた十年」と言われることがある。為替が一ドル百円以下に変動する中で、経済成長率は一％前後に落ち込み、いくつかの金融機関が破綻した。しかし、八〇年代から始まったトフラーの「第三の波（情報化社会）」は確実に押し寄せていた。

九三年にWindows3.1、九五年にWindows95が発売され、パソコンが爆発的に普及した。また九三年に開発されたインターネットが身近になった。九〇年代前半には、ポケベル（ページャー）が流行し、九六年には携帯電話の加入者が急増した。

パソコンはデスクトップ（机上）からラップトップ（膝上）に小型化され、その記憶装置であるＨＤＤ（ハードディスクドライブ）のディスク寸法は八〇年代の五・二五から三・五インチに置き換り、大きな事業になっていった（図66）。国内のあるＨＤＤ組み立て会社の興隆から住友特殊金属の事業を見てみよう。

松下幸之助の大番頭の一人で「四国の天皇」と呼ばれた稲井隆義が一九六四年に設立した会社に

寿《ことぶき》電機㈱があった。赤外線こたつを世界で初めて開発し、その売上を伸ばし、その後カラーテレビ、テープレコーダーなども生産し、六九年に社名を松下寿電子工業㈱に変えた。

この会社は、八〇年代半ば、米国カンタム（Quantum）社と提携し、四国の西南端（愛媛県南宇和郡一本松町、現愛南町）でＨＤＤの生産を始めた。米国サンノゼにあるカンタム本社は、ＨＤＤのデザインをするだけで、松下寿電子工業（以降 松下寿）がそのＯＥＭ生産をする。ディスク、磁気ヘッド、磁石などを購入し、組み立ててカンタム社製ＨＤＤとして販売するのである。

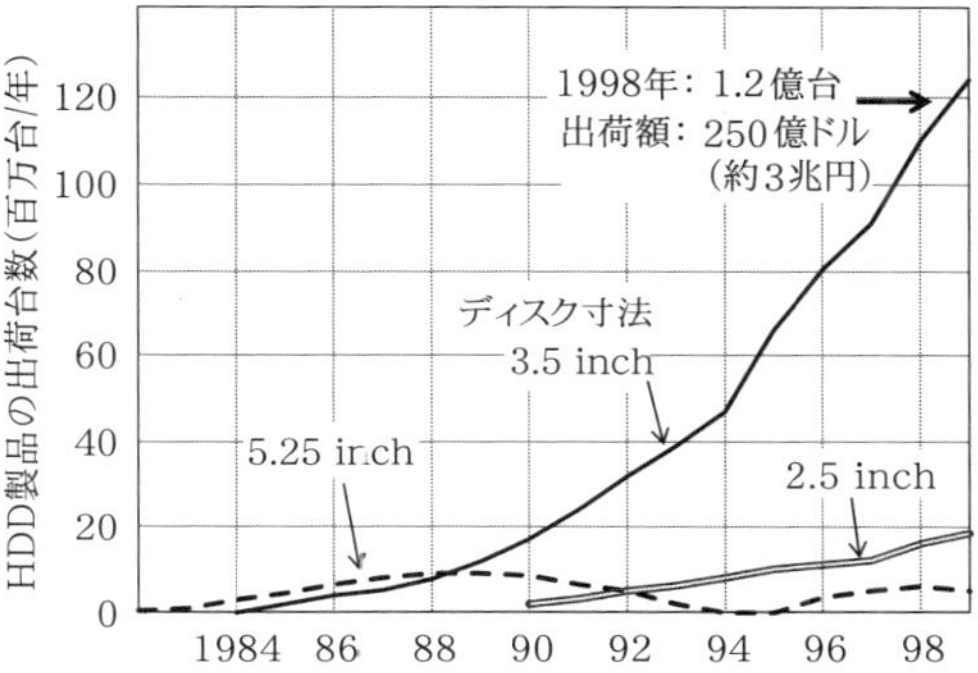

図 66　世界の寸法別 HDD 出荷台数の推移 (65)
ディスク寸法は 3.5 インチが主流になっていった。

カンタム社は八〇年ころ、ミニコン向け八インチＨＤＤの大手メーカーであったが、八〇～八五年にシーゲートが五・二五インチＨＤＤで攻勢をかけた時、そのデスクトップへの流れに完全に乗り遅れた。この巻き返しのため、カンタム社は、敢えて別会社を組織して、八五年ころ三・五インチＨＤＤ市場に打って出た。

その結果、この新生カンタムは九四年にはＨＤＤ生産で世界最大手になる。九六年には二位のシーゲートが三位のコナーフェリペラルズを買収したため、首位を明け渡すが、二〇〇〇年ころ世界のＨＤＤで一七％のシェアを持ち、また住友特殊金属にとってはＶＣＭ用磁石を年五〇億円購入してくれる大ユーザーとなった。

住金鋼材（現日鐵住金建材）で土木建材品の営業をしていた平田は、八五年住友特殊金属の大阪営業部に移ってきた。彼は磁石や電子部品について全く知識がなかったが、持ち前の気さくな性格と幅広い情報網から、八七年の初め、愛媛県南端の一本松工場でのＨＤＤ生産の動きを察知した。

松下寿では、従来から電子部品を主にＴ社から購入していたので、初めて手掛ける三・五インチＨＤＤの駆動装置（ＶＣＭ）用の磁石も、全てＴ社に供給してもらうのが当然として、準備を進めていた。平田はこれを知り、開発部門のあった現在の東温市（松山市の東方）に通い、あらゆる人脈を使って新磁石の売り込みを図った。

「ネオジム磁石はまだ、できたての製品です。発明会社である住特金にはより多くの技術蓄積と経験があります。」

平田の執拗な訴えが功を奏したのか、松下寿の社内会議で、「新しい磁石を使うに当たっては、その発明会社と付き合う方が、色々対応してくれて安心だろう。」ということになり、磁石は一〇〇％住友特殊金属に発注されることになった。

そして松下寿は八八年一月からＨＤＤ機種「タコ」（記憶容量二〇ＭＢ）の生産を開始した。生産台数は当初は月一万台であったが、月一五万台に、さらに三〇万台へと急速に増えていった。それだけ磁石供給量の増加が要望された。

ニッケルめっき

ここで、当時のネオジム磁石の表面処理の種類を整理してみよう（表10）。八六年に開発したアルミニウム蒸着被膜は、耐食性は良いが、表面に微細な凹凸がありＶＣＭ用には適さない。そのため松下寿向けにはその表面に電着塗装をして納入していた。

電着塗装とは磁石を一つずつ金属フックに吊るして液に浸漬し、電気を流して塗料を付着させ、加熱硬化させる方法である。ただフックの通電部は塗料が付着しないので、タッチアップと言って手で一つずつ補修する必要があった。またエポキシ塗装をして納入するＶＣＭ顧客もあったが、上下面交互に塗装、焼付けをする必要があり、いずれも外注作業で、生産性が悪く、増産対応が難しかった。

その一方、松下寿では、急激な需要増に対応して八九年ころから次機種「バットマン」の検討が始まった。この次機種ではニッケルめっきした磁石が要望された。その方が、汚れの付着が少なく、安価だと言うのであった。どうも競合のＳ社かＴ社が提案し、すでにニッケルめっきサンプルが出ているようであった。

住友特殊金属でも、住友化学から専門家を派遣してもらい、八八年に新しいニッケルめっき法を開発し、八九年春には吹田製作所で量産する運びになっていた。しかし、生産を始めると、品質が

表 10　ネオジム磁石の表面処理（1990 年代前半）

Al 被膜は表面凹凸のため VCM 用には不適で、Ni めっきが開発された

被膜名称	方法	膜厚（μm）	主用途	量産年
アルミニウム被膜（AC）	蒸着	7 ～ 19	モータ	1986 ～
エポキシ塗装（SC）	スプレー	40 ～ 80 →（10 ～ 25）	VCM	1985 ～
電着塗装（ED）	浸漬	20 ～ 30	VCM	1986 ～
ニッケル＋銅 2 層電気めっき（NC）	浸漬	10 ～ 20	VCM	1992 ～

安定せず、量産は行き詰まっていた。

松下寿からニッケルめっき品の要請があり、他社が先行しているとの情報が営業の平田から入ったのはちょうどその時であった。

そこで、ニッケルめっきの生産を請け負っていた吹田製作所の所長（常務取締役）が動いた。「この新開発のニッケルめっき法では量産は無理だ。一から考え直す必要がある。」

彼は以前に、電話交換機用鉄心材料の電気ニッケルめっきをバレル法*で量産してきた経験があり、理解は深かった。ただ、ネオジム磁石のように水に溶け出しやすい粒界相（Nd リッチ相）を持った金属は扱うのは初めてであった。

＊籠の中に個片を入れ、回転させながら反応槽と水洗槽に順次浸漬していく方法。電極は籠の内部と槽側にある。

「年末までに松下寿にニッケルめっきサンプルを納めないと他社に負けるな。これは私がやるしかない。」

彼の技術者魂に火がついた。七月から覚悟を決め、助手一人を使って三ヵ月間精力的に実験を進めた。昼は日常の所長業務、夕方に助手から実験結果を聞き、翌朝に次の実験を指示するという日々が続いた。そして二ヵ月

後、独自の銅–ニッケルの二層めっき被膜にたどり着いた。

まず磁石個片を特別な酸で前処理をし、銅めっき、次いで電気ニッケルめっきするのであるが、下地に銅めっきをしておくと、ニッケルめっき工程で磁石表面からのネオジムの溶出を抑えることができ、密着性が上がるうえに、ピンホールや厚みの不均一を防止できると言うわけである。

前処理の酸液の選定にも苦労した。一ヵ月の試行錯誤の末、ある微酸性のエッチング液を使えば、水素の吸収も少なく抑えることができ、均一ニッケルめっきの突破口が開けられた。

年末には松下寿の認定を受け、翌九〇年初めには二千個のニッケルめっきサンプルを収め、遅まきながらＶＣＭの大口顧客における評価試験の土俵に上がることができた。

九一年四月から「バットマン」（五〇ＭＢ）の生産が始まり、十月には、養父工場に本格量産めっきラインが稼働した。この銅とニッケルの二層めっきは、競合二社の単層ニッケルめっきより耐食性が良く、品質が安定していた。そのためＶＣＭ顧客の高い評価を得て、この伸び盛りの市場においてリーダーシップを取ることになった。

松下寿の例では、その後毎年のように新機種が立ち上がり、九二年は一、二〇〇万台（月一〇〇万台）であったのが、九六年にはシンガポールやアイルランドなど海外生産を含めて年三、〇〇〇万台の生産になった。その約半分は住友特殊金属のネオジム磁石が使用されることになった。

ただ表面処理は総合技術である。めっき被膜の耐食性だけでなく、廃液の処理法、コンタミ（付着物）対策も必要であった。

「磁石の加工作業と表面処理ラインが近いのは磁粉をめっき被膜に巻き込む可能性がある。」とのＶＣＭ顧客の要望と廃液処理問題から、九四年には住友金属工業鋼管製造所（尼崎）の構内にめっきラインを移設し、本格的な量産ラインにした。

その移設前、めっき工程を外注にするか社内生産にするかの議論があった。議論の末、外注ではなく社内で立ち上げた判断は正しかった。その後もＨＤＤのクラッシュ問題対策から、ＶＣＭ顧客のコンタミネーションへの管理は益々厳しくなり、顧客要望に迅速に対応して改善する必要があった。毎年のように、納入先の技術者が来場し、工場全体のクリーン度だけでなく、めっきライン出口のクリーンルーム化、下流から上流への空気の流れまで管理するところとなった。

ハードディスクドライブ業界の動向にも触れておこう。ＨＤＤの世界出荷台数は九六年には一億台を超え、二〇〇六年には二・五億台になり、その後は半導体メモリーの進歩があり、横ばいか減少傾向となっている。

一九八〇年代に百社あったＨＤＤメーカーは、現在ではシーゲート、ウエスタンディジタル、東芝の三社に集約された。ＨＤＤを初めて世に出したＩＢＭは、ＨＤＤ部門を二〇〇三年に日立製作所に売りＨＧＳＴとなり、さらに日立はそれを二〇一一年にウエスタンディジタルに売却した。

松下寿は、納入先のカンタムが二〇〇一年にマクスターに統合され、それがまた〇六年にシーゲートに買収統合され、販路を失った。そのため同年、事業は二・五インチの小型ＨＤＤに特化していた東芝に統合され、松下寿の四国の製造拠点は無くなった。会社は現在愛媛県東温市などを拠点にヘルスケア事業を行っている。四国西南端の一本松は再び過疎の町になった。

エレクトロニクス関連の組立事業の変化の激しさと難しさを感じさせられる事例となった。

希土類合金の供給会社

米国ユノカル（UNOCAL）グループのモリコープ社（Molycorp）は一九五二年からカリフォルニア州マウンテンパスにある希土類鉱山で操業し、ここで精製された希土類金属は、カラーテレビ用など、世界の需要をほぼ一手に担うほどの隆盛を極めた。しかし、八〇年代半ばから中国の安値攻勢に押され先行き厳しい状況であった。

一方、住友金属工業は、八五年のプラザ合意以降の円高で、鉄を使用する顧客の海外進出が続く中、鉄鋼事業の伸びに限界を感じ、鉄鋼以外の多角化（新規）事業に乗り出す戦略に出ていた。すでにシリコン、チタン、セラミックス事業への進出を終え、希土類事業への展開を模索していた。

両社の思惑が一致し、九〇年に設立されたのが住金モリコープで、出資比率は、住友金属工業が六七%、モリコープが三三%であった。

その新会社は、当初モリコープの希土類製品の輸入販売をしていたが、二年後の九二年七月、住友特殊金属のネオジム・鉄・ホウ素合金製造技術を導入し、住友金属工業和歌山製鉄所内に溶解、鋳造工場を建設し、九三年から磁石合金の製造、販売を開始した。

それまで住友特殊金属では吹田製作所でネオジム磁石合金原料を製造していたが、九二年の赤字決算で、社内での合金製造は中止し、その真空溶解技術を販売し、資金を得る道を選んだのであった。

前にも述べたように、三徳金属工業はネオジム磁石の発明当初から、金属ネオジム原料（フェロネオジ）を吹田製作所に納入していたが、八九年からは合金原料（鋳造片）も納入するようになっていた。九三年からはこれに上記の住金モリコープと昭和電工が加わり、合金原料の供給は三社体制となった。

ストリップキャスト法

一九九二年から山崎の研究開発本部で、磁石全般の開発を任されていた石垣尚幸は、ネオジム磁石の磁気特性の向上とその安定化に頭を悩ませていた。

磁石特性が不安定な要因はその原料にあった。原料となる磁石合金は、溶解のあと水冷鋳型に注ぎ込んで急冷される。鋳型に接する部分は微細な柱状晶の結晶組織となるものの、中心部分は成分偏析があり、また結晶粒径が大きい。対策として、水冷鋳型形状をピラミッド型に変更し、鋳造片厚みを四五から二五ミリメートルまで薄くしてきたが、これ以上薄くすると鋳造ができない。

「鋳型接触部の微細な柱状組織が全体に一様になれば、プレス型に入れる粉末の粒径分布が狭まり、磁石特性は良くなるのだが。」との思いを石垣は持ち続けていた。

三徳金属工業の井上祐輔（九一年から社長）は頻繁に住友特殊金属を訪れ、価格問題だけでなく、住友特殊金属が抱える種々の技術課題にも積極的に対応していた。例えば、養父工場での磁石の切断や加工工程で発生するスラッジ（研磨油と希土類原料が混じった物）の処理やリサイクルにも取り組んでいた。

また八九年には、原料価格を下げる方法として、井上は金属ネオジムの代わりにジジム合金を使うことを提案した。ジジム（Didymium）とは双子という意味で、ネオジム（Nd）とプラセオジム（Pr）の合金である。磁石特性では両元素の差異はほとんどないので、ジジムを使うと両元素を分離する費用が削減できると言うのであった。この提案に基づき九〇年からジジムを使用したNd（約二〇％Pr）－Fe－B合金が供給されていた。

＊一八八五年、それまで単一元素とされていたジジムを二つの元素に分けることに成功し、一つをプラセオジム（Pr）、他を新しいジジム Neodidymium（現在では Neodymium）（Nd）と名づけられた。

九二年四月、井上は山崎製作所を訪れ、「うちの技術者がストリップキャスティング（ＳＣ）と言う方法で薄い鋳片を造りました。この方法なら、均一に細かな結晶が得られます。お役にたつでしょうか?」と言って鋳片サンプルを持ってきた。

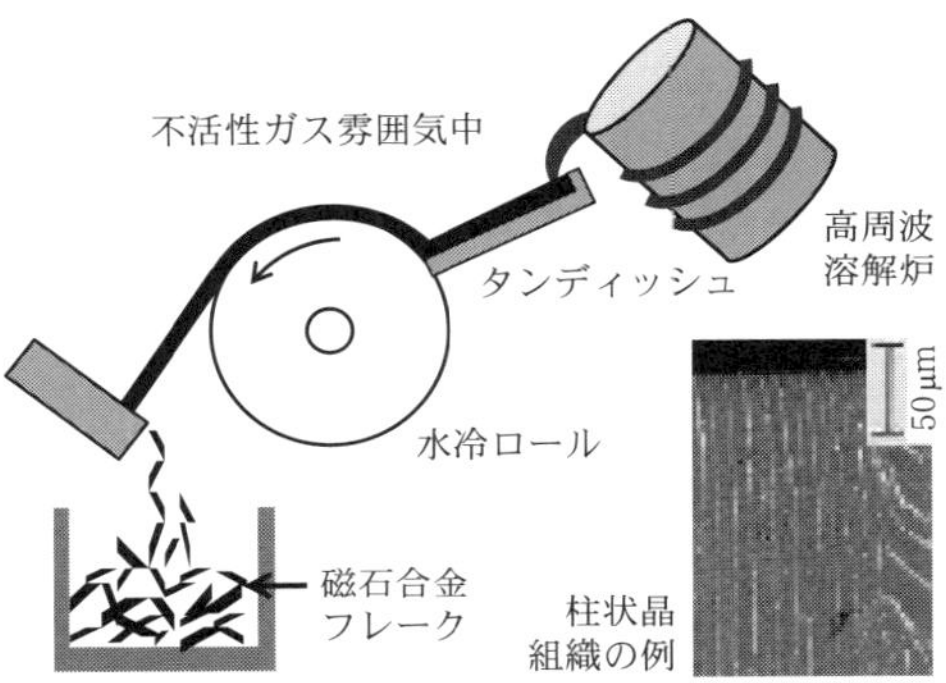

図67　合金原料のストリップキャスト（SC）法
微細な柱状晶組織が均一に得られる利点があった。

ＳＣ法とは、溶融したネオジム・鉄・ホウ素合金を、不活性ガス中でタンディッシュを介して回転するロールの上に流し込み、直接薄い鋳片（〇・一～〇・五ミリメートル厚）を得る方法である（図67）。

このＳＣ法では、溶融合金は均一に急冷されて微細な結晶が得られるだけでなく、徐冷部に形成される初晶の鉄相*ができにくい利点もあった。この鉄相があると粉砕が不均一になり、磁気特性の変動が大きくなるので、それまでは鋳片を熱処理してこの鉄相を消していた。それも省略できる。

＊図36のFe－Nd－（B）系状態図で、初晶は鉄相であることがわかる。急冷するとこの鉄相は出なくなる。

三徳金属工業は、そのＳＣ法の特許[66]を九二年二月に出願し、その三ヵ月後に住友特殊金属に持ってきたのであった。

石垣はこの新しい鋳造法の話を聞いて、「これこそ、いま求める合金原料では？」と思った。しかし、彼は当時顧客対応で忙しく、新しい原料を評価するどころではなかった。

特に、当時はＩＢＭ向け磁石で大クレームを起こし、その原因が三徳金属の原料に起因していると懸念されていた。そのため、三徳金属との会合は頻繁に行われたが、議論はそのクレーム対応に終始していた。一方、三徳側としても、新しい技術の話を切り出すことができなかった。

その内、他の実施権許諾会社ではSC合金を高く評価し、量産供給してほしいとの話がでてきていた。やむなく井上は、九三年の正月に住友特殊金属本社を訪問した際、社長の岡本雄二へ、

「均一で微細な粒径が得られる新しい合金原料を御社の技術部門に提案したのですが、なかなか進みませんな。他社と話を進めますが、良いでしょうか?」と苦言を呈した。

「井上さん、そりゃあかんわ。新しい合金はまずうちで評価させてもらわんと。他社にはそれからや。ちょっと待ってもらわんと、殺生《せっしょう》やで。」と岡本は言って、石垣にすぐ評価するように指示した。

石垣は、自らの不覚を感じ、精力的に調査を開始した。まず当時ストリップキャスト法の研究をしていた住友金属工業の研究所に相談に行き、その紹介で直江津製造部門にある住友式ステンレス用SC設備を見に行った。これを参考に、吹田の溶解炉を改造し、片ロール上への鋳込み実験を行った。なるほど、結晶は微細化し、鉄相もなく、磁石特性は向上した(25)。

「これはネオジム磁石にとって画期的な技術だ。この技術はなんとか権利化しなければ。」と皆が確信し、対応を検討した。

三徳金属工業では九三年四月末に月二〇~三〇トン能力のSC装置を立ち上げる予定であったの

で、まずはそのＳＣ原料の独占的な供給を依頼した。その代わり、三徳金属のＳＣ特許の成立には協力するとの約束となった。担当者間だけでなく、トップ間でも情報交流のチャネルを持っていたのが幸いした。

一方、藤村ら特許部門は特許権利関係を調べた。すると、この三徳金属以外にもＳＣ関連の特許が出願されていることが判明した。「このままでは特許網が破られる。ネオジム磁石の技術イニシアティブを他社が握ることになる。」

関係者総力で公知文献や特許の調査を進めると、新日本製鐵が八七年にＳＣ関連の特許(67)を出願し、六年間審査請求*されていないことが明らかになった。

＊二〇〇一年以降は、審査請求期間は特許出願日から七年ではなく、三年に短縮されている。

九四年三月、住友特殊金属は、住友金属工業の協力を得てその特許の購入交渉を進め、分割、補正して九七〜九八年にＳＣ技術の特許を権利化することとなった。

磁石特性の向上

原料三社はそれぞれ特許問題を整理し、独自にＳＣ法の技術改善を行い、より望ましい合金原料を製造するようになった。例えば、住金モリコープの和歌山工場では、九五年に一号機、九八年に二号機のＳＣ装置が稼働した。

このSC合金の活用や不純物量の低減などにより、九〇年代半ばに磁石特性は一段と向上した。VCM用の量産品では、九一年に最大磁気エネルギー積は四〇メガになっていたが、九六年には五〇メガ(68)、二〇〇〇年には五二メガまで達した。

一方実験室レベルでは、八七年に五〇メガまで達していたが、SC原料の活用などで九四年に金子、石垣らが五四・二メガを出し、またTDKや海外からも最高磁石特性記録の発表が相次いだ。その後、より不純物量を減らし、$Nd_2Fe_{14}B_1$の化合物に近づけた組成にし、さらに結晶の配向度を上げることで、五七・五メガ(69)や五九・三メガ(70)まで上昇し、化合物の最大磁気エネルギー積の理論値である六四メガに限りなく近づいている(図68)。

保磁力も同時に改善され、約一〇質量%のジスプロシウム添加で高い磁力と二四〇℃まで耐熱性を併せ持った磁石が開発された。

これらの結果、エアコン圧縮機用モータ(約一五〇℃対応)やハイブリッド自動車用モータ、発電機(約二〇〇℃対応)にまで用途が広がることになった(図69)。保磁力は、十五年間で約一・八倍になった。

少し前のことになるが、佐川を含めた住友特殊金属のネオジム磁石開発者五名(代表:高間栄三開発本部長)は九四年三月「第四十回大河内記念賞」を受賞した。この賞は生産工学および生産技術上優れた独創的研究成果をあげ、学術の進歩と産業の発展に貢献したグループに与えられる賞(賞

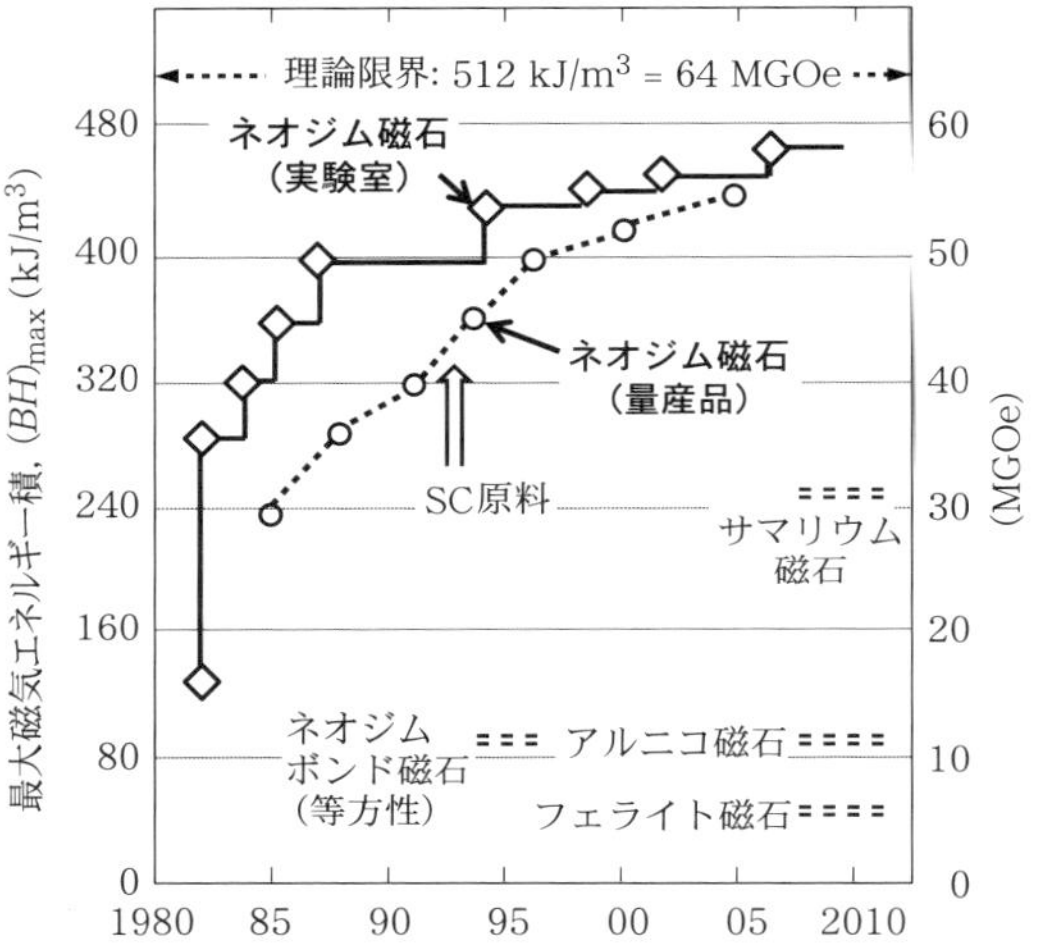

図 68　最高磁石特性の推移

ネオジム磁石の磁力は理論限界に近づきつつある。

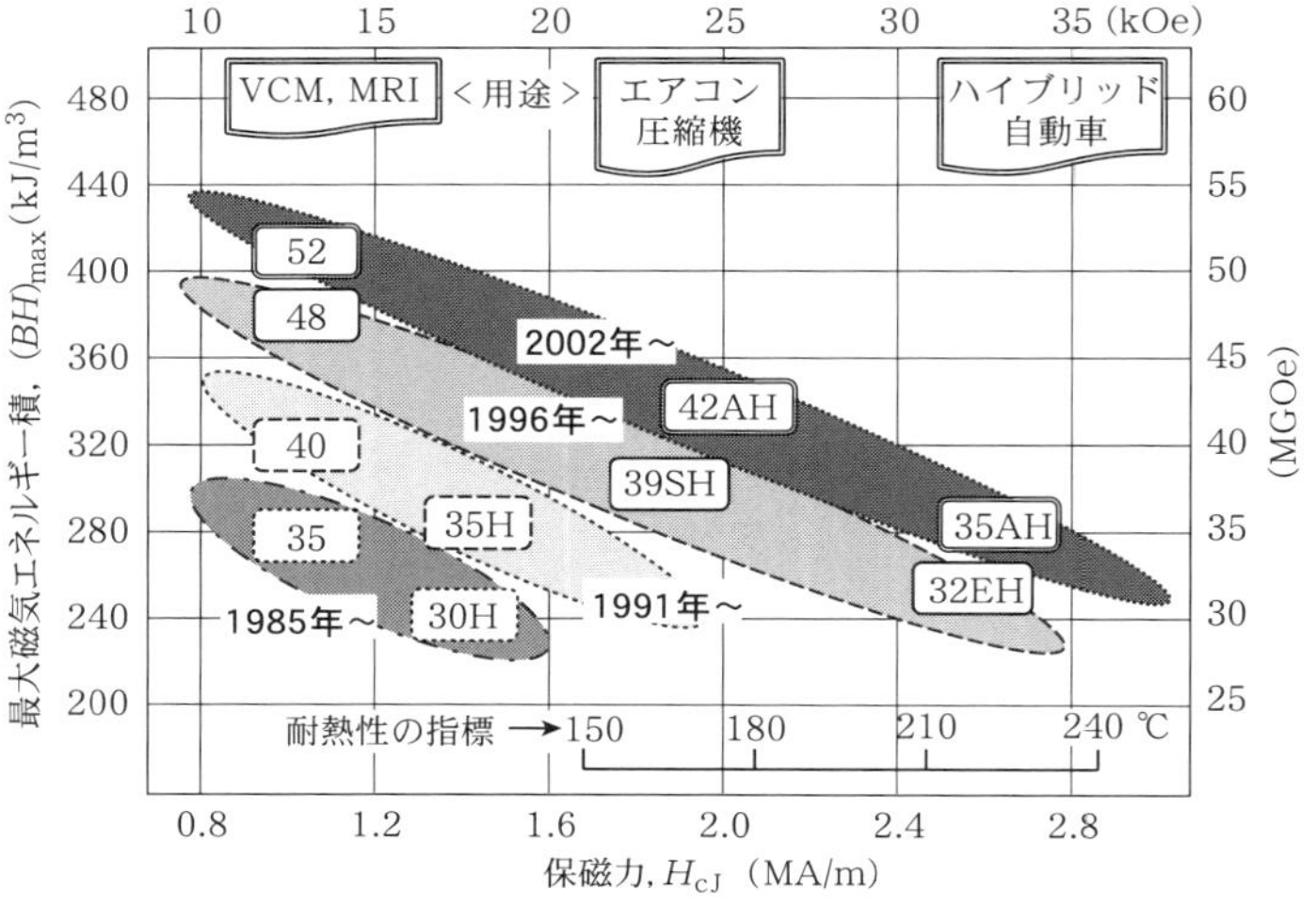

図 69　ネオジム磁石の種類と高性能化（量産品）

耐熱性が向上し、モータ用途にも使えるようになった。

金百万円）で、製造会社に勤務する技術者にとっては最も栄誉ある賞である。

この申請書には、一九九二年のネオジム磁石の生産規模として、世界で四二〇億円、日本で三四六億円、住友特殊金属の生産金額一九〇億円（世界シェア約四五％、国内シェア約五五％）、出願特許三六四件、特許実施権供与八ヵ国一九社と記されている。

賞金の半額は当時インターメタリックスの社長をしていた佐川に、残りは山崎製作所、吹田製作所と養父工場の記念植樹に充てられた。

サマリウム・鉄・窒素磁石

ネオジム磁石の発表に世界の電子部品会社の注目が集まり、その需要が高まる中、欧州の研究機関は手をこまぬいていたわけではなかった。

八五年から四年間ＣＥＡＭ*の元で、希土類‐鉄に加えるホウ素以外の第三元素の探索が精力的に行われた。その結果、アイルランド、トリニティーカレッジのコーエイがサマリウム・鉄・窒素（Sm‐Fe‐N）磁石を見つけていた。

＊Concerted European Action on Magnets：磁石に関する欧州協調活動。

九〇年十月に米国ピッツバーグで開催された国際会議の最大トピックスは、このSm‐Fe‐N磁石であった。会議直前に英国で発表された際は、アイルランドの一般紙の一面見出しに「アイルランドの国興し」と大きく騒がれていた。

コーエイは希土類・鉄合金に水素（H）を吸蔵させる実験をする過程で、Sm_2Fe_{17}化合物に窒素（N）を添加してみたところ、飽和磁化（J_S）が五〇％上がり、キュリー温度が一五〇から五〇〇℃まで上がったのであった。この磁気特性の向上は、小さな窒素原子により鉄原子間距離が広がった結果であり、まさに富士通にいた佐川が七八年、浜野の講演を聞いて閃いた仮説（六〇ページの図15）がここに実証されたのであった。

歴史は理屈通りに進まない。もし理屈通りなら、佐川はNd–Fe–B化合物発見の前に、このSm–Fe–N化合物を見つけていたはずである。

鉄原子間に侵入する小さな元素として、まず思い浮かぶのはこの窒素と炭素である。しかし、佐川の溶解実験法では、Sm_2Fe_{17}への窒素添加はうまくいかず、炭素添加でNd–Fe–Cに行き、それが不安定であったので、ホウ素の添加を試み、Nd–Fe–B化合物に行き着いたのであった。

その国際会議でコーエイの熱気に満ちた講演が終わった後の休憩時間に、サマリウム・コバルト磁石の発明者であるスツルナットが佐川に声をかけてきた(71)。

「あなたは、この新化合物をどう思いますか？」

佐川は、即座に「素晴らしい磁気特性で大変期待しています。」と答えた。ただ何故スツルナットがそのようなことを聞いてきたのか不思議に思って、「先生はこの新化合物をどう思いますか。」と

聞き返した。スツルナットは、
「もしこの新化合物があなたの磁石の前に現れていたら興味を持ったでしょう。」
と答えたという(71)。

このSm–Fe–N化合物は六五〇℃で鉄と窒化サマリウムに分解するので、焼結磁石にならなかった。すなわち、スツルナットの予言通り、ネオジム焼結磁石ほど磁力が強くならなかった。また、すでに日本では、旭化成の入山恭彦《たかひこ》らがこのサマリウム・鉄・窒素磁石を見つけ、八八年六月に特許が出願されていた。

旭化成は元々旧財閥の日窒コンチェルンの一員会社である。日窒とは日本窒素肥料のことで、アンモニア合成を軸に肥料、合成繊維、サランラップなどで事業を発展させてきた会社である。入山は八二年九州大学の修士課程を修了後、旭化成に入社し、ウラン濃縮や希土類分離などの研究をしてきたが、八三年のネオジム磁石の新聞発表以降、研究テーマを希土類元素の活用材料に変え、八六年からは永久磁石の研究を始めた。

そんな折、東北大学の高橋實が一九七二年に見つけた$Fe_{16}N_2$化合物に出会い、この窒化鉄が大変高い飽和磁化(J_s)を持っていることを知った。これに結晶磁気異方性を付与すれば、ネオジム磁石を凌駕する永久磁石ができるのではないかと思った。

そして、種々の元素(X)と鉄の合金をアンモニアと水素を含む雰囲気中、七〇〇℃で熱処理し

表11　新化合物発見の経緯比較

実験手法の違いから、違う化合物に行きついた。

	佐川眞人 (1978)	入山恭彦 (1987)
視点	Sm_2Co_{17} 磁石のコバルトを鉄に代える	高飽和磁化の $Fe_{16}N_2$ 化合物に磁気異方性を付与する
実験法	アーク溶解	溶解＋ガス窒化
経緯 (R：希土類、X：元素)	・R_2Fe_{17} ＋C ・Nd ＋ Fe ＋ C ・Nd ＋ Fe ＋ B ↓	・X ＋ $Fe_{16}N_2$ ・R ＋ Fe ＋ N ・Sm ＋ Fe ＋ N ↓
到達化合物	$Nd_2Fe_{14}B_1$	$Sm_2Fe_{17}N_3$
分解温度	1155℃	650℃

て窒素を添加（浸窒）する実験を行った。前述のように、旭化成はアンモニアの扱いに慣れていたのである。しかし、いい結果は得られなかった。

入山は半ば諦め、研究テーマを変えようとしていたが、周囲の後押しがあり、窒化の温度を四五〇℃に下げて実験してみた。すると、希土類・鉄合金を窒化した場合、結晶格子が膨張し、磁気異方性が出て、磁石特性が向上することがわかった。半年間、五〇〇点目の実験をした八七年春、三十歳の時であった(72)。

この新化合物発見の経緯を佐川の場合と比較してみよう（表11）。佐川は溶解法でしか実験しなかったが、入山はガス窒化法で実験したので異なる化合物に行きついたことが理解されよう。実験の仕方こそ大事なのである。

入山は年内に特許を四件出願し、それらの優先権主張*により、八八年に一件にまとめた特許を日本に(73)、また八九年には欧米に出願した。

*日本では一九八五年以降、出願後一年以内に改良発明を出願すれば、元の特許は取り下げとなるが、出願内容は元の出願日の国内優先権が

主張できた。旭化成では、重要特許は、最初の一年に何件か出願し、一年後にまとめて一つの特許で優先出願する方針を取っていた。一方住友特殊金属では、ネオジム磁石の出願は八五年以前で、特許の数を増やし、実施権許諾交渉を有利にする方針を取っていた。

この特許は日本では九〇年二月、欧州では五月に公開された。コーエイがSm-Fe-N化合物磁石を発表する数ヵ月前であった。一方、入山はコーエイの発表をレアメタルニュースで初めて知った。彼の学会発表は翌九一年のことであった。特許の権利化を優先し、学会発表を抑えていたためであった。

欧州では、このサマリウム・鉄・窒素磁石の事業化を諦めたことは言うまでもない。旭化成では、事業化を検討したが、販売金額を見積もると、年二〇億円でしかなかった。旭化成での新規事業化の判断基準は年一〇〇億円以上であったので、事業化は断念し、特許販売で費用を回収することになった。[*] そして、住友金属鉱山、日亜化学工業、日立金属に特許実施権を販売した。

*旭化成では、吉野彰が一九八五年にリチウムイオン電池を発明するが、この特許出願方針(一年後に一本化)や事業化判断も同様な過程を辿り、単独での事業化はせず、特許販売と部品(セパレータ)販売になっている[74]。

このSm-Fe-N化合物は六五〇℃で分解するので、焼結はできなかった。しかし保磁力が高い特徴があるので、射出成形による異方性ボンド磁石や圧縮成形による等方性ボンド磁石として耐熱用途などに現在でも使われている。ただ、今のところ磁石の世界を大きく変えるほどにはなっていない。

素晴らしい性能の化合物が見つかっただけでは、真のイノベーションにはならない。大きな発明には、ネオジム磁石のように、女神が二度微笑むことが必要なのであろう。

入山は、旭化成での事業化が断念され、研究が続けられないのが無念でたまらなかった。そこで、九五年に磁石の研究に熱心であった大同特殊鋼に転職した。旭化成との誓約書により、二～三年間は他の磁石の研究に専念し、九九年からサマリウム・鉄・窒素磁石の研究を大同特殊鋼で再開した。そして〇三年、その新しい等方性磁粉（$Sm_1Fe_7N_1$）とそのボンド磁石の開発、実用化に成功した。

15 磁石応用製品の拡がり

省エネエアコン

九五年の国内ネオジム磁石の生産量は一、九〇〇トンで、その用途の半分以上はＨＤＤのＶＣＭ用であった。しかし、二〇〇〇年には生産量が五、二五〇トンに倍増し、二〇〇五年には四・四倍の八、〇三五トンに増え、用途の主役はモータ用になっていった(図70)。

永久磁石を使用した小型モータとしてなじみ深いのは、固定子側に二~四個のフェライト磁石を配置し、接点ブラシで回転子のコイルに流す電流の向きを変える「直流ブラシ付きモータ」で、マブチモータなどが良く知られている。

一方、中大型モータでは、「誘導モータ(ＩＭ：Induction Motor)」と言って、磁石を使わず、固定子のコイルによる磁界と回転子のコイルに発生する誘導電流、誘導磁界により回転させる方式が主流であった。この場合、モータ構造は簡単だが、磁界を作るのに電流が必要なためモータの効率は悪かった。

その後、回転角度センサやインバータなど電流制御技術の進歩により、回転子側に磁石を付け、

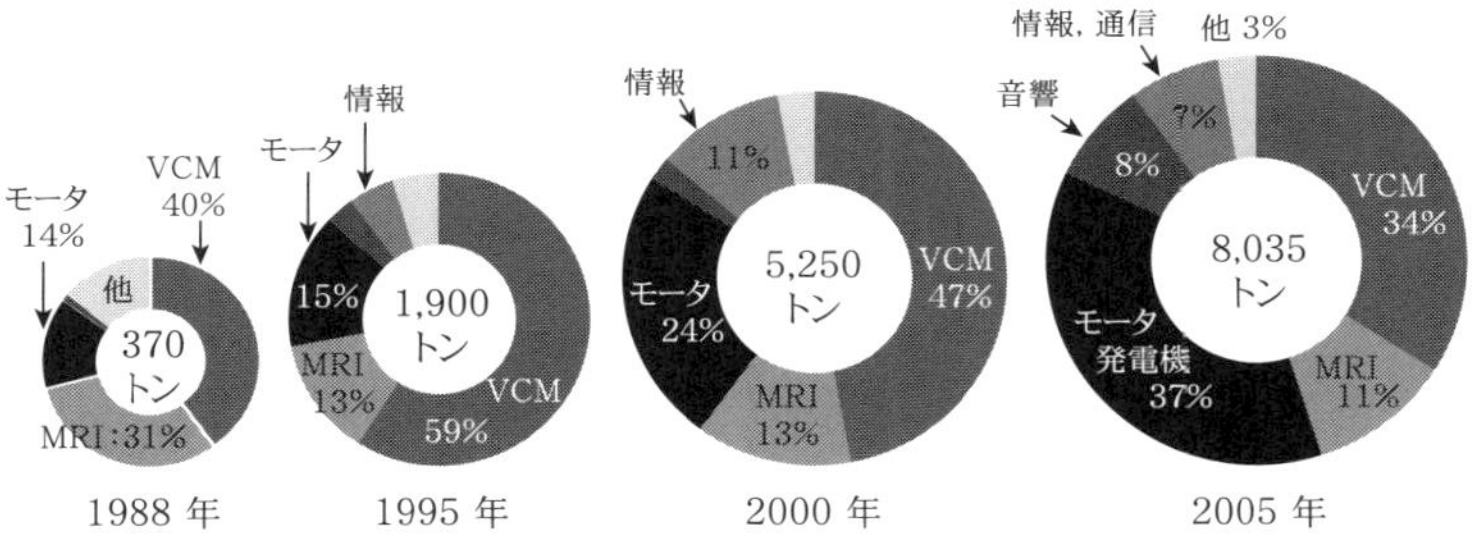

図 70　ネオジム磁石の生産量と用途の変化（国内）
1990 年代は VCM が主な用途であったが、2000 年以降はモータ用途が増えた。

固定子の巻き線に流れる電流を調整して回転させる、「ブラシレスDC（直流）モータ」が出現していた。

家庭用エアコンに目を移すと、その消費電力の八割は室外機にあるコンプレッサー（圧縮機）で使われるため、そのモータの効率化が進められてきた。八一年、世界で初めて家庭用インバータ・エアコンが東芝から発売され、八三年には回転子表面にフェライト磁石を配置したSPM（Surface Permanent Magnet）ブラシレスDCモータを搭載したエアコンが日立製作所から発売された。

名古屋工業大学の助手をしていた大山和伸《かずのぶ》は、一九八六年ダイキン工業に入社し、インバータ制御の研究を続けていた。彼はその過程で、回転子の形状を工夫して磁界の流れを調整すれば、もっと効率のいいモータができるのではないかと考えた。

九〇年、三十四歳の大山は大阪府立大学の武田洋次助教授を訪ね、指導を仰ぎ、回転子の内部にネオジム磁石を埋め込んだ新しいIPM (Interior Permanent Magnet) モータの共同研究を始めた。

二年余りの基礎研究の結果、そのモータは省エネモータとして有効なことが明らかになった。早速ダイキン工業社内で、このＩＰＭモータを実用品とするための商品化プロジェクトを起こし、使用磁石の選定に入った。

前にも述べたように（三九ページ）、戦後間もないころダイキン工業（当時大阪金属工業）は米軍向け砲弾特需の際、住友金属工業から資本出資を受け、住友金属工業は筆頭株主となっていた。* ダイキン工業の常任監査役には、住友金属工業および住友特殊金属を通して岡田典重の部下であった羽島賢一が九一年から赴任していた。

*九〇年代の中頃、住友金属工業から資本独立している。

羽島は、大山からこの社内プロジェクトの報告を聞き、「ネオジム磁石による省エネ時代の幕開け」を感じ取った。磁石会社に材料を単に供給してもらうだけでなく、磁石屋とモータ屋が一体になって商品化した方がいい。ユーザーとサプライヤーが一体となった所謂《いわゆる》「コンカレント・エンジニアリング」の必要性を感じた。そして言った。

「大山君、僕と一緒に住特金の山崎製作所に行こう。そこの優秀な技術屋を紹介するから。」

早速、九四年二月から両社間で共同開発が始まった。大山がＩＰＭモータの機構を説明し、逆向きの磁界がかかっても磁力が減らない高保磁力磁石の開発を依頼する。一方、住友特殊金属側は磁石性能の可能性と限界を説明し、目標とする磁石の特性が決められた。

住友特殊金属の開発部門にいた金子裕治らは多数の溶解・成形・焼結実験を行い、試作したばかりのネオジム磁石を近くに住む営業マンが、出勤する途中に草津市（滋賀県）にあるダイキン工業の電子技術研究所に立ち寄って渡し、その日の内に評価試験をしてもらうという日々が続いた。エアコン圧縮機の使用環境下でのアルミ蒸着被膜の耐食性試験も続けられた。

そして九五年、高い磁気エネルギー積と一五〇℃以上の耐熱性および耐食性を併せ持った磁石ＮＥＯＭＡＸ39ＳＨ（図69参照）が開発され、新しい設計のＩＰＭモータに使用されることになった。

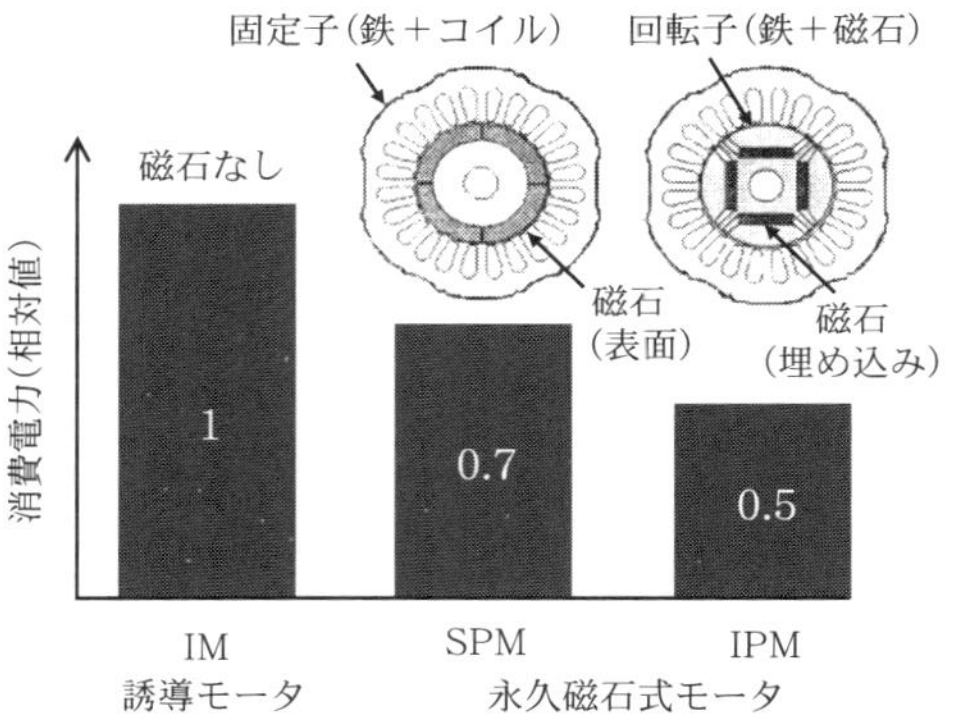

図 71　エアコン圧縮機の消費電力比較
IPM モータが開発され、モータの効率が大きく改善された。

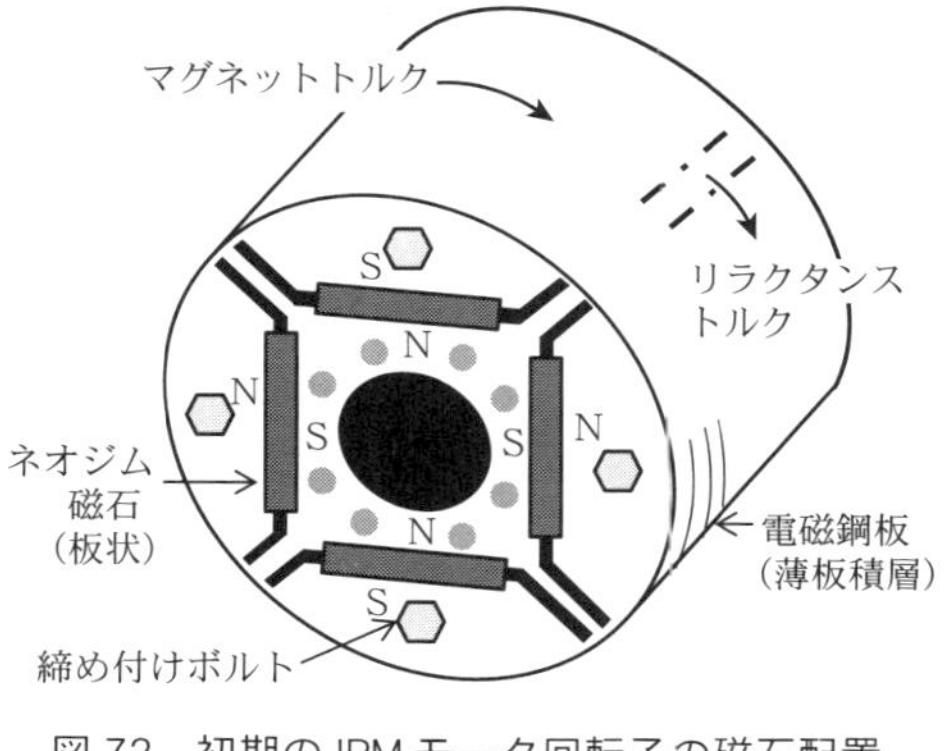

図 72　初期の IPM モータ回転子の磁石配置
現在では多様な磁石配置が考案されている。

九六年三月にダイキンからこの新技術による家庭用エアコン「SXシリーズ」が発売された。誘導モータからSPMモータに変換して消費電力は三〇%低下していたが、このIPMモータにすることにより消費電力は五〇%低下したのであった(図71)(75、76)。

なぜモータの効率が上がったかというと、専門的になるが、「SPMモータは、マグネットトルク(回転子のN・S極と固定子S・N極が吸引-反発し合う力)のみを利用するが、IPMモータでは、それ以外にリラクタンストルク(固定子磁極が鉄を吸引する力)も使うから」と説明されている(図72)。

このダイキン工業のエアコンの新シリーズは、折からの省エネ競争に乗り、また九九年の「うるるとさらら(無加水・湿度制御エアコン)」発売の後押しもあり、以降国内シェアを上げ、ダイキン工業を一躍エアコン業界トップメーカーに押し上げて行った。

ハイブリッド自動車

一方、自動車業界では一九八〇年代からガソリン車による都市の大気汚染が問題になっていた。前述のGMのロジャー・スミス会長は、住友特殊金属との特許係争が和解する直前の一八八年九月、「三〇〇万ドル(約四億円)、十五ヵ月かけて電気自動車試作車開発プロジェクトを立ち上げ、九〇年四月に電気自動車『インパクト』を製造する。」と発表していた。この電気自動車のバッテリーやモータの開発を担当したのが前述のデルコ・レミー社であった。

九一年にGMは史上最大の赤字を出し、ロジャー・スミス会長は退陣し、電気自動車の開発も延期されたが、九六年秋には念願の電気自動車「EV1」が発売された。この時のモータは誘導モータ(IM)であった。しかし、発売後三年間で六六〇台しか売れず商業的には失敗してしまった。

一方トヨタ自動車では九四年初めから、二十一世紀のクルマの姿を考える「次世代車の開発プロジェクト：G21」が始まっていた。リーダーは当時四十八歳の内山田竹志で、そこに十名ほどのエンジニアらが集められた。そして、議論の末、燃費一・五倍(リッター二〇キロメートル)を目指した排気量一・五リッターの直噴エンジン車を造ろうということになっていた(77)。

ところがその九四年末になって、六月に就任したばかりの和田明広副社長から、「燃費一・五倍では意味がない。二倍にしなさい。」との指示が出された。そして翌九五年十月の東京モータショーでは、急遽ガソリンエンジンと電動モータのハイブリッドコンセプト車「プリウス」が発表されることになった。この時のモータは、GMと同様、誘導モータ(IM)であった。

しかし、水面下では永久磁石式モータの検討は進められていた。

トヨタ自動車では八八年ころから、生産ラインの全自動化を目指し、加工機や組み立てロボットなど設備用モータの自社開発が行なわれていた。ネオジム磁石、パワー半導体、デジタル制御の三拍子が揃ったので、大トルクのモータが小型化でき、応用が拡がるとの視点であった。

住友特殊金属にも生産ラインのモータ用にネオジム磁石の要請があり、供給していたが、それと併行してトヨタではその自動車用モータへの展開と磁石の耐熱性、耐久性などが入念に調べられていたようであった。

その後、気候変動枠組条約の会議（ＣＯＰ３）が九七年十二月に京都で開催されることが決まった。一方、プロジェクトチームではハイブリッドのコンセプト車は出展したものの、その試作車は満足に動かず、苦労していた。

その最中《さなか》の九五年末、八月に就任したばかりの奥田碩《ひろし》社長から、「ＣＯＰ３開催前までに、二十一世紀を方向づける車を発売せよ。」との指示が出て、ハイブリッド車の開発期間は三年から二年に短縮されることになった[77]。

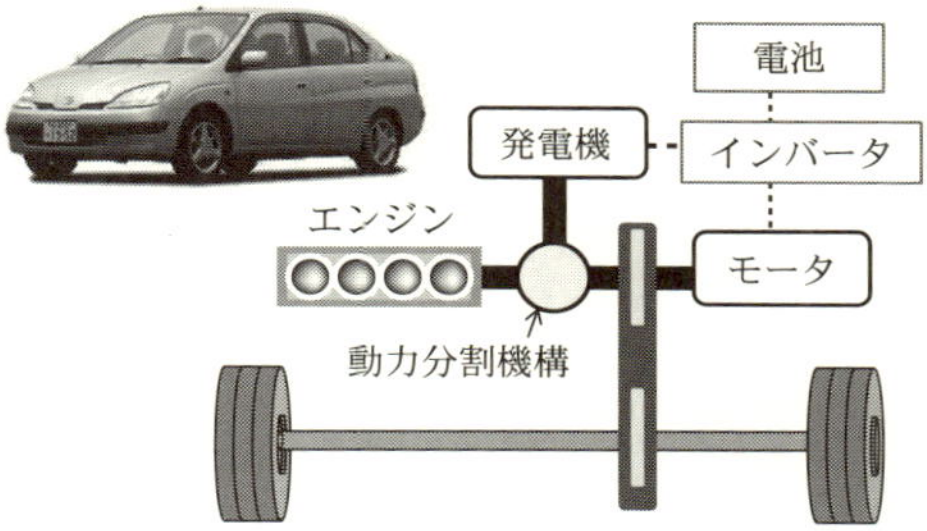

図 73　初期プリウスのモータと発電機
モータと発電機に耐熱ネオジム磁石が使われている。

この車は、ＣＯＰ３開催直前の九七年十二月、リッター二八キロメートルの驚異的な燃費を持った「プリウス」として、大衆車価格の二一五万円で発売が開始された。

この車には、ニッケル水素電池を始め、数々の新技術が盛り込まれていたが、モータと発電機の回転子には図72に示した板状のネオジム磁石を四枚差し込んだＩＰＭモータが採用された（図73）。おそらく、大阪府大やダイキンでのＩＰＭモータの開発が参考になったと思われる。

自動車用モータではエアコンより一段と高い耐熱性が必要であった。ネオジム磁石にはジスプロシウムをより多く含む二〇〇℃以上の耐熱磁石NEOMAX32EH（図69参照）が新たに開発され、一台当たり約一・二キログラム使われた。ストリップキャスト法の採用や低酸素化などで、磁石性能が一段と向上していたので、磁石供給を間に合わせることができた。

九九年十一月にはホンダからもハイブリッド車「インサイト」が発売された。このモータには他社製のネオジム磁石が使用された。こちらは回転子の表面に磁石を配置したSPMモータであった。ただ〇五年発売の二代目シビックからはIPMモータになった。

プリウス開発のリーダーであった内山田は九八年にトヨタ自動車の取締役、一三年に代表取締役会長に就任した。

組立産業では、技術の積み上げだけでは新しい世界は拓《ひら》けない。HDDやMRI事業で見てきたように、トップのビジョンと目標設定、およびそれに呼応した技術開発力が噛み合った時にのみ、イノベーションが起きると言えるであろう。

アンジュレータ

先端科学の分野でも、ネオジム磁石の活用で、新しい世界が開拓されている。その一例として、百個以上のネオジム磁石を上下に配列したアンジュレータ（Undulator）がある（図74）。

　アンジュレータとは、N・S交互の磁界中に光速に近い速度で電子を通すと、電子が蛇行し、曲がるたびに放射光（電磁波）を出し、それらが干渉して非常に強い、波長が連続したX線を出す装置である。和歌山毒入りカレー事件では、亜ヒ酸の微量分析を、兵庫県播磨科学公園都市にあるSPring-8で実施したことで有名になった。

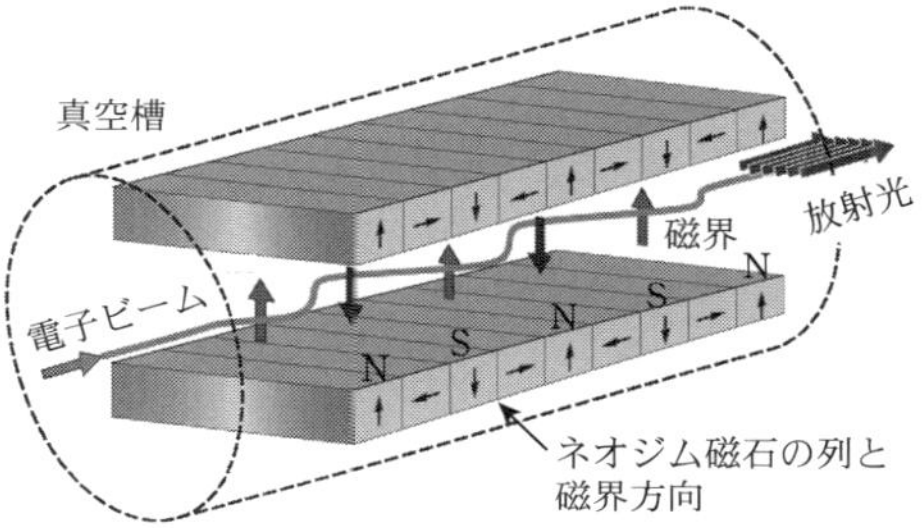

図74　真空封止型アンジュレータの原理図
電子線ビームは直交する磁界で何回も曲げられ、高輝度の放射光を出す。

　我が国で初めてアンジュレータによる放射光が得られたのは一九八一年のことであった。高速で電子を周回させるドーナツ状のリング（SOR-RING）の一部に、多数のサマリウム（$SmCo_5$）磁石の列を設置することで、その放射光は得られた。

　同磁石を使用した本格的なアンジュレータは、高エネルギー物理学研究所（現在のつくば市にあるKEK）のフォトンファクトリーにて八三年に完成し、活用が始まった。

　ここでアンジュレータ設置のリーダーをしていた当時三十六歳の北村英男は、八三年六月、ネオジム磁石の新聞発表を見て喜んだ。

「これからは、この磁石だ。これなら真空槽内のビームライン近くに配置して、より強い磁界を得ることができる。」と確信した。

サマリウム磁石は値段が高い上に、欠けると粉になるため真空槽の外側に配置するしかなかった。「鉄系磁石なら安心だ。強度は高いし、たとえ割れても、破片になるだけである。」

八五年、北村は住友特殊金属に相談を持ちかけ、共同研究が始まった。超高真空内で電子ビームライン近くに磁石を配置するため、ガス放出のないネオジム磁石と表面処理の開発、また熱減磁や放射線減磁の対策も必要であった。

二年間の共同研究の結果、ネオジム磁石にはNEOMAX30SHや33UH（図69の39SHの前身）が採用され、表面処理にはイオンプレーティング法による窒化チタン（TiN）被膜が開発された。そして、世界初の真空封止型アンジュレータ一号機は、九〇年にKEKで稼働した[78、79]。

九三年、理化学研究所（播磨）に移った北村は、さらに改良を加え、九五年にSPring-8の蓄積リング内に標準機として真空封止型アンジュレータを七台設置し、その後も増設を続けた。また電総研、東大など他の研究機関向けにもこの磁気回路は設置され、九六年時点で製作台数は三六台に達した。

二〇一一年にはタンパク質の構造解析や微細高速現象の解明などを目的に、SPring-8の横に、X線自由電子レーザー施設「SACLA」が稼働した（図75）。この線形加速器の後には、一台（五メートル）あたり五六〇個のネオジム磁石がN・S交互に配置された真空封止型アンジュレータが多数並び、さらに増設予定である。

図75　播磨科学公園都市のSPring-8とSACLA[80]
多数の真空封止型アンジュレータが設置されている。

海外では、より高い磁界を得るため超伝導コイルを使用する動きがある。これに対して、北村はネオジム磁石の磁束密度と保磁力が低温ほど上昇する性質を利用して、マイナス一二三℃（一五〇K）で運転するアンジュレータを考案し稼働させている。

MRI装置だけでなく、先端科学分野でも強力な磁界を得るのに、超伝導コイルとネオジム磁石とのせめぎ合いは起きている。実用的な高温超伝導線ができない限り、強力な永久磁石への期待は続いている。

16　住友から日立グループに

住友金属による株式の売却

一九九〇年代中ごろから、ネオジム磁石の需要は急拡大した。住友特殊金属では、養父工場の増強(月二〇〇トンの生産能力)だけでは足りず、九八年には和歌山、次いで佐賀県の大町にも生産ラインを稼働させていった。

二〇〇〇年度はITバブルの恩恵で、売上高は九二七億円になり、その四七%はネオジム磁石およびその応用製品(MRI、VCM組立品など)となった(図76)。

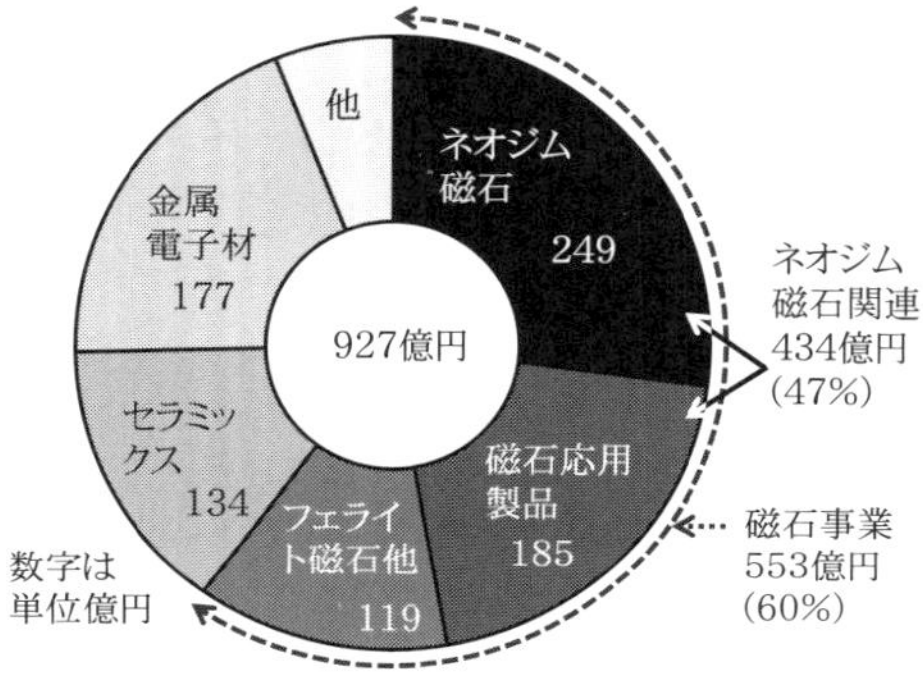

図76　住友特殊金属の売上高の構成(2000年度)
売上高の半分はネオジム磁石関連であった。

二〇〇〇年六月、岡本雄二は、「そろそろ家族的な経営から脱却せなあかんわな。」と社長を戸井詰哲郎《といづめてつお》に任せることにした。

戸井詰は大阪大学理学部物理学科を一九六〇年に卒業後、住友金属工業に入社し、住友特殊金属設立以前から吹田製作所の金属電子材部門を主に歩んできていた。副社長時代は、業界紙を毎朝隅から隅まで読み、面白い記事があると、それをコピーして持ち歩き、「こんな発想をせなあかんで。」と社員に発破をかけ回っていた。

山崎製作所では毎月開発発表会が開かれていた。会長の岡本雄二は、主催者が用意した前列の席に座って聴き入り、「よう分からんけど、なんか面白そうやな。」と発表者を激励するのが常であった。一方、社長の戸井詰は後方の席に座り、「私はいつも疑問に思っているのですが、」から始まり、発表者に基本的な問いかけをすることが多かった。

彼はあるインタビュー記事(81)で、「若い人は、おしなべて物事にあまり疑問を持ちませんね。すっと受け入れてしまう。疑問を持つことは新たな発見、進歩につながるのですが。」と語っていた。

そんな二〇〇一年六月十二日、戸井詰は開発発表会に出席するため、朝から山崎製作所に来ていた。いつものように社長室で新聞を眺めていたが、鉄鋼新聞一面最下段のコラム「金属行人」を読んで驚いた。

そこには、冒頭に、中国や韓国の技術レベルが向上し、ボンド磁石業界の経営環境が厳しくなっていることを述べた後に、以下の記載があった。


こうした中、希土類磁石ではトップクラスのS社が一千億円で売りに出されている、という噂が流れている。KS鋼の開発など磁石では歴史のあるグループ企業の噂だけに、業界内には「それだけ日本企業の優位性が失われている状況を現わしている」との見方もある。大きく流れを変える「発明」が求められている。

「このS社とは我が社のことだ。親会社の住友金属が業績好調な我が社の株を売ろうとしている？ そんなことあるだろうか？」

戸井詰は怪訝《けげん》な顔をしながら、開発発表会の主催者にその記事を見せてそう呟《つぶや》き、すぐ淀屋橋の本社に向かった。

住友金属工業では、戸井詰と同期入社の下妻博が二〇〇〇年同時に社長に就任していた。ただ下妻が置かれていた経営環境は戸井詰に比べて厳しかった。

九九年三月、ゴーンは日産の社長に就任するや、自動車用鋼板の値下げを要求した。この「ゴーン・ショック」を契機に、材料納入会社は絞られ、日本の薄鋼板価格は世界最低水準まで下がった。その影響などで住友金属工業は二年連続五〇〇億円以上の経常赤字を出していた。下妻は業績回復の任を負っての社長就任であった。

就任した二〇〇〇年度は、原油高による継目無し鋼管の好調でなんとか経常黒字を出したが、退職金関連費用などの特別損失で最終損益は七〇〇億円の赤字となった。株価は九九年に一〇〇円を切って以降、下がり続け、〇一年十一月には株価が五〇円未満（当時は「額面割れ」と言われた）になった（図77）。そこで、資金を得るため、前記の記事のように子会社や関連会社の株売却が検討されていた。
住友特殊金属においても、二〇〇〇年末の米国ナスダック証券市場での株価下落の余波が〇一年夏に押し寄せ、IT関連顧客の部品在庫が積み上がって、受注が急減し、〇一年七月には月平均株価は一、〇〇〇円以下になった。その年の九月十一日に米国では同時多発テロが起きた。

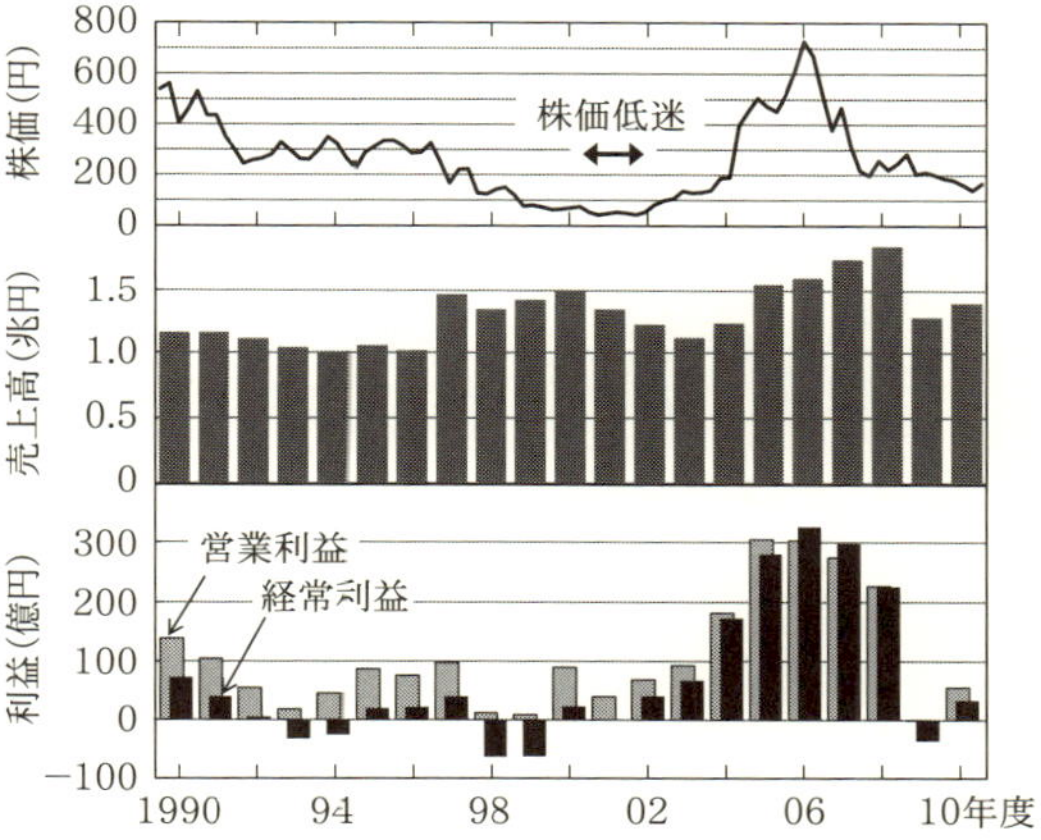

図 77　住友金属工業の業績と株価

2000 年ころ厳しい経営環境にあり、子会社や関連会社の売却が検討された。

結局、株式の売却先は同業の日立金属となった。当時住友金属工業は住友特殊金属発行株の三六%(二、〇〇〇万株)を保有し、連結小会社ではなく、持分法適用会社であった。その株の大半を日立金属に売却することになった。

日立金属は一九五六年に日立製作所が全額出資して日立グループの鉄鋼・金属部門を統合分立させた会社である。特殊鋼や鋳物を軸にして事業を伸ばしてきたが、二〇〇〇年に本多義弘《みちひろ》が社長に就任してから、電子材料、エネルギー、自動車の三分野を重点的に攻めるとして、まず〇三年には米国のハネウエル社から変圧器に使われるアモルファス薄帯(軟磁性材料）事業を買収していた。

一方、日立金属の株式の五〇％以上を持つ、親会社の日立製作所では、九九年に社長に就任した庄山悦彦《えつひこ》が、従来のインフラ・重電事業からＩＴ関連事業の強化へ舵を切り、〇二年には約二、五〇〇億円でＩＢＭのＨＤＤ事業を買収していた。庄山はさらにリチウムイオン電池や永久磁石式モータなど自動車部品事業の強化に向かっていた。

しかし、日立金属のネオジム磁石事業はＨＤＤのＶＣＭ用や自動車モータ用市場への参入で後れを取り、厳しい経営状況であった。〇〇年秋ころには住友特殊金属に支援要請があり、磁石事業の統合などが検討されていた。

その矢先に前記の鉄鋼新聞記事があり、日立金属が住友特殊金属の経営権を掌握し、逆の立場で事業統合が進められることになった。技術力や販売力よりも、資本の力がすべてであることを如実に示すことになった。

㈱ＮＥＯＭＡＸを経て日立金属へ

二年後の二〇〇三年六月二十日、下妻社長、戸井詰社長と本多義弘社長が出席し、住友特殊金属と日立金属の包括提携が発表された。

日立金属は、住友金属工業から住友特殊金属の発行済み株式約一、八二九万株を一三九億円（一株当たり七六〇円）で譲渡を受け、筆頭株主になり、両者の磁石部門は統合されることになった。

この一年前から公正取引委員会による統合審査が行われていた。その公開資料[82]によると、〇二年の永久磁石の日本市場は約八〇〇億円で、そのシェアは表12のようになっている。

表12　2002年の国内磁石市場のシェア[82]

公正取引委員会資料より。カッコ内企業名は推定。

シェアの表示は5%単位なので、合計は必ずしも一致しない。

	ネオジム磁石	フェライト磁石	鋳造磁石（アルニコ）
住友特殊金属	約45%	約20%	約40%
日立金属	約　5%	約25%	約　5%
A社（信越化学工業）	約30%		
B社（TDK）	約15%	約30%	
D社（FDKなど）		約　5%	
E社（三菱マテリアル）			約35%
輸入品		約20%	約20%
住友特殊金属＋日立金属	約55%	約45%	約45%

ネオジム磁石のシェアは、住友特殊金属が約四五％で、日立金属の約五％を合わせると、切り上げで約五五％になる。しかし、シェア約三〇％の会社（信越化学工業）があり、また川下市場（自動車会社など顧客）からの価格交渉力が強い。一方フェライト磁石のシェアは、住友特殊金属約二〇％、日立金属約二五％で合わせて四五％になるが、輸入品が多い。これらのため、「いずれの磁石市場でも事業者間で協調的な行動に出る恐れは少ない。」と判断され、統合が承認された。

翌〇四年四月、日立金属は磁石部門を分割し、住友特殊金属と合併させ、日立金属が五〇・三％出資する株式会社ＮＥＯＭＡＸが発足した。売上高は〇三年度の八二七億円から日立金属分の二九〇億円を合わせて〇四年度は一、一三七億円になり、最終損益も大幅増益になった（図78）。*


*吹田製作所の金属電子材料事業は、〇四年十月ＮＥＯＭＡＸマ

テリアルが子会社として設立され、一六年四月日立金属ネオマテリアルとなり、継承されている。

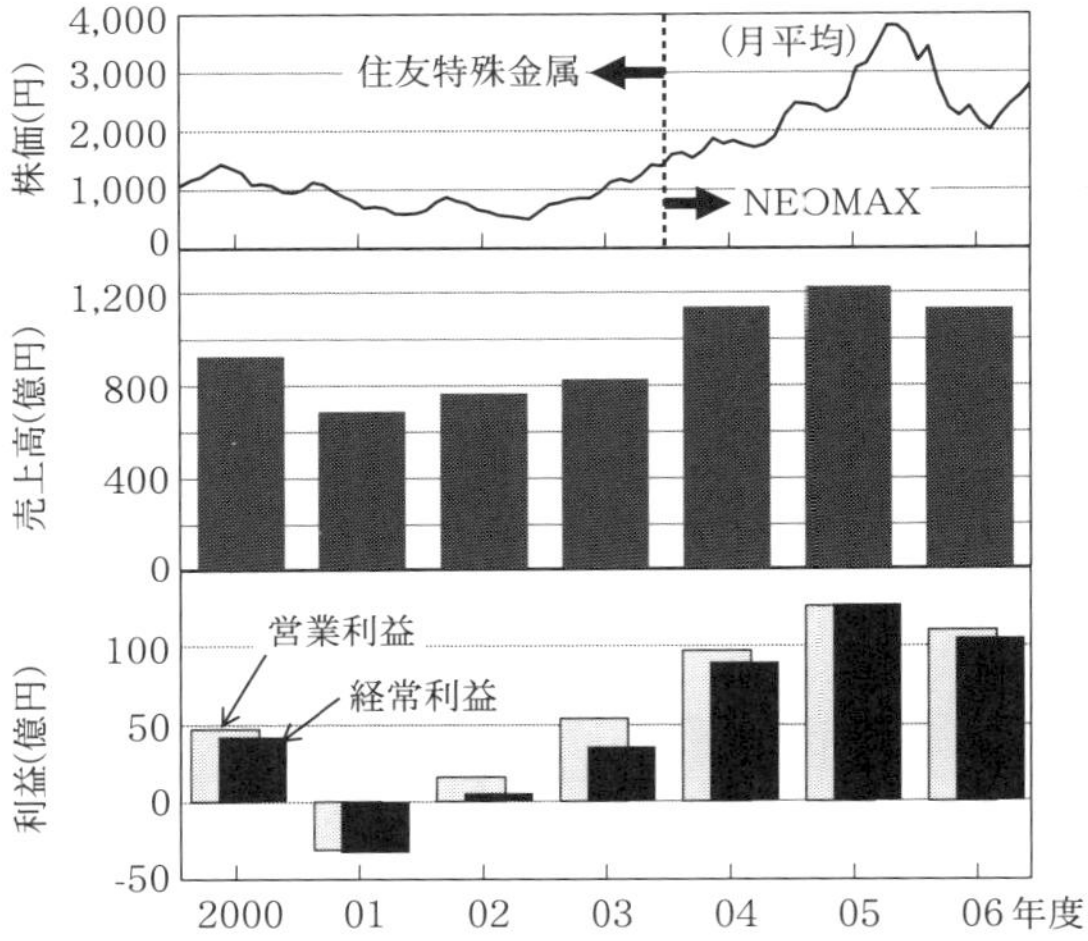

図 78　住友特殊金属／NEOMAX の業績と株価
2001 年度は赤字となったが、翌年以降業績は回復した。

さらに、二年後の〇六年十一月、日立金属は㈱ＮＥＯＭＡＸに対してＴＯＢ（株式公開買い付け）を行い、〇七年四月に㈱ＮＥＯＭＡＸを吸収合併し、日立金属の一事業部門とした。買い付け価格は一株当たり二、五〇〇円（住金からの譲渡価格の三・二倍）で、費用は総額最大で九七三億円と発表された。ここに、一九六三年に設立され、七〇年に上場された住友特殊金属は四十四年三ヵ月を持って消滅した。

会社は、関西のウエットな風土から関東の合理的でドライな風土になった。ある元住友特殊金属の営業マンは言っていた。

「これまでは、顧客から新しい話があると、発明会社の使命感で、まず受注し、製造現場が受注した価格で磁石性能が出るように汗を流すという感じであった。しかし合併してからは、製造原価と利益を積み上げた価格を提示し、顧客が納得しなければ受注しない、という収益優先になった。」

17　中国の攻勢と原料事情

磁石生産量の拡大

経営権の移転については上層部で議論はあったが、ネオジム磁石の生産と販売は従来と変わりなく進められた。二〇〇一年秋、ＩＴ不況でネオジム磁石の生産は急減したが、〇二年夏には回復し、収益を押し上げた。

住友特殊金属は特許権を保有し、国内の約半分のシェアを持っていたが、前記の公正取引委員会資料のように、プライスリーダとしての力はなく、ネオジム磁石の単価は、開発当初のグラム三〇円から、九五年に二〇円、二〇〇〇年には一〇円、さらに寸法に拠っては五円を伺うようになった。そのため、加工工程や表面処理工程の一部は九〇年代からフィリピンなど海外工場に移転された。

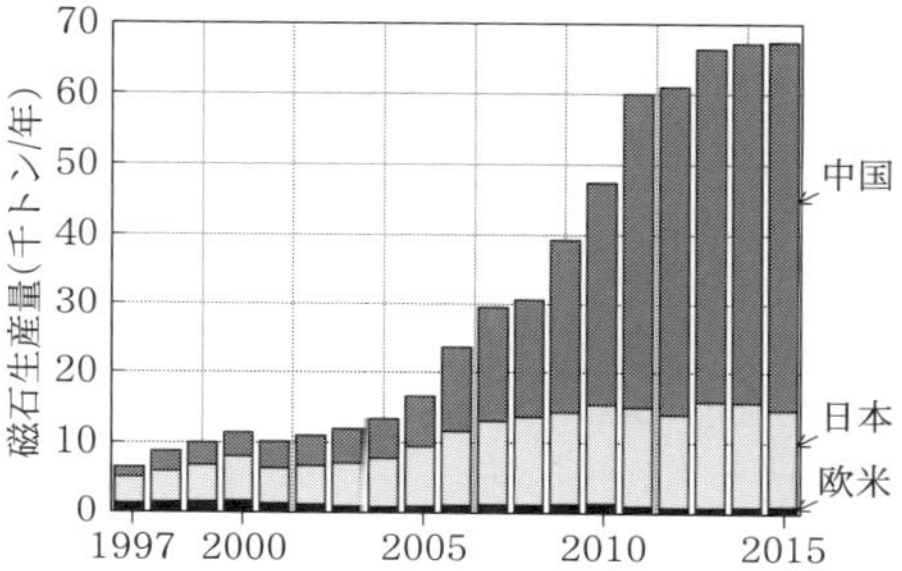

図 79　世界のネオジム焼結磁石の生産量[83]

ネオマグ推定値。2006 年以降中国での生産が急増し、中国は日本の４倍と推測されている。

一方、世界のネオジム磁石の生産量では、〇六年以降に中国での生産が急増した。中国の生産統計の評価は難しいが、ネオマグの資料[83]によると一五年現在で、日本（約一・四万トン）の四倍の年五～六万トンを生産している（図79）。一方、欧米は年千トンレベルで少ない*。

*日本電子情報技術産業会（ＪＥＩＴＡ）の二〇一六年統計によると、日本の希土類磁石の生産金額（数％のサマリウム磁石を含む）は約九一五億円となっている。

中国製磁石の国際価格は日本製のほぼ半値であるが、二～三の中国の実施権許諾会社は中国国内向け販売のみの契約になっていたうえ、前述のように九九年に米国ＩＴＣ提訴で排除命令を勝ち取っていたので、日本市場ではフェライト磁石のような輸入品の安値攻勢は起きなかった。

希土類原料価格の高騰

米国は、元々希土類原料の主要な生産国であったが、一九八〇年代半ばから中国が安値で輸出し始めたため、米国のマウンテン・パス鉱山などは閉山に追い込まれていた。その結果九〇年代末には中国が世界の希土類の九割以上を生産するようになっていた。

その一方で、中国は九九年から希土類原料を国内需要に回す方針に変更し、その輸出数量枠を年々減少させ、さらに〇六年からは輸出関税を賦課して、その税率を上昇させていった。すなわち、原料輸出より、国内での製品作りを奨励する方向になった。

そして、一〇年九月に尖閣諸島沖で漁船衝突事件があり、これを契機に希土類の実質的な輸出制限処置が取られた。ネオジム（Nd）やジスプロシウム（Dy）の価格は一年間で十倍にまで上昇した（図80）。

日本は直ちにＷＴＯ（世界貿易機関）に提訴するとともに、希土類を使わない製造法に取り組んだ。希土類鉱山の再開発や希土類金属のリサイクル事業も始まった。一四年にはＷＴＯの勧告により、輸出数量制限、輸出税賦課が撤廃されて、ネオジムなど希土類の価格は以前の水準にまで下がった。しかし、モータ用耐熱磁石に添加されるジスプロシウムやテルビウムなど重希土類は鉱山が中国南部のイオン吸着鉱床に限られているため、価格はまだ高い状態である。

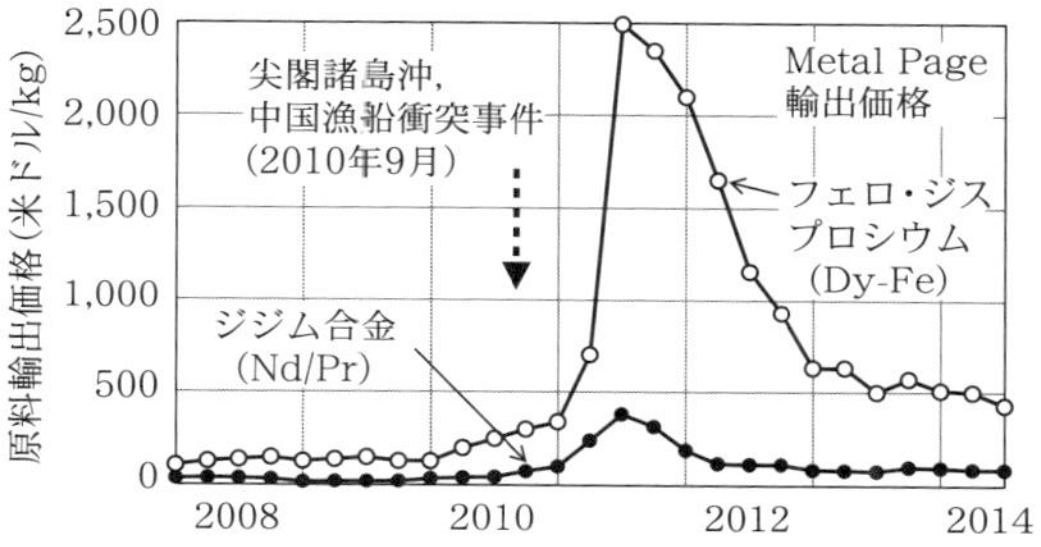

図 80　希土類原料価格の推移

希土類の価格は 2011 年に 10 倍になった。

この過程で希土類原料会社の鉱山開発やリサイクル事業は振り回され、厳しい経営となったが、社会や学会における希土類や永久磁石への理解は深くなった。

一二年からは文部科学省の委託研究事業の「元素戦略磁性材料研究拠点（ＥＳＩＣＭＭ）」が始まった。大学など九機関百五十名が、つくば市の物質・材料研究機構（ＮＩＭＳ）に集結し、ジスプロシウムなど希少金属を使わない永久磁石の研究開発や人材育成を行っている[84]。この代表には元住友特殊金属の広沢哲が就任した。

応用の視点では、一二年から経済産業省による未来開拓研究プロジェクト「高効率モータ用磁性材料技術研究組合（ＭａｇＨＥＭ）」が始まった[85]。二〇〇五年ころから、モータ用磁石には、粒界近傍のみにジスプロシウムやテルビウムを多く分布させる粒界拡散法などの新技術が開発され、ジスプロシウム添加量が削減されてきていたが、さらにジスプロシウムを使用しない磁石、希土類を使用しない磁石を、軟磁性材料やモータ設計技術と組み合わせて開発、実現しようと言うのであった。九企業、一独立法人の共同研究体制で、その理事長には一五年から大同特殊鋼の入山恭彦が就任した。

発明三十年にして、地球温暖化を抑制する切り札は、「電気で動く自動車、そのためには耐熱ネオジム磁石の研究開発が必要」との構図ができ上がり、国の後押しで研究開発が推進されることになった。大袈裟な表現かも知れないが、ネオジム磁石は「富を生む発明品」から「地球を救う発明品」になった。

磁粉事業の展開

ここで、ＧＭ社のマグネクエンチ磁粉（ＭＱ粉）事業についても触れておこう。

この磁石粉は主に樹脂と混ぜてプレス成形か射出成形してボンド磁石にする。等方性なので磁力は焼結磁石の四分の一であるが、リング形状など焼結法では造りにくい部品では広く適用されている。実際ＨＤＤのディスクを回転させるスピンドルモータ用の薄い円筒状リング磁石はこのボンド磁石でしか製造できない。

このボンド磁石は二〇一五年、世界で約一万トン生産され、これも八〇％は中国と報告されている。内日本は約一、三〇〇トンであるから、焼結ネオジム磁石の約十分の一の生産量となっている。

ネオジム磁粉を製造するＧＭ社のマグネクエンチ部門（ＭＱＩ社）は、〇五年に合併でネオマテリアル社に、一二年にはモリコープ社の傘下になり、一六年九月からネオ・パーフォーマンス・マテリアル社の一部門となっている。本社はカナダのトロントに、メルトスピニング設備は中国天津とタイにあり、世界にＭＱ磁粉を供給している(86)。

磁石の大半はＭＱ‐１磁粉を使用したボンド磁石で、日本では八七年から大同特殊鋼が、九〇年からその子会社のダイドー電子が、主に製造してきている。この大同特殊鋼は、一九一六年に名古屋電灯㈱の製鋼部が独立して設立され、戦後は主に特殊鋼鋼材や磁性材料で事業を伸ばしてきた会社であるが、近年佐川のインターメタリック社をはじめ磁石事業へ積極的な投資をしている。

二〇一六年大同特殊鋼は、ＭＱ‐３磁粉を使用した異方性熱間加工磁石で、粒径を〇・二マイクロメートルまで細かくすることにより、ジスプロシウムを全く使用しない耐熱磁石を開発した。この磁石はホンダのハイブリッド車のＩＰＭモータに使われ始めている(87)。

新しい扉は、既存の焼結磁石会社である日立金属、信越化学工業、ＴＤＫ以外の会社の手で開けられようとしている。

18　インターメタリックス社

ベンチャービジネスの苦労

佐川は、住友特殊金属を退社した一九八八年に起こしたインターメタリックス社で、ネオジム磁石の性能を上げる製造法の研究を続けた。その過程でＲＩＰ法（Rubber Isotropic Pressing）、ＡＴ法（Air Tapping）やＧＳ法（Grid Separation）が開発された。

通常、ネオジム焼結磁石は合金粉末を金型に入れ、磁界中プレス機で上下に押さえて固め、これを焼結して造るが、ＲＩＰ法とはこのプレス金型をゴム製にして全方向から均等に圧力を加え、結晶の向きの乱れを減らそうと言うのである。ＡＴ法は粉を型に入れる時、搬送ガスの圧力を変えることで均一に給粉する方法、ＧＳ法は必要量給粉するために、すり切りではなく仕切り網を使う方法のことである。

佐川はこの関係で四〇件の特許を出願した。海外では何台か設備を受注したが、いずれの技術も普及させるまでには至らなかった。

新会社には何人かの元住友特殊金属の研究者や補助者がいたが、出費ばかりで、事業がうまく行ったとは言えなかった。住友特殊金属から支払われた委託研究費は、ほとんど会社の運営資金に使われてしまった。

二〇〇三年は、住友特殊金属との研究委託の契約期限十五年目であった。そのような時、日亜化学工業を退社した中村修二氏から、職務発明の「相当の対価」を要求する訴訟があり、〇四年一月、後述する二百億円判決があった。

この判決に刺激を受け、弁護士のアドバイスもあり、佐川と会社の間で再度交渉が行われた。住友特殊金属側もネオジム磁石事業の発展を考慮し、佐川との共同研究が再開された。しかし、その住友特殊金属は〇四年に日立金属傘下のＮＥＯＭＡＸになり、〇七年には日立金属の一部門となり、佐川は会社と縁が切れることになった。

京大桂のベンチャープラザへ

佐川は〇四年、京都市目利き委員会に新規事業アイディアとして、「プレスレスプロセス（ＰＬＰ）法とジスプロ（Dy）ンス磁石の開発」というテーマを応募した。これがＡランクに認定され、京都大学桂ベンチャープラザ（西京区御陵大原）への入居費用の支援があったので、そこに会社を移転した。

これを契機に佐川はこれまでの技術コンサルタント中心の仕事を辞め、心機一転、大きな夢を持って会社を発展させることにした。

表13　佐川のベンチャー会社の変遷

1988年	インターメタリックス（IM）を設立 ・技術開発、装置販売とコンサルタント →2004年　京大桂ベンチャープラザへ →2008年　三菱商事が出資 →2011年　大同特殊鋼が出資 佐川は最高技術顧問に
2011年	大同特殊鋼、三菱商事、モリコープがインターメタリックス・ジャパン（IMJ）を設立 ・PLP法による磁石生産会社（中津川市） →2015年　大同特殊鋼の100％子会社化 →2017年　ダイドー電子と合併し、解散
2013年	NDFEBを設立

「PLP法では、プレス機が不要なので、給粉から焼結までのすべてが無酸化状態でできる。したがって、もっと粉末粒径を小さくしても酸化の心配はない。すると保磁力が上がるので、ジスプロシウム添加量を大幅に減らした耐熱磁石ができるはずだ。もう一度、初心に返って磁石の研究をしよう。」という気持ちになった。

○八年には三菱商事に三億円の増資（発行株数の一九・二％）を引き受けてもらい、研究開発と試験プラントの建設を進めることができた。

しかしその後も「インターメタリックス社」の苦労は続いた。なかなか事業化の目途は立たなかった。三菱商事側は、磁石の製造会社と希土類原料会社を巻き込まないと駄目だと考えたのであろう。三年後の一一年十二月、大同特殊鋼、三菱商事とモリコープの三社が総額約八三億円を出資する磁石の製造販売会社「インターメタリックス・ジャパン社（IMJ）」が設立された（表13）。モリコープ社は住友金属工業と合弁の住金モリコープを○九年に解散したところであった。*

*住金モリコープ社は、二〇〇九年住友金属の関係会社である中央電工と合併して中電レアアースに、その後新

日本電工の子会社となり、二〇一六年に希土類事業を三徳に譲渡した。

一方、従来の「インターメタリックス社（ＩＭ）」は、ＰＬＰ法による磁石生産のライセンスを保有し、また新しい磁石の研究をする会社となった。大同特殊鋼の入山が社長になり、佐川は最高技術顧問に就任した。

ＩＭＪ社は、約六〇億円かけて、岐阜県中津川市に新工場を建設し、一三年一月から、ＰＬＰ法による高性能ネオジム磁石の生産を開始した。すでに粉の粒径を三マイクロメートルまで微細にすることで、ジスプロシウム添加量を一〇から六％に減らした耐熱磁石の生産に成功している。

大同特殊鋼は、一五年四月、三菱商事とモリコープからＩＭＪ株を買い取って一〇〇％子会社とし、一七年一月には子会社のダイドー電子と合併させ、前記の熱間加工磁石と共に、ネオジム磁石事業のさらなる強化に乗り出している。佐川は一六年十月大同特殊鋼の顧問に就任した。

ＰＬＰ法による磁石生産の開始で、佐川の夢が実現したとも言えるが、佐川はまだ満足していなかった。一三年十二月、新たに新磁石の研究開発会社「ＮＤＦＥＢ」を同じ京大桂のベンチャープラザに立ち上げた。ここでは、磁界の与え方を改善し、炭素製の容器（型）も無くした。この結果、高性能の耐熱ネオジム磁石が均一に、かつジスプロシウム添加量を減らして安価に生産できることになった。

佐川が、誰よりも長い時間考え、辿り着いた究極の永久磁石製造法であった。「何故もっと前に

図81　京大桂ベンチャープラザにて（2016年4月）
左より西村、戸井詰、佐川、岡本（筆者）。

考え付かなかったのだろう。考えれば考えるほど良いアイディアが出てくる。」と、寸暇《すんか》を惜しんで、七十四歳の佐川はその完成に向かっている。

*ところで、ネオジム磁石の共同発明者である松浦裕は、日立金属を退社し、六〇歳代半ばを過ぎた現在、公益財団法人応用科学研究所（京都市）でネオジム磁石の研究を続けている。同じく山本日登志は、㈱ＫＲＩ（京都市）で磁石の評価・解析を続けている。

二〇一六年四月、住友特殊金属元社長の戸井詰哲郎と元常務取締役の西村勢至朗《せいしろう》が初めて佐川の研究室を訪問した（図81）。佐川は「住友特殊金属の皆様へ」と題した書面で、以前「相当の対価」を会社と交渉する際、弁護士に相談したことを後悔していると述べ、住友特殊金属の歴代社長が誠意を持って対応し、辛抱強く資金を出し、応援し続けてくれたことに感謝の意を表した。そして、戸井詰を実験室に案内し、試作設備を見せながら、新しい磁石製造法を説明した。

二人の間で十五年前を彷彿《ほうふつ》させる技術論議がしばらく交わされた。そして、戸井詰は佐川の新しい製造法を高く評価し、激励した。戸井詰は技術者として歩んできた自らの半生を誇りに思った、ように見えた。

佐川の受賞と述懐

佐川は住友特殊金属を退社後も多くの賞を受賞した。朝日賞（一九九〇）、日本応用磁気学会学会賞（一九九一）、大河内記念賞（一九九三）、アクタ・メタラジカ・ホロマン賞（一九九八）、本多記念賞（二〇〇三）、加藤記念賞（二〇〇六）である。このうち特に、アクタ・メタラジカの賞は、社会に重大な影響を及ぼした材料開発者に与えられる協会創始者の名を冠した賞で、日本人で初めの受賞であった。

二〇一二年四月には「日本国際賞（Japan Prize）」を佐川は受賞した。この賞は科学技術全分野を対象とし、毎年二つの分野に各一件、一人に対して授与し、受賞者には、賞状、賞牌および賞金五千万円が贈られる。

「国際社会への恩返しの意味で、日本にノーベル賞並みの世界的な賞を作ってはどうか。」との日本政府の構想に、松下幸之助氏が〝畢生《ひっせい》の志〟のもとに寄付をもって応え、一九八五年から始まった科学技術における日本の最高の賞である。

式典では天皇皇后両陛下御臨席の下、内閣総理大臣以下約千名の出席を得て盛大に開かれた。この「環境、エネルギー、社会基盤」分野で佐川が授与されたのであった。授賞業績は「世界最高性能Nd-Fe-B系永久磁石の開発と省エネルギーへの貢献」であった。

受賞後、佐川が若い研究者に向けた言葉を紹介して、この発明・事業化物語の幕を下ろそう。

よく「発明は一人でできる。製品化には十人かかる。量産化には百人かかる」とも言われますが、実際に、私はネオジム磁石を一人で発明しました。製品化、量産化については住友特殊金属の仲間たちと一緒に、短期間のうちに成功させました。八二年に発明し、八五年から生産が始まったのですから、異例の早さと言っていいでしょう。そしてネオジム磁石は、HDD（ハードディスク）のVCM（ボイスコイルモーター）の部品などの電子機器を主な用途として大歓迎を受け、生産量も年々倍増して、二〇〇〇年には世界で一万トンを超えました。

何が私を研究に駆り立てたか？――私は子どもの頃、湯川秀樹先生に憧れていました。その憧れの気持ちが、いつも私を前向きにしてくれました。研究者として駆け出しのころ、学会や研究会の会場などで私はいつも先輩研究者から軽視され、挨拶も返してくれませんでした。「今に社会のためになる研究をして、人から認められるようになるぞ！」。この強い自己顕示欲、目立ちたいという気持ちが、私を研究に駆り立てたのです。

研究者の仕事は素晴らしい！――人の最大の喜びは社会のためになることです。研究者は頭脳活動によって研究し、研究が成功すれば社会に貢献できます。研究者は地球温暖化問題など、様々な社会的難問を研究によって解決していけます。研究者、あるいは科学者ほど素晴らしい職業はないと思っています。

最後になりますが、大学院時代には研究がうまくいかなくて悔し涙を流していた私が、日本国際賞という大きな賞を頂き、ここに立っているのは不思議なことです。何が違ったのでしょう。大学院時代は基礎研究をしていました。基礎研究というのは、何を明らかにしたら、どんな成果につながるのか分からない。ところが企業の研究では、「これこれを開発しなさい」というようにターゲットがはっきりしています。これが私には合っていたのです。ターゲットがはっきりすると、解決のためにいろいろなアイディアが出てくる。それが今ある理由だと思っています。

19　エピローグ——研究者と経営者——

研究者の生き方

「発明は誰のものか?」と言う問いは、二〇〇四年一月三十日に青色LEDに関する東京地裁判決が出てから大きく沸き上がった。この地裁判決は、「本件特許発明について、発明者である原告(中村修二氏)の貢献度は、少なくとも五〇%を下回らないとして、被告会社(日亜化学工業)が本件特許発明を独占することにより得ている利益(独占の利益)である一、二〇八億円の二分の一である六〇四億円が相当の対価であると認定し、原告の請求額を満額で認めて二〇〇億円の支払を命じた。」となっていた。

その後、高裁での勧告を受けて、約八億四、〇〇〇万円で両者の和解が成立するのであるが、中村氏の言動や日亜化学工業の対応は日本の研究者の注目の的となり、「発明の対価」をめぐる裁判がその後いくつかの会社で起きた。

そのため、二〇一五年七月には特許法等の一部を改正する法律が国会で成立し、一六年四月から施行された。そこでは、職務発明を行った場合に受け取る発明者の「相当の対価」は「相当の利益」に変わり、「特許を受ける権利」は、あらかじめ雇用契約等により会社側に帰属させることが可能になった。

中村修二氏の青色LED（発光素子）発明と佐川の発明の経緯を対比してみよう（表14）。

佐川は中村氏より十一歳年長であるが、驚いたことに、最初の発想の年齢（三十三〜三十四歳）、発明の年齢（三十六〜三十九歳）、退社の年齢（四十四〜四十五歳）などほぼ同じである。発明の中身や会社との関係はかなり異なるものの、当時のカリスマ的な社長がその研究に惚れこみ、人材と資金を出し、自由に研究させた点も同じである。

佐川の発明は「新物質（化合物）の発明」で、特許もかなり強力であるが、中村氏の発明は「新製造法」で弱く、特許係争の根拠には使われたものの、すぐ他の製造法に取って代わられ、日亜化学工業も早い段階で権利を事実上放棄した。

中村氏の貢献は特許そのものより、ガリウム・ナイトライド（GaN）による高輝度の青色LEDを実現し、開発を推進した点にあると言える。この結果、中村氏はガリウム・ナイトライドLEDの基礎を築いた赤崎勇氏、天野浩氏とともに二〇一四年ノーベル賞の栄誉に浴することになった。ただ中村氏は歯に衣を着せない発言や著作が多く、必ずしも所属していた日亜化学工業と良い関係にない。

佐川も中村氏ほどではないが個性が強く、発明に対する執念の深さは共通するところである(88)。ただ住友特殊金属との間では、お互いに価値を認め、訴訟《そしょう》が起きるようなことはなく、大局的な対

表 14　発明者の比較

佐川と中村は 30 歳代で発明し、40 歳代で退社している。

	佐川眞人氏	中村修二氏
生年	1943 年 8 月	1954 年 5 月
学歴	神戸大学工学部電気工学科 同大学院(応用物理研究室) 東北大学、金属材料研究所 博士卒（東北大学）	徳島大学工学部電子工学科 同大学院工学研究科 修士卒（1994 年徳島大学博士取得）
入社と配属先 入社年	富士通研究所（神奈川県)、材料研究部 1972 年（28 歳）	日亜化学工業（徳島県)、開発課 1979 年（24 歳）
転職／海外留学	1982 年（38 歳)、住友特殊金属（大阪府）	1988 年（33 歳） 1 年間フロリダ大学留学
社長	岡田典重（1915～1989）	小川信雄（1912 ～ 2002）
最初の発想	1978 年 1 月（34 歳） ：聴講して発想 1980 年 3 月（36 歳） ：磁石研究中止命令	1987 年（33 歳） ：社長に GaN の研究提案 1989 年（35 歳） ：青色 LED 研究開始
発明（特許出願年） （特許登録年）	1982 年 8 月（39 歳） 1986 年 8 月—公告	1990 年 10 月（36 歳） 1997 年 4 月
発明（特許）内容	永久磁石（Nd-Fe-B 磁気異方性焼結体）	窒化化合物半導体結晶膜の成長方法（ツーフローMOCVD 法：404 特許）
新聞発表（新製品）	1983 年 6 月（39 歳） ・世界最強の永久磁石	1993 年 11 月（39 歳） ・高輝度青色 LED
退社と退社時ポスト	1988 年 3 月（44 歳） ・主任研究員	1999 年 12 月（45 歳） ・窒化物半導体研究所所長
退職時の覚書など →退社後	覚書を締結 →インターメタリックス社、社長	誓約書にサインを拒否 →カリフォルニア大学、教授
訴訟	なし	2000 年：日亜化学から 2001 年：中村から（通称中村裁判）

表15　本書で取り上げた技術者の発明時年齢

材料発明は30歳代が多いが、装置開発（＊）は40歳代が多い。

人名	発明対象	年齢	年	
スツルナット	Sm_1Co_5 磁石	37歳	1967	材料
俵好夫	Sm_2Co_{17} 磁石	40歳	1975	
佐川眞人	$Nd_2Fe_{14}B_1$ 磁石	39歳	1982	
入山恭彦	$Sm_2Fe_{17}N_3$ 磁石	30歳	1987	
キルビー	集積回路（IC）	36歳	1959	仕組み装置
ダマディアン	MRI（人体検査）	35歳	1971	
北村英男	真空封止アンジュレータ*	43歳	1990	
大山和伸	磁石埋め込みモータ*	40歳	1996	
内山田竹志	ハイブリッド車*	51歳	1997	

応がなされた感じがある。住友グループの持つ人事力が醸《かも》し出された結果のように思える。

本書では、折々に何人かの技術者、研究者の発明や技術開発の流れを紹介してきた。彼らが発明あるいは装置開発を起こした年齢を整理したのが表15である。材料発明は三十歳代が多いが、装置開発の場合は総合技術であるので少し高齢となっている。

三十歳前後に学会や業界の議論に疑問を持ち、独自の判断で新しい道を切り開く。理論でなく実践で既成概念の壁を壊して、一歩踏み出すには自己に対する自信と勇気が必要で、これができるのは三十歳代と言うことであろう。

一方四十歳代半ばは、民間企業の研究者では一つの転換期と言える。役職で言うと課長から部長クラスとなる年齢で、個別業務の上位者から経営の末端にスタンスを変える年齢でもある。大企業では、マネージャーコースに行くか、専門職コースに行くかを迫られることが多い。

また研究者自身としても、自己の能力と挑戦意欲に限界を感じ、夢への執着と現実の昇進が交錯する時期になる。夢を追うのを諦める人も多いが、四十四～四十五歳の佐川と中村氏は、彼らがつかんだ女神の裾が余りにも美しかったので、退社して自由にその本質をたぐり寄せる道を選ぶことになった。

発明企業の経営

一方、このような革新的な技術を発明した会社はどうなったのであろう。

徳島県の片田舎にあった日亜化学工業は、元々年間売上高一六八億円の会社であったが、発明の十八年後の二〇一〇年ころは十五倍の二、五〇〇億円の売上高になり、現在でも成長が著しい優良企業である。現在、世界のＬＥＤの二〇～三〇％のシェアを持ち、後発の韓国や中国企業を寄せつけていない。この成長の要因には、青色ＬＥＤに続いて白色ＬＥＤ（青色ＬＥＤチップと黄色蛍光体の組み合わせたもの）を発明した効果が大きい。

またもう一つの要因として、発明後「モノは売るが特許は売らない」として、特許の実施権を競合他社に許諾せず、競合他社に対し特許侵害裁判を続けた点も指摘できる。ただ発明の十年後（〇二年）には、係争各社との和解とクロスライセンス契約に方針変更し、特許ファミリーの構築を進めた（表16）。

表16　発明会社の比較

発明は両社の売上高を押し上げたが、特許権の独占をどこまで堅持するかは両社で違った。

	住友特殊金属	日亜化学工業
設立	1963年1月 （住友金属工業から分離）	1956年12月
本社	大阪市（東証1部、大証1部）	徳島県阿南市（非上場）
売上高：発明時	330億円（1981年度） —内磁石：200億円＊	168億円（1991年）
：18年後	927億円（2000年度） —内磁石：553億円＊	2,566億円（2010年）
：現在	1,199億円（2015年度） —日立金属磁性部門＊＊	3,390億円（2015年）
特許出願 新聞発表	1982年 1983年（1年後）	1990年 1993年（3年後）
特許の独占性	同業他社に実施権許諾開始 （3年半後）	実施権許諾しない （許諾は10年後） 「モノは売るが特許は売らない」
特許権侵害訴訟（1）	GMが住特金を特許侵害と提訴（1987年） 逆に住特金がGMを提訴（1988年） →和解（1988年11月） →共同で販売会社を提訴	日亜が豊田合成を提訴（1996年） 豊田合成が日亜を侵害で提訴（1998年） →和解（2002年）
特許権侵害訴訟（2）	Crucibleが住特金を提訴（1990年） →和解し、クロスライセンス	米Cree社ほか台湾、韓国企業を提訴 →2002年から各社とクロスライセンス
関連技術・発明	・HDDのVCM（1985） ・永久磁石式MRI（1985） など	・白色LED（1996年） ・青紫色レーザーダイオード（1999年）
応用展開	省エネエアコン、 ハイブリッド車 アンジュレータなど	省エネ照明、 Blu-ray Disc 液晶TVバックライトなど

＊フェライト磁石を含む
＊＊軟磁性材料を含む

一方、住友特殊金属の場合は、当初は特許の独占を考えたが、発明の三年半後には同業者に実施権を許諾し、市場開拓の仲間を作る方針に変更した。その結果、許諾会社の追い上げは激しくなった。ただ九〇年代はＩＴの流れに乗り、また二〇〇〇年代は地球温暖化防止の波に乗り永久磁石市場は大きく広がり、社会を変えた。そしてこの間（三十二年間）実質的に特許権を維持し続けた。

会社の売上高は、発明十八年後に約三倍の年九二七億円になり、日亜化学工業ほどではないものの、新磁石の発明は経営を支える結果となった。これは、技術の将来性を見抜く力、タイミング良い資金調達をして、設備投資をしてきた岡田典重社長の慧眼《けいがん》によるところが大きい。

「素材メーカーは、独り勝ちはできない。圧倒的に強くなれない。」と言われる。一般消費者向け取引（B to C）と違い、企業間取引（B to B）では、顧客から二社発注が前提とされ、納入二社間での価格と品質の競争が絶えず求められるからである。

永久磁石は、その出す強い磁界が活用されてこそ機能が発揮される。その磁界中を電流（電子）が流れることで「初めて力を出す」、あるいは磁界中を導線を横切ることで「初めて発電する」、いわば「黒子材料」である。そこが、それ自身で発光するＬＥＤ事業と違うところであろう。

ブレークスルーの連鎖

この物語は佐川眞人という根っからの研究者と岡田典重という経営者の出会いを軸に展開してきたが、それを支え発展させた人々の力も無くてはならない存在であった。

佐川が富士通時代に見つけた一五メガのネオジム磁石原石は、住友特殊金属で若い松浦、藤村と取り組むことで、瞬く間に三四メガの世界最高性能の永久磁石になってしまった。佐川とて、ややもすれば既成概念と経験の罠にとらわれてしまうが、彼らの行動力とカリスマ社長の支援でそれを突破してしまった。

その磁石は、$Nd_2Fe_{14}B_1$と言う「未知の三元系化合物の発見」から始まり、またそれが「液相焼結しやすい」という二つの幸運に恵まれた。耐熱性を上げる元素としてのジスプロシウムやテルビウムの発見も早かった。

住友特殊金属には、石垣らが十年前から整備してきたサマリウム磁石の開発設備や生産経験のある技術者が多くいたことも幸いした。アルニコ磁石の時代から、日ロや宮本が築いてきた磁石の評価技術、特に新磁石の非常に高い磁力を正確に測定する技術があったことも見逃せない。それらの結果、発明からわずか三年余りで量産を開始することができた。

日亜化学工業が青色ＬＥＤに続いて白色ＬＥＤを開発したように、ネオジム磁石の応用として、ＶＣＭだけでなく、永久磁石式ＭＲＩが開発されたのは大きかった。需要量が見込め、大胆に設備投資を進めることができた。

さらに、電子部品や装置会社においても、志を持った技術者達がこの磁石を使った新しい事業を展開してくれた。新磁石発見のあとに、これらの「ブレークスルーの連鎖」があったお陰で、次々と製品や装置が生み出されて、ネオジム磁石の市場が広がり、社会生活を変えた。

家電やIT機器の便利さを感じたら、また街で疾走するハイブリッド車を見かけたら、それを支えるネオジム磁石や技術者のことを思い浮かべていただきたい。次はロボットの時代を支えると言われている。

この物語を俯瞰して感じるのは、「新しい種は『辺境』で芽吹く。」ということである。ネオジム磁石の発想は主流会社から生まれず、磁石の傍流会社から生まれた。主流会社は「持続的イノベーション」は得意だが、「破壊的イノベーション」は不得意なのである。主流会社で大きなイノベーションを起こすには、経営トップが常識に囚われない価値観で、新しい種を見つけ、ぶれない推進と支援をする時だけのように思われる。

おわりに

私が佐川氏と初めて会ったのは一九九九年の十二月、私が住友金属工業から住友特殊金属の山崎製作所の研究開発企画部に赴任して半年ほど経ったころであった。佐川氏は毎年、定期的に山崎を訪問し、委託研究の成果を報告していた。また時折、磁気特性の測定や実験装置を借りに来ていた。私は、佐川氏がその報告会で、「これからはネオジム磁石の粒界構造を明らかにして、保磁力の向上を研究すべき。」と熱弁されたのをよく覚えている。

その後、佐川氏の開発した新技術や装置の見学のため、若い研究者達とともに桂のインターメタリックス社を何回か訪問し、交流が始まった。

当時、私は会社側の立場として佐川氏とどういう風に付き合えばいいのかよくわからなかった。社友であるような、他社であるような、どこまでフランクに話していいかわからなかった。社内の評価も様々であった。その理由は、退社後の経緯《いきさつ》や、当時佐川氏が海外も含め色々な会社のコンサルタントをしていたことにも関係しているように思えた。ただ若い研究者達は、佐川氏のことを憧れの眼差しで見ていたのは印象的であった。

その後、合併で私は日立金属東京本社に異動したが、佐川氏に再会するのは退社三年後の二〇一二年の春、元住友特殊金属でネオマックス事業部担当の取締役であった広岡隆久《たかひさ》氏から「佐川さんが日本国際賞を受賞された。その受賞講演が京都である。一緒に聞きに行かないか。」と誘われて行ったときであった。この時、早期退社した藤村節夫氏にも十年振りに会った。

私は長年研究企画の仕事に携わってきて、どうすれば会社や社会に大きく貢献できる研究成果が得られるのか、またこのために研究者、経営者、中間管理職はどうあればいいのかを考えてきた。住友特殊金属の若い技術者達の佐川氏に対する微妙な態度もずっと気になっていた。

ネオジム磁石の発明の経緯は色々語られ、断片的な知識はあったが、本当にどうだったのかを知りたいと思い、調べ始めた。

「なぜあんなに短期間に実用化できたのか。」

「なぜ佐川氏が住友特殊金属を辞めなければならなかったのか。」

「見ず知らずの佐川氏を採用すると即断した岡田社長とは何者なのか。」

など多くの疑問がありながら誰も答えてくれなかったからである。公表された発明過程の話は佐川氏自身が書かれたもの以外に何も無いのも不思議であった。

二〇〇〇年から六年間、NHKで「プロジェクトX～挑戦者たち～」が放映された。この番組の冒頭では、中島みゆきが「地上の星」を歌っていた。人に見上げられる「天空の星」に対して、「誰に見守られることもなく行ってしまった技術者達」に焦点を当てる歌であり、番組であった。身近な「地上の星」を語らねばと、私は駆り立てられたように思える。

佐川氏のことを、私は当初「宝石を掘り当てた運のいい研究者」としか見ていなかった。しかし、執筆をし始め、調べるにしたがって、彼は「人にはない魅力的な能力と行動力を持った研究者」と思うようになった。今では、女神が二度も微笑んだ理由がわかったと思っている。

日本には多くの企業内研究者がいる。そして彼らを指導するマネージャー層がいる。本稿を通して、一人でも多くの人が、新しい扉を開くとはどういうことなのか、またそれを事業として成立させ、社会に貢献するにはどうすればよいのかを感じとり、それぞれが一歩を踏み出す勇気を持っていただければと思う。

その一歩の集まりが新しい技術を作り、社会を変え、人生をより豊かにしてくれるのである。

謝辞

本書の執筆については、佐川氏から全面的な協力に得られたもの、当初否定的な方々も多くおられた。二〇―三〇年前の話とはいえ、企業の内部情報や特許情報に絡むからである。しかし、歴史を正しく後世に伝えるべきだとの考えから、次第に当時の関係者からお話を伺え、また掲載の許諾もいただけるようになった。

人々の記憶は断片的で、事象がいつ起こったことかなどが曖昧である。当時の手帳を丹念にめくりながら話していただいた方、書棚から古い書類の束を出し、一緒になって考えていただいた方もあった。記憶を新聞記事や資料で裏付けし、またその記録から記憶を呼び覚ましていただく日々が四年余り続いた。

原稿をアグネ技術センターに持ち込んだところ、まずは一〇回に分けて月刊誌に連載してはとの提案を受けた。お陰で毎月、特許・技術・経理などの専門家数名から厳しいご意見を受け、内容を充実させていくことができた。

本書に登場する方々、ご遺族の方々だけでなく、本当に多くの方々のご支援を受けた。敢えてお名前は出さないが、心より感謝したい。

参考文献

(1) 住友特殊金属 『住友特殊金属三十年史』、一九九五年七月。
(2) 濱村敦 「住友特殊金属技報」、一二巻、一九九七年、一一八。
(3) 佐川眞人 「固体物理」、三二巻二号、一九九七年、一一九-一二七。
(4) 佐川眞人 「金属」、七四巻一号、二〇〇四年、三-一一。
(5) 佐川眞人、浜野正昭 『図解 希土類磁石』、日刊工業新聞社、二〇一二年。
(6) 特許庁HP
(7) 東北大学史料館提供
(8) 鈴木雄一 『磁石の発明特許物語』、アグネ技術センター、二〇一五年。
(9) 小岩昌宏 「金属」、七一巻一二号、二〇〇一年、一二五四―一二六七。
(10) 公益社団法人発明協会HP
(11) 松尾博志 『武井武と独創の群像―生誕百年・フェライト発明七十年の光芒』、工業調査会、二〇〇〇年。
(12) 住友特殊金属 『ここに磁石は生まれる』、一九六八年五月。
(13) 後藤田正晴 『情と理―後藤田正晴回顧録(上)』、講談社、一九九八年。
(14) 日向方斎 『私の履歴書』、日本経済新聞社、一九八七年。
(15) 土居寧文 『大阪チタニウム製造㈱・九州電子金属㈱回想録』、一九八八年。
(16) 住友金属工業 『住友金属工業最近十年史』、一九七七年十月。
(17) G.Hoffer and K.Strnat: IEEE Trans. Magn., MAG-2 (1966), 487-489.

(18) 俵好夫「まぐね」、六巻三号、二〇一一年、一六四-一六八.
(19) 俵万智『サラダ記念日』、河出書房新社、一九八七年。
(20) 浜野正昭 希土類磁石の基礎から応用まで、日本金属学会、シンポジウム予稿（東京）、一九七八年一月、一-一四。
(21) 佐川眞人「応用物理」、五五巻二号、一九八六年、一二一-一二五。
(22) 「日経ものづくり」一月、二〇一四年、一九-二一。
(23) J.J.Croat: Appl.Phys.Lett., **39** (1981), 357.
(24) N.C.Koon and B.N.Das: J.Appl.Phys., **52** (1981), 2535.
(25) 石垣尚幸「まぐね」、七巻一号、二〇一二年、一-三。
(26) 特願昭五七-一四〇七二、特開昭五九-四六〇〇八、特公昭六一-三四二四二。
(27) 名和小太郎『エジソン、理系の想像力』、みすず書房、二〇〇六年。
(28) 国立天文台編『理科年表 平成二二年版』丸善、二〇一〇年。
(29) 資源エネルギー庁資料 二〇一五年十一月。
(30) 「日経ニューマテリアル」一九号、一九八六年、二一-二三。
(31) J.J.Croat, J.F.Herbst, R.W.Lee and F.E.Pinkerton: J.Appl.Phys., **55** (1984), 2078-2082.
(32) N.C.Koon and B.N.Das: J.Appl.Phys., **55** (1984), 2063-2066.
(33) 佐川眞人「まてりあ」、四〇巻一一号、二〇〇一年、九四三-九四六。
(34) M.Sagawa, S.Fujimura, N.Togawa, H.Yamamoto and Y.Matsuura: J.Appl.Phys., **55** (1984), 2083-2087.
(35) J.F.Herbst, J.J.Croat, F.E.Pinkerton and W.B.Yelon: Phys.Rev., **B29** (1984), 4176.
(36) 金森順次郎「科学」、七九巻一〇号、二〇〇九年、一一〇五-一一〇七。

(37) 金森順次郎 「まぐね」、七巻五号、二〇一二年、二四六-二五〇。
(38) 佐川眞人 「粉体および粉末冶金」、三四巻、一九八八年、四六一-四六三。
(39) G・W・F・ヘーゲル（上妻精ら訳）『法の哲学』、岩波書店、二〇〇〇年。
(40) A・ミラード（橋本毅彦訳）『エジソン発明会社の没落』、朝日新聞社、一九九八年。
(41) M.Sagawa, S.Fujimura, H.Yamamoto, Y.Matsuura and K.Hiraga: IEEE Trans.Magn., **20** (1984), 1584-1589.
(42) Y.Matsuura, S.Hirosawa, H.Yamamoto, S.Fujimura, M.Sagawa and K.Osamura: Jpn.J.Appl. Phys., **24** (1985), L635-637.
(43) 吉野完 「知的資産創造（NRI）」、五月号、二〇〇三年、八〇-九七。
(44) 琴寄崇、安藤隆之 「産業安全研究所特別研究報告」、RIS-SRR-No.12 (1993), 15-21.
(45) 住友特殊金属 「住友特殊金属技報」、一四巻、二〇〇三年、一一六-一一八。
(46) 石垣尚幸、山本日登志 「まぐね」、三巻一一号、二〇〇八年、五二五―五三七。
(47) 山本日登志、松浦裕、広沢哲、藤村節夫、佐川眞人 「日本金属学会会報」、二六巻、一九八七年、四一六-四一八。
(48) C・クリステンセン（玉田俊平太監修、伊豆原弓訳）『イノベーションのジレンマ：技術革新が巨大企業を滅ぼすとき』、翔泳社、二〇〇〇年。
(49) 八田純一 「工業レアメタル」、五七巻、一九八九年、一三四-一三五。
(50) 井澤章 「日本放射線技術学会雑誌」、五七巻三号、二〇〇一年、三〇二-三〇七。
(51) 日本半導体歴史館HP、志村資料室。
(52) 日立メディコ二五年の歩み『人と医療の新しい調和を求めて』、一九九九年。

(53) 宮本毅信、櫻井秀也、矢仲重信、黒田正夫、佐藤茂「日本応用磁気学会誌」、一三巻、一九八九年、五六七-五七二。
(54) 青木雅昭、橋本重生「住友特殊金属技報」、一二巻、一九九七年、一〇三-一〇五。
(55) D.Schneider「日経サイエンス」、九月号、一九九七年、一六-一八。
(56) R.Damadian : inc.com/magazine/20110401.
(57) M・ブラキシル、R・エッカート（村井章子訳）『インビジブル・エッジ』、文藝春秋、二〇一〇年。
(58) 一般社団法人日本レコード協会、統計情報より。
(59) 溝下義文「日本応用磁気学会　第八四回研究会　資料六」一九九四年、三五。
(60) A・トフラー（徳岡孝夫訳）『第三の波』（中公文庫）、一九八二年。
(61) A・リー（風間禎三郎訳）『GMの決断、ロジャー・スミス会長、夢に賭ける』、ダイヤモンド社、一九八九年。
(62) 青柳哲夫　自叙文『道を求めて』、二〇〇二年。
(63) UPS: 4,588,439 (1986.5.13).
(64) 石井正『世界を変えた発明と特許』（ちくま新書）二〇一一年。
(65) 新宅純二郎ら「赤門マネージメント・レビュー」、六巻、二〇〇七年、二一七-二四一。
(66) 特願平〇四-〇二八六五六、特許第二六三九六〇九号（登録一九九七、五、二）。
(67) 特願昭六二-一五一四五三、特許第二六六五五九〇号（登録一九九七、六、二七）。
(68) 金子裕治、石垣尚幸「住友金属」、四八巻、一九九六年、三〇-三八。
(69) 國吉太、中原康次、金子裕治「NEOMAX技報」、一五巻、二〇〇五年、九-一三。
(70) 播本大祐、松浦裕「日立金属技報」、二三巻、二〇〇七年、六九-七二。

(71) 佐川眞人 「まぐね」、一〇巻三号、二〇一五年、一五一―一五五。
(72) 入山恭彦、今岡伸嘉 「粉体および粉末冶金」、四三巻、一九九六年、五九―六五。
(73) 今井秀秋、入山恭彦 「公開特許公報」、平二―五七六六三。
(74) 東レ経営研究所 「経営センサー」、二〇一〇年四月、四五―五二。
(75) 大山和伸 「日本応用磁気学会 一三〇回研究会資料」、二〇〇三年、九―一六。
(76) 発見と発明のデジタル博物館 dbnst.nii.ac.jp
(77) プリウス誕生秘話 gazoo.com
(78) 北村英男 「放射光」、一一巻、一九九八年、一四六―一五四。
(79) 北村英男 「精密工学会誌」、七五巻、二〇〇九年、一三八三―一三八六。
(80) 国立研究開発法人理化学研究所提供
(81) 「大阪大学ニューズレター」、一六号、二〇〇二年、一二。
(82) 公正取引委員会 独占禁止法(平成一五年度:事例九)
(83) NeoMag、磁石ナビ ネオジム磁石の生産量推移。
(84) 広沢哲 「工業材料」、六三巻七号、二〇一五年、五七―六三。
(85) 高効率モータ用磁性材料技術研究組合HP
(86) http://neomaterials.com/
(87) 大同特殊鋼HP
(88) 中村修二、佐川眞人 『最強エンジニアの仕事術』、実務教育出版、二〇一六年。

年表

一九一八年　住友鋳鋼所にてＫＳ磁石鋼の生産を開始
一九三九年　　岡田：住友金属工業入社（四月）
一九六三年　住友特殊金属㈱発足（一月）
一九七二年　　佐川：富士通研究所に入社（四月）
一九七八年　　佐川：希土類‐鉄系磁石の発想（一月）
　　　　　　　岡田：住友特殊金属社長に就任（六月）
一九八二年　　佐川：富士通退社（三月）、住友特殊金属入社（五月）
　　　　　　ネオジム磁石を発明・特許出願（八月）、ディスプロシウム添加の効果発見（十一月）
一九八三年　ネオジム磁石（ＮＥＯＭＡＸ）を新聞発表（六月）
　　　　　　パイロットラインを設置（十月）
　　　　　　　佐川：米国国際会議で発表（十一月）
一九八四年　養父工場に量産ラインを建設決定（五月）
　　　　　　増資（資本金一五↓一〇六億円）（九月）、株価が最高値（十月）
　　　　　　　佐川：大阪科学技術賞を受賞（十月）
　　　　　　山崎で爆発死亡事故（十二月）
一九八五年　ＧＭとの特許係争が始まる（十月）
　　　　　　養父でネオジム磁石の量産開始（十月）

一九八六年　ＭＲＩ一号機の磁気回路を三洋電機に納入（十月）
特許実施権の許諾開始（ＴＤＫ、三徳金属工業）（十二月）
岡田：社長退任し会長に就任（六月）
一九八八年　ＨＤＤのＶＣＭ用に初出荷する（六月）
佐川：退社し、インターメタリックス設立（三月）
一九八九年　ＧＭとの特許係争が和解（十一月）
岡田：会長を退任（六月）、逝去（十二月）
一九九〇年　国内のネオジム磁石生産が年九八〇トンに
一九九一年　赤字決算で吹田の土地を売却（九月）
一九九二年　・三徳がストリップキャスティングの特許出願（二月）
一九九六年　・ダイキンがＩＰＭモータのエアコンを発売（三月）
一九九七年　・トヨタがプリウス（ＨＥＶ）を発売（十二月）
二〇〇〇年　住友特殊金属の売上高が年九二七億円に
二〇〇三年　ネオジム磁石の日本基本特許が失効（八月）
二〇〇四年　㈱ネオマックス設立（日立金属傘下に）（四月）
二〇〇七年　日立金属の一事業部門へ（住友特殊金属消滅）
二〇一二年　佐川：日本国際賞を受賞（四月）
二〇一三年　佐川：ＮＤＦＥＢを設立（十二月）
二〇一四年　ネオジム磁石の米国基本特許が失効（七月）

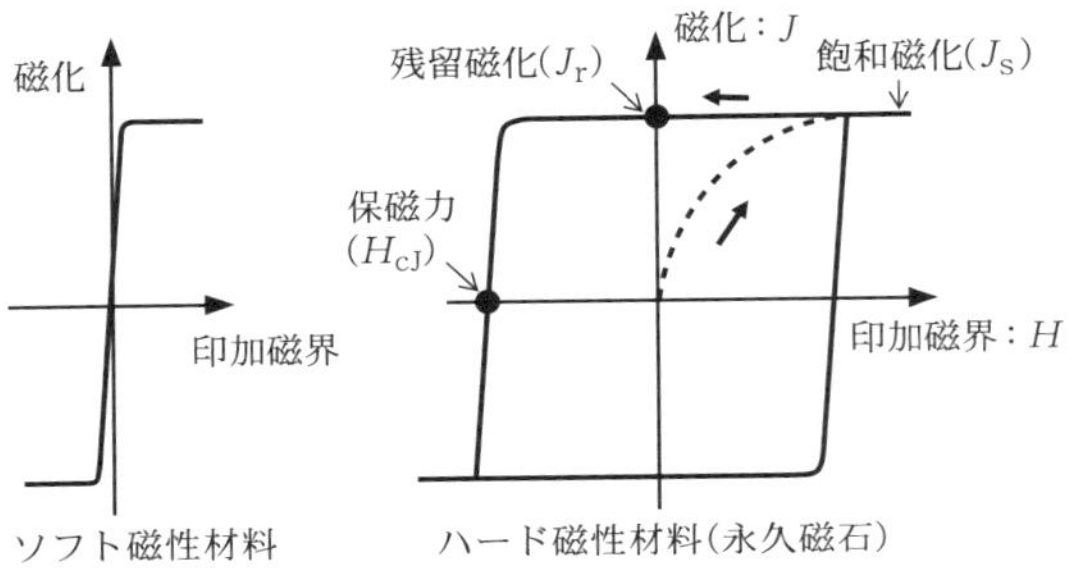

図　強磁性体の磁化曲線

1　磁化曲線

材料にコイルを巻いて電気を流し、印加磁界H(巻き数と電流の積)と材料の磁化のされ方Jの関係を測定したのが磁化曲線である(上図)。鉄などの強磁性体では、印加磁界Hの上昇により磁化Jが上がり、ある飽和値に達する。これを**飽和磁化**(J_S)と呼ぶ。

その後、電流を切って印加磁界をゼロにすると、ソフト(軟)磁性材料では磁化は小さくなるが、ハード(硬)磁性体である永久磁石では大きな磁化が残る。その磁化の強さを**残留磁化**(J_r)または**残留磁束密度**(B_r)と呼ぶ。

2　減磁曲線

永久磁石では、電流の向きを逆にして逆磁界をかけていくと、あるマ

表　磁石用語と磁気の単位系

磁石用語	cgs 単位系	SI 単位系	換算例	説明
残留磁化（J_r） **残留磁束密度**（B_r）	G （ガウス）	T （テスラ）	1G $=10^{-4}$T	面積当たりの磁束（磁力線）の量で、磁力の指標
保磁力（H_{cJ}）	Oe （エルステッド）	A/m （アンペア・メータ）	1Oe ＝80 A/m	磁化ゼロとなる逆磁界で、磁石安定性の指標
最大磁気エネルギー積（$(BH)_{max}$）	G·Oe （ガウス・エルステッド）	J/m^3 （ジュール・立方メータ）	1MGOe $=8\,kJ/m^3$	取り出せる最大の磁気エネルギーで、磁石強さの指標（体積あたり）

イナス印加磁界で磁化は急激に低下する。磁化がゼロになる印加磁界の値を**保磁力**（H_{cJ}）と呼び、永久磁石の磁力を持ちこたえる力、すなわち磁力の安定性の指標となる。

実際に永久磁石が使用されるのは、この逆磁界のある環境である。ここでの磁束密度Bとマイナスの印加磁界Hの積の最大値を**最大磁気エネルギー積**（$(BH)_{max}$）と呼び、永久磁石の強さ（エネルギー）の指標となる（85ページの図21参照）。

3　磁石用語と磁気の単位系

現在はSI単位系（またはMKSA単位系）が一般に使われているが、本書では開発当時に使われていたcgs単位系を主に使用している。**最大磁気エネルギー積**（$(BH)_{max}$）の単位は、MGOe（メガ・ガウス・エルステッド）を使用し、これを文中では単に「メガ」と表現している。

同様に、**磁化**（J）あるいは**磁束密度**（B）の単位はG（ガウス）、一部T（テスラ）、**磁界**（H）の単位はOe（エルステッド）を主に使用している。換算を上表に示す。

本書は、アグネ技術センター発行の月刊誌「金属」二〇一六年六月号から二〇一七年三月号まで掲載された連載記事に修正、加筆し、一冊にまとめたものである。

岡本　篤樹（おかもと・あつき）
1948 年　東京都生まれ
1970 年　東京大学工学部卒業、（84 年 工学博士）
住友金属工業㈱（研究開発、研究企画、人事）
1999 年　住友特殊金属㈱
2005 年　日立金属㈱
2009 年　退職後、東京大学大学院マテリアル工学
非常勤講師、技術コンサルタントなど
著書に、『構造、状態、磁性、資源からわかる金属の科学』（共著）ナツメ社（2012）。中国語版（2017）。
2010 年より、NSST（日鉄住金テクノロジー㈱）発行の季刊誌「つうしん」に家電製品の分解解説記事を掲載している。

社会《しゃかい》を変《か》えた
強力磁石《きょうりょくじしゃく》の発明《はつめい》・事業化物語《じぎょうかものがたり》

2017 年 10 月 1 日　初版第 1 刷発行

著　　者　岡本　篤樹
発 行 者　青木　豊松
発 行 所　株式会社 アグネ技術センター
〒 107-0062　東京都港区南青山 5-1-25
電話（03）3409-5329 ／ FAX　（03）3409-8237
振替　00180-8-41975
URL　http://www.agne.co.jp/books/
印刷・製本　株式会社　平河工業社

落丁本・乱丁本はお取替えいたします。
定価は本体カバーに表示してあります。
Printed in Japan, 2017

ISBN 978-4-901496-90-2 C0050